高职高专"十二五"电子商务系列规划教材

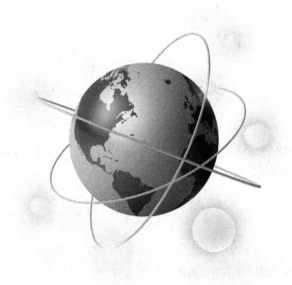

电子商务
网站建设与管理

E-COMMERCE
WEBSITE CONSTRUCTION AND
MANAGEMENT

于斐 主编

刘 芳 唐彩虹 叶莉莉 副主编

电子工业出版社
Publishing House of Electronics Industry
北京·BEIJING

图书在版编目(CIP)数据

电子商务网站建设与管理/于斐主编. —北京:电子工业出版社,2015.7

高职高专"十二五"电子商务系列规划教材

ISBN 978-7-121-26299-9

Ⅰ. ①电… Ⅱ. ①于… Ⅲ. ①电子商务—网站—高等职业教育—教材 Ⅳ. ①F713.36 ②TP393.092

中国版本图书馆 CIP 数据核字(2015)第 127820 号

策划编辑:姜淑晶
责任编辑:刘淑敏

印　　刷:北京虎彩文化传播有限公司
装　　订:北京虎彩文化传播有限公司
出版发行:电子工业出版社
　　　　　北京市海淀区万寿路 173 信箱　邮编　100036
开　　本:787×1092　1/16　印张:16.5　字数:429 千字
版　　次:2015 年 7 月第 1 版
印　　次:2023 年 8 月第 8 次印刷
定　　价:38.00 元

凡所购买电子工业出版社图书有缺损问题,请向购买书店调换。若书店售缺,请与本社发行部联系,联系及邮购电话:(010)88254888,88258888。

质量投诉请发邮件至 zlts@phei.com.cn,盗版侵权举报请发邮件至 dbqq@phei.com.cn。

本书咨询联系方式:(010)88254199,sjb@phei.com.cn。

前言
Preface

电子商务作为现代服务业中的重要产业，有"朝阳产业""绿色产业"之称，具有"三高""三新"的特点。"三高"即高人力资本含量、高技术含量和高附加价值；"三新"是指新技术、新业态、新方式。电子商务已经成为国民经济和社会信息化的重要组成部分。未来电子商务的发展将模糊线上商务与线下商务的概念，电子商务与传统企业之间的联系会越来越密切。很多传统企业意识到在电子商务的实施过程中，电子商务网站的策划、建设、管理、推广与维护已经成为企业电子商务中的一项重要工作。

本书以面向应用为宗旨，着重介绍电子商务网站规划与设计、策划、建设、管理与维护等过程中涉及的主要技能和相关理论；紧贴职业岗位的需要，从电子商务网站规划设计到应用推广，突出了职业知识与职业技能，内容通俗易懂，编写方式新颖。

全书分为电子商务网站策划、电子商务动态网站建设、电子商务网站优化及推广、电子商务网站策划与实施实例四大部分，共10章。其中，电子商务网站策划部分包括电子商务网站概述、电子商务网站的规划与设计、电子商务网站商业计划书三章；电子商务动态网站建设部分包括Photoshop CS3技术、利用Dreamweaver设计网页、SQL Server2005数据库基础、Discuz X2.5动态网站创建基础四章；电子商务网站优化及推广部分包括电子商务网站网络营销和SEO优化、电子商务网站安全与管理两章；电子商务网站策划与实施实例部分综合前面分散的知识，介绍扬州"扬爱婚庆"网络服务平台的策划与实施。

本书是江苏省"十二五"高等学校重点专业群（旅游管理及在线运营服务）建设项目（苏教高[2012]23号）的成果之一，可以作为高职高专院校电子商务、市场营销、旅游管理等经济、管理、信息类专业的基础教材，也可以作为企业管理人员的培训教材，以及相关人士的参考读物。

本书由扬州职业大学的于斐担任主编，刘芳、唐彩虹、叶莉莉担任副主编，具体编写分工如下：第1~3、第7~8章由于斐编写，第4~6、第9章由刘芳编写，第10章由唐彩虹编写，思考与练习及课件由叶莉莉编写、制作。本书的总体设计与统稿由于斐负责。在本书编写过程中，编者做了很多努力，但由于编者的水平有限，书中内容难免有疏漏之处，恳请广大读者批评指正，并将意见及时反馈给我们，以便在本书修订时加以改进。

编　者

Contents 目录

第 1 章

电子商务网站概述

当当网——全球知名的综合性网上购物商城

1. 当当网的基本情况与功能框架

（1）当当网的基本情况

当当网由国内著名出版机构科文公司、美国老虎基金、美国 IDG 集团、卢森堡剑桥集团、亚洲创业投资基金（原名软银中国创业基金）共同投资并于 1999 年 11 月成立开通，为全世界中文读者提供图书音像、美妆、家居家纺、母婴、服装等几十个大类的商品与服务，其中在库图书、音像商品超过 80 万种，百货超过 50 万种，同时还在大力发展自有品牌——当当优品。从网上百货商场拓展到网上购物中心的同时，当当网也在大力开放平台，目前其平台商店数量已超过 1.4 万家。另外，当当网还积极地走出去，在腾讯、天猫等平台开设旗舰店。

当当网于美国时间 2010 年 12 月 8 日在纽约证券交易所正式挂牌上市，成为中国第一家完全基于线上业务、在美国上市的 B2C 网上商城。自路演阶段，当当网就以广阔的发展前景受到大批基金和股票投资人的追捧，上市当天股价即上涨 86%，并以 103 倍的高 PE 和 3.13 亿美元的 IPO 融资额，连创中国公司境外上市市盈率和亚太地区 2010 年高科技公司融资额度两项历史新高。

（2）当当网的功能框架

1）网站结构外观。网站首页提供了图书、音像、孕婴童、运动、服饰、家居、美妆、食品、数码家电、电脑、当当优品、数字馆等一级栏目；单击每个一级栏目，可看到其下方的二级栏目。网站首页左方对商品进行了分类，如尾品会、图书音像数字馆、孕婴童、美妆和个人护理、百货分类等，用户可以根据自己的兴趣进行选择登录浏览。网站首页中下方提供了"今日闪价"栏目，包括一些热销商品、新上架商品的信息，也显示了一些热销美妆、运动健康、服饰、家电、家居、食品、图书等产品的相应价格信息，为用户购买提供帮助。网站首页下方又设有新手上路、付款方式、配送服务、售后服务、帮助中心等栏目。整个网页布局分类清楚，一目了然。

2）栏目设计特点。当当网的网站布局设计较为合理，体现出了内容丰富、可视性强、图文并茂的特点。其网站的功能模块主要有商品分类区、产品展示区、商品服务区、商品搜索区、信息发布区等。商品分类区，主要分为图书、音像、孕婴童、运动、服饰、家居、美妆、食品、数码家电、电脑、当当优品、数字馆等，提供的在库图书、音像商品超过 80 万种，百货 50 余万种。产品展示区，按商品分类陈列展示各类产品信息，图文并茂；网站首页可看到"今日闪价""服装鞋包""运动户外""美妆珠宝"等；各个分类商品又进行了深入划分，每个类别又有相应的推荐品牌。商务服务区，用于提供与贸易、商务相关的各种配套服务，如各种促销服务、礼品赠送服务、社区、个性化推荐、礼品卡、团购服务及新手上路、付款方式、配送服务、售后服务等。商品搜索区，首页上方设有"搜索商品""高级搜索""热搜"等搜索栏，用于客户寻找各种所需及感兴趣商品。信息发布区，便于及时发布商品及服务动态，为客户或浏览者提供及时、准确的信息。

2. 当当网的商业模式

（1）战略目标

当当网的战略目标是帮助全球使用中文上网的人们享受网上购物带来的乐趣——丰富的种类、7天×24小时购物的自由、优惠的价格、架起无界限沟通的桥梁。

1）商品种类最多。当当网经营超过百万种图书音像、美妆、家居、母婴、服装和3C数码等商品，是中国经营商品种类最多的网上零售店。

2）购物最方便。参照国际先进经验独创的商品分类、智能查询、直观的网站导航和简洁的购物流程等，以及基于云计算的个性化导购和基于人群分组的社交化商务平台——当当分享，当当网为消费者提供了愉悦的购物环境。

3）顾客最多。无论从网站访问量还是从每日订单数量来讲，当当网目前都是中国顾客最繁忙的网上零售店。

4）核心管理层最强。当当网的核心管理层包括图书业、零售业、投资业和IT业的资深人士。

（2）目标客户群

当当网的目标客户群覆盖了中国大陆、港、澳、台及欧美、东南亚的消费者。当当网在目标客户购物的时候为他们做指导，引导他们购买合适的商品赠送给合适的对象。比如，最适合送给朋友的商品是哪种、最适合送给爱人的商品是哪种、最适合送给长辈的商品是哪种等，当当网都会一一为客户推荐，并以给他们推荐该商品的理由来说服其购买。

3. 当当网的经营模式

互联网提供了可以无限伸展的展示空间，可以容纳无限商品、图样及内容。在当当网，消费者无论是购物还是查询，都不受时间和地域的限制。消费者享受"鼠标轻轻一点，精品尽在眼前"的背后，是当当网耗时9年所修建的"水泥支持"——庞大的物流体系，仓库中心分布在北京、华东和华南，覆盖全国范围。员工使用当当网自行开发、基于网络架构和无线技术的物流、客户管理、财务等各种软件支持，每天把大量货物通过航空、铁路、公路等不同运输手段发往全国和世界各地。在全国超过700个城市里，大量本地快递公司为当当网的顾客提供"送货上门，当面收款"的服务。当当网这样的网络零售公司也推动了银行网上支付服务、邮政、速递等服务行业的迅速发展。当当网的主要支付方式有网上支付、货到付款、银行汇款、邮局汇款、信用卡支付等。

当当网还设立了专门的论坛，用户对商品、服务等有任何建议都可以在论坛上发表观点。这不但有利于其他客户增加对该商品的了解，也有助于网站的设计或管理人员及时修补网站的漏洞，使网站的功能更强大，更快、更好地满足顾客的个性化需求。

4. 当当网的管理模式

当当网的核心领导层包括图书业、投资业和IT业的资深人士。在对待消费者方面，管理者把所有的人都当成顾客来对待，从不试图去改变他们的行为。在对待快递公司方面，为了保证款项的安全，防止送货人不会携款潜逃，快递公司要想和当当网合作，首先必须提供金额大约是 3 天收入的保证金。当当网目前库房面积达到 18 万平方米，成为国内库房面积最大的电子商务企业之一，提供货到付款服务的城市超过 150 个，并为联营商户开通 COD 服务。

 学习目标

1. 了解电子商务网站的概念和功能。
2. 掌握电子商务网站的分类。
3. 了解电子商务动态网站建设的总体思路。

艾瑞咨询公司认为，宏观经济、国家政策、社会环境及技术发展给中国的电子商务提供了良好的发展环境。中国的电子商务呈现出如下特点。第一，中国电子商务发展迅猛。2013 年，我国电子商务总交易额达到 10.2 万亿元，5 年来翻了两番。第二，中国网络购物发展迅速。截至 2013 年年底，中国网络购物用户达到 3.02 亿人，网络零售交易额约为 1.85 万亿元，5 年来平均增速达 80%。我国网络零售市场规模在 2012 年已经超过美国，目前成为世界最大的网络零售市场。第三，中国电子商务类站点的发展成长速度最高。截至 2013 年年底，我国 B2B 电子商务服务企业达 12 000 家，同比增长 5.7%。国内 B2C、C2C 与其他电子商务服务企业数达 29 303 家，同比增长 17.8%。

1.1 电子商务的定义与特点

1.1.1 电子商务的定义

电子商务是一个不断发展的概念。电子商务的先驱 IBM 公司于 1996 年提出了 Electronic Commerce（E-Commerce）的概念；到了 1997 年，该公司又提出了 Electronic Business（E-Business）的概念。但是，我国在引进这些概念的时候都将其翻译成了"电子商务"，所以很多人将两者的概念混淆起来。Electronic Business（E-Business）又叫广义的电子商务，是指利用电子技术对整个商业活动实现交易电子化，如市场分析、客户管理、资源调配、企业决策等。Electronic Commerce（E-Commerce）又叫狭义的电子商务，是指利用 Internet 在电子商务网站上开展的交易活动，它仅仅将 Internet 上进行的交易活动归属于电子商务活动。

这两个概念及内容是有区别的。E-Commerce 是指实现整个贸易过程中各阶段贸易活动的电子化，E-Business 是指利用网络实现所有商务活动业务流程的电子化；E-Commerce 集中于电子交易，强调企业与外部的交易与合作；E-Business 则把涵盖范围扩大了很多，既包括内部电子交易，也包括外部所有业务流程。

归纳起来，电子商务是指在全球各地广泛的商业贸易活动中，通过信息化网络所进行并完成的各种商务活动、交易活动、金融活动和相关的综合服务活动。

1.1.2 电子商务的特点

与传统商务形式相比，电子商务具有以下几个明显的特点。

1）市场全球化。电子商务是以网络化、数字化技术环境为依托而开展商务活动的一种全新方式，其范围涉及各行各业。在电子商务环境中，客户不出门即可享受到全球的各种消费和服务。电子商务是市场全球化的良田，上网用户可以在更大范围内甚至全球范围寻找交易伙伴、选择商品。

2）交易快捷化。传统商务信息的传递速度慢、效率低，而电子商务采用计算机网络传递商务信息，能在世界各地瞬间完成传递与计算机自动处理过程，而且无须人员干预，加快了交易速度，使得商务通信具有交互性、快捷性和实时性的特点，大大提高了商务活动的效率。

3）交易虚拟化。通过以互联网为代表的计算机互联网络所进行的贸易，从开始洽谈、签约到订货、支付等，这一过程无须双方当面进行，均通过计算机互联网络完成，整个交易完全虚拟化。

4）成本低廉化。企业通过网络足不出户地进行商务活动，大大降低了开店经商的门槛，信息成本低，可节省交通费，而且减少了中介费用，这极大地改变了企业的生产、经营、销售与组织形态。

5）交易透明化。电子商务中的双方的洽谈、签约，以及货款的支付、交货的通知等，整个交易过程都在电脑终端显示，因此显得比较透明。

6）交易连续化。电子商务网站可以实现 24 小时服务，任何人、任何时候都可以在网上查询企业产品信息，寻找相关问题的最佳答案。企业的网址也成为永久性的地址，为全球的用户提供不间断的信息源。

7）服务个性化。个性化服务已成为电子商务现在和未来的发展趋势。很多电子商务网站可以为顾客提供个性化定制功能，这迎合了现代顾客个性化的需求特征。个性化的电子商务更具竞争力，也符合以顾客需求为主导的市场发展趋势。例如，2013 年"双十一"期间，苏宁易购易付宝推出的"充 100 送 100"的活动和天猫支付宝推出的"充 500 抢 300"活动最为火爆。海尔提出"您来设计，我来实现"的口号，即由消费者向海尔提出自己对家电产品的需求模式，包括性能、款式、色彩、大小等，也是服务个性化的体现。

1.2 电子商务网站的定义与分类

1.2.1 电子商务网站的定义及功能

电子商务网站是指一个企业、机构或公司在互联网上建立的站点，是企业、机构或公司开展电子商务的基础设施和信息平台，是实施电子商务的公司或商家与客户之间的交互界面，是电子商务系统运行的承担者和表现者。

电子商务网站强调"信息流动、沟通和处理的过程"。这些信息涵盖了产品信息、产品促销信息、公司或者顾客的公告、销售记录及企业内部的信息流动。电子商务网站同时又要能整合这些信息，结合企业内部的信息管理模式、对外的内容及对往来客户的维护，满足客户、厂商、员工、主管和经营者 5 个层次的使用者对电子商务的需求。

一个完整的电子商务网站要具备以下功能。

（1）企业形象宣传功能

在市场经济条件下，塑造良好的企业形象对企业发展是相当重要的。现代企业的竞争不只是产品和价格的竞争，更重要的是形象的竞争。企业形象是企业对外界的一种展示和宣传。企业形象一般可以概括为精干高效的队伍形象、品质超群的产品形象、严明和谐的管理形象、优美整洁的环境形象及真诚奉献的服务形象。这些完全可以通过企业网站展示出来。

（2）产品展示功能

正如企业产品目录一样，企业在网络上也要建立数字化的企业产品目录。不同于传统产品目录，数字化的产品目录更加灵活，可以使用视频、音频、3D 等各种多媒体手段，还可以用标签对产品进行标注，进行更松散的管理。具体的产品展示如图 1-1 所示。

图 1-1　当当网产品展示

（3）搜索引擎优化功能

搜索引擎营销（Search Engine Marketing，SEM）已被证明是目前网络推广中效率较高的网络营销方式之一，主要分为购买关键词广告、搜索引擎优化和竞价排名 3 种形式。找准合适的网站关键词对网站进行优化，同时在各大主要搜索引擎中竞价关键词排名，将使企业的目标客户在第一时间很容易地找到该企业。目前，SEM 正处于发展阶段，它将成为今后专业网站乃至电子商务发展的必经之路。搜索引擎竞价关键词的例子如图 1-2 所示。

图 1-2　百度搜索引擎竞价关键词

（4）网上订购功能

网上订购是对个人而言的，它是 B2C 模式在实际当中的具体应用。网上订购在技术上是通过网上交互进行的厂商或者大型零售商在网页上面提供有关商品的详细信息，并且附有订购信息处理手段，让用户与厂商直接进行交互，当用户提交完订购单后，系统会回复确认信息，以保证订购信息的确定。当然，安全保密措施也是必不可少的。

（5）网上支付功能

用户填完订单之后，付款是当然的事情。目前，付款方式各有不同，但是电子商务网站的发展必然会带动新型付款方式的形成。比如，2013 年异军突起的微信支付，可以基于移动平台完成网上支付功能。另外，手机支付、第三方支付、快捷支付等综合网上支付手段不仅方便迅速，还可节省大量人力、物力及时间。

支付过程在商务活动中占有重要地位，网上支付必须解决好网站安全问题，否则后果不堪设想。管理上，电子商务网站要加强对诸如欺骗、窃听、冒用等非法行为的惩处力度；技术上，则要加强对诸如数字凭证、身份验证、加密等技术手段的应用。安全问题是一个非常值得关注的问题，需要管理者认真对待。

（6）网络售后服务功能

网络售后服务主要是借助互联网进行网上互动式的售后服务，以便捷方式满足客户对产品技术支持及使用维护的需求。它是网络营销中增加顾客满意度的一种理想选择。随着上网企业的日益增多及网上销售业务的日益扩大，网上售后服务的作用越来越明显地表现出来。例如，设计 FAQ 页面、提供"免费下载"或"软件库"、网上 BBS、在线客服等都是企业为客户提供的网络售后服务。其实例如图 1-3 所示。

图 1-3 悠游网客服 FAQ

之所以要做电子商务网站，目的是要为企业或者公司带来利润，否则做这样的网站也没什么用。成功的电子商务网站必须充分利用网络工具的先进技术优势，并将其应用到企业的电子商务业务中，帮助企业在电子商务中取得竞争优势。电子商务在企业竞争优势产生上具有比较明显的作用，如能够帮助企业节约经营成本、加速产品创新、提高管理水平、增加企业内部的信息优势等。所以，不管是独立运营网站还是挂靠平台，只有具有这些职能，才算电子商务。

1.2.2　电子商务网站的分类

1．按照商务目的和业务功能分类

按照商务目的和业务功能分类，我们可以将电子商务网站分为基本型商务网站、宣传型商务网站、客户服务型商务网站和完全电子商务运作型网站。

1）基本型商务网站。建立这种类型商务网站的目的是通过网络媒体和电子商务的基本手段进行公司宣传和客户服务。这种网站适用于小型企业，以及想尝试电子商务效果的大中型企业。其特点是网站构建的价格低廉，性能价格比高，具备基本的商务网站功能。该类型商务网站可搭建在公众的多媒体网络基础平台上，并外包给专业公司来构建，这样比自己从硬件到软件进行全面建设的投入要少。

2）宣传型商务网站。这种类型的商务网站建立的目的是通过宣传产品和服务项目，发布企业的动态信息，提升企业的形象，扩大品牌影响，拓展海内外市场。这种网站适用于各类企业，特别是已有外贸业务或意欲开拓外贸业务的企业。其特点是具备基本的网站功能，能够突出企业宣传效果。该类型商务网站一般可构建在具有很高知名度和很强伸展性的网络基础平台上，以便在未来的商务运作中借助先进的开发工具和增加应用系统模块，升级为客户服务型或完全电子商务运作型网站。

3）客户服务型商务网站。这种类型的商务网站建立的目的是通过宣传公司形象与产品，达到与客户实时沟通及为产品或服务提供技术支持的效果，从而降低成本、提高工作效率。这种网站适用于各类企业。其特点是以企业宣传和客户服务为主要的功能。网站建立者可以将该类型的网站构建在具有很高知名度和很强伸展性的网络基础平台上，如果有条件，也可以自己构建网络平台和电子商务基础平台，以便通过简单的改造升级为完全电子商务运作型网站。

4）完全电子商务运作型网站。这种类型的商务网站建立的目的是通过网站公司整体形象与推广产品及服务，实现网上客户服务和产品在线销售，并着力实现网上客户服务和产品在线销售，从而直接为企业创造效益、提高企业的竞争力。这种网站适用于各类有条件的企业。其特点是具备完全的电子商务功能，并能够突出公司形象宣传、客户服务和电子商务功能。

2．按照交易对象分类

按照交易对象的不同分类，我们可以将电子商务网站划分为 B2B 电子商务网站、B2C 电子商务网站、C2C 电子商务网站和 B2G 电子商务网站。

1）B2B 电子商务网站。B2B（Business to Business）是指网站进行的交易活动是在企业与企业之间进行的，即企业与企业之间通过网站进行产品或服务的经营活动。这里的网站通常是第三方提供的平台，企业不需要为建立和维护网站付出费用，只需向第三方交付年费或每笔交易的费用即可。类似的平台有阿里巴巴、慧聪网、中国化工网、中国钢铁网和敦煌网等。对于中小型企业来讲，第三方平台无疑为其提供了一条实施电子商务的捷径。

2）B2C 电子商务网站。B2C（Business to Consumer）是指网站进行的交易活动是在企业与消费者之间进行的，即企业通过网站为消费者提供产品或者服务的经营活动。销售产品的网站几乎占 B2C 电子商务网站总量的 90%，如当当网、京东商城、苏宁易购和凡客诚品等。提供服务的网站则要少一些，如携程网为消费者提供旅行服务（如酒店预订、机票预订等）、www.12306.cn 铁路客户服务中心为消费者提供铁路票运服务。

3）C2C 电子商务网站。C2C（Consumer to Consumer）是指网站进行的交易活动是在消费者与消费者之间进行的,即消费者通过网站进行产品或服务的经营活动。与 B2B 类似,这里的网站也是由第三方提供的平台,参与交易的双方也通常以个人为主,如淘宝网、拍拍网、百度有啊等。

4)B2G 电子商务网站。B2G（Business to Government）是指企业与政府之间通过网络所进行的交易活动的运作模式。例如,网上采购,即政府机构在网上进行产品、服务的招标和采购。另外,电子通关、电子纳税等企业与政府间的业务等也属于 B2G 模式,如扬州市政府网站（http://www.yangzhou.gov.cn/）。

3. 按照站点拥有者的职能分类

按照站点拥有者的职能分类,我们可以将电子商务网站分为生产型电子商务网站和流通型电子商务网站。

1)生产型电子商务网站。这类电子商务网站由生产产品和提供服务的企业提供,旨在推广、宣传其产品和服务,实现在线采购、在线产品销售和在线技术支持等商务功能。作为最简单的电子商务网站形式,企业可以在自己网站的产品页面上附上订单,浏览者如果对产品比较满意,则可直接在页面上下订单,然后汇款,企业付款,完成整个销售过程。这种电子商务网站页面比较实用,主要特点是信息量大,并提供大额订单服务。生产型企业要在网上实现在线销售,则必须与传统的经营模式紧密结合,分析市场定位,调查用户需求,制定合适的电子商务发展战略,设计相应的电子商务应用系统架构,在此基础上设计企业电子商务网站页面,并使用户界面良好、操作简便。戴尔（www.dell.com）、海尔（www.haier.com）就是很好的例子。

2)流通型电子商务网站。这种类型的电子商务网站由流通企业建立,旨在宣传和推广其销售的产品与服务,使顾客更好地了解产品的性能和用途,促使顾客进行在线购买。这种电子商务网站侧重于对产品和服务的全面介绍,能够较好地展示产品的外观与功能,电子商务网站的页面制作都十分精美、动感十足,很容易吸引浏览者。流通企业要在网络上实现在线销售,也必须与传统的商业模式紧密结合,在做好充分的研究、分析与电子商务构架设计的基础上,设计与构建电子商务网站的页面,并充分利用网络的优越性,为客户提供丰富的商品、便利的操作流程和友好的交流平台。食品流通企业沃尔玛（www.wal-mart）、麦德龙（www.metro.com.cn）就是很好的例子。

4. 按照产品线宽度和深度分类

按照产品线宽度和深度分类,我们可以将电子商务网站划分为水平型电子商务网站、垂直型电子商务网站、专门型电子商务网站和公司电子商务网站 4 种类型。

1)水平型电子商务网站。这类电子商务网站是能提供多行业产品的网上经营的网站。该类网站又称 Aggregator,聚集了大量产品,类似于网上购物中心,旨在为用户提供产品线宽、可比性强的商务服务。其优势在于其产品线的宽度,顾客在这类网站上不仅可以买到自己所接受的价格水平的商品,而且很容易实现"货比三家"。其不足是在深度和产品配套性方面欠缺,处于中间商的位置,在产品价格方面处于不利地位。Alibaba、环球资源网、企汇网、ECVV、TOXUE 外贸网就属于这种类型的电子商务网站。

2)垂直型电子商务网站。这类电子商务网站提供某一个行业或细分市场深化运营的电子商务模式。例如,销售汽车、汽车零配件、汽车装饰品、汽车保险等产品商务的网站,为顾客提供一步到位的服务。这类网站较为复杂,实施难度较大。凡客诚品网、国美电器网上商城、苏宁易购等就属于这种类型的电子商务网站。

3）专门型电子商务网站。这类电子商务网站能提供某一行业的最优服务，类似于专卖店，通常提供品牌知名度高、品质优良、价格打折的产品的销售。除直接面对消费者外，该类网站也面对许多垂直型和水平型网站的供应商。聚美优品网、唯品会（Vipshop）、当当尾品会（v.dangdang.com）等都属于专门型电子商务网站。

4）公司电子商务网站。该类电子商务网站是指以本公司产品或服务为主的网站，相当于公司的"网上店面"，以销售本公司产品或服务为主。其致命的缺点在于除少数品牌知名度极高、市场份额较大的公司（如苹果公司）外，可扩展性不足。但从产品的形态看，金融服务、电子产品、旅游、传媒等行业在开展电子商务方面拥有较明显的优势。这些行业的一个共同特点是产品的电子化，不存在产品的物理流动，不需要相应的配送体系，因而特别适合在网上开展业务。中国领先的旅游搜索引擎网——去哪儿网及各大商业银行网站都属于公司电子商务网站。

可见，企业需要依据其业务职能、自身实力、战略目标和所处区域的商务环境等，制定自己的电子商务发展战略，进而构建适合其发展的电子商务网站。

1.3 电子商务动态网站建设与管理的总体思路

1.3.1 电子商务动态网站建设与管理的基本流程

电子商务动态网站建设与管理的基本流程主要包括网站的规划与分析、网站的设计与创建、网站的评估与测试、网站的维护与管理及网站的推广。基本流程如图 1-4 所示。

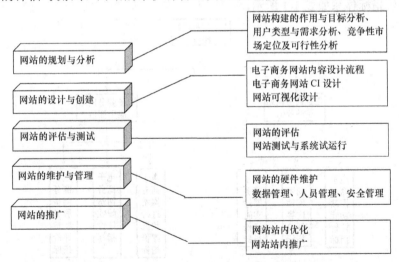

图 1-4 电子商务动态网站建设与管理的基本流程

1.3.2 电子商务动态网站建设与管理的主要内容

（1）电子商务网站的规划与分析

电子商务的网站的设计与管理直接关系到电子商务的交易过程及交易效果，盲目而不考虑结果就将一个网站搬到网上不但会造成资金、人员和时间的浪费，而且会因不好的印象而影响客户对产品或服务的选择。因此，对网站进行详细的规划和分析是相当关键的环节。这一环节包括的主要内容有网站构建的作用与目标分析、用户类型与需求分析、竞争性市场定位及可行性分析、技术及工具的选择、域名注册与 ISP 的选择等。

（2）电子商务网站的设计与创建

网站的设计与创建是电子商务网站建立的主题内容，关系到网站的使用效率和效果。首先，根据网站整体的结构思想，以用户为中心设计网站信息内容与开发流程；其次，基于 Discuz!动态网站建站程序完成网站主页面的设计、网站的可视化设计和页面的创建等。此外，与电子商务网站运行有关的支付与物流方面的问题，也是设计与开发网站时要考虑的重要内容。

（3）电子商务网站的评估与测试

建立的网站是否符合网站设计的规划、是否满足业务流程和用户要求、操作是否简单、输入与输出的数据信息是否准确流畅、网站是否便于维护与管理等问题，必须经过一定的评估与测试来解决。

电子商务网站评价指标体系分为 3 个层次。第 1 层次是电子商务网站的总水平。它以电子商务网站建设评估和电子商务网站应用评估两个方面的指标为 2 个一级指标，将其加权后给出电子商务网站总的评价。第 2 层次是电子商务网站建设和电子商务网站应用的"要素层"。它根据电子商务网站建设、应用所涉及的核心要素，把 2 个一级指标分为 6 个核心要素子系统，即按照功能评价、内容评价、实施评价、运行状况评价、绩效评价、服务质量评价分为 6 个二级指标，分别予以评价。第 3 层次是电子商务网站建设、应用的"判别层"。它在 6 个二级指标的基础上进行进一步分解，组成 25 个三级指标，分别在指标本质、含义、内容上予以识别和评价。电子商务网站评价指标体系如图 1-5 所示。电子商务网站评估三级评价指标体系如表 1-1 所示。

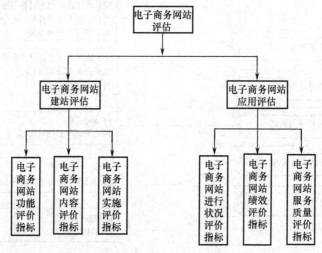

图 1-5　电子商务网站评价指标体系

（4）电子商务网站的维护与管理

电子商务网站维护也称后期维护，是指在不改动网站功能和页面结构的前提下进行的文字更换、图片修改等。为了保持网站的时效性，一个网站在建成之后不可能永远不再有任何变化。电子商务网站管理主要包括数据管理、人员权限管理、网站客户服务管理及网站安全管理等。

表1-1　电子商务网站三级评价指标

一级指标	指标权重	二级指标	指标权重	三级指标	指标权重
电子商务网站建设评价指标	0.5	电子商务网站功能评价指标	0.5	电子商务模式创新度	0.3
				电子商务网站功能覆盖率和网站功能	0.35
				网站功能与网站建设目标符合度	0.15
				网站技术性指标	2
		电子商务网站内容评价指标	0.4	电子商务网站应用深度	0.25
				信息的质量	0.3
				电子商务网站内容信息的数量	0.25
				电子商务网站内容检索速度、连接浏览速度、网页反应速度	0.2
		电子商务网站实施评价指标	0.1	电子商务网站实施计划任务完成度	0.5
				电子商务网站建设计划管理和进度控制	0.25
				财务管理和预算控制	0.25
电子商务网站应用评价指标	0.5	电子商务网站运行状况评价指标	0.2	访问率	0.15
				信息更新率	0.15
				电子商务网站营销推广力度	0.15
				电子商务采购率和销售率	0.3
				电子商务交易率	0.25
		电子商务网站绩效评价指标	0.5	电子商务网站社会效益 0.3	对上下游商务伙伴的带动作用和对电子商务的推广应用普及的增长率	0.5
					吸引国外用户和吸引外资的增长率	0.5
		电子商务网站服务质量评价指标	0.3	经济效益评价 0.7	成本费用降低率	0.25
					收益增长率	0.4
					资金周转率提高率	0.15
					投资回报率	0.2
					对顾客满意度的提升作用	0.4

（5）电子商务网站的推广

对于电子商务网站来说，推广是非常重要的一个环节，因为只有推广出去才有可能获得更多的订单。因此，电子商务网站如果想要发展，则必须做好推广工作。电子商务网站推广包括电子商务站内优化和电子商务站外推广。由于搜索引擎在索引时比较注重网站内容的独特性，即所谓的原创内容，所以具有独特内容的页面在搜索引擎中的得分会高于具有千篇一律内容的页面。独特内容建设的思路可以为"新闻资讯""行业报道""产品百科"等，即分类页面信息及产品页面的产品描述，所以可以想办法在产品页面描述中增加信息和提高电子商务站内优化以争取页面的得分。电子商务站外推广包括 SEO 外链、搜索引擎竞价排名、网络广告投放、博客推广、微博推广等。

思考与练习

一、简答题

1．电子商务网站一般应具备哪些功能？请举例说明。

2．什么是垂直型电子商务网站？它与水平型电子商务网站有什么不同？请举例说明。

3．比较当当网和苏宁易购两大 B2C 网站，分析两者的商业模式有何不同。

4．电子商务动态网站建设与管理的主要内容包括哪些？

二、选择题

1．B2B 是指（　　）。

A．企业对企业　　　　B．企业对个人　　　　C．个人对企业　　　　D．企业对政府

2．下列哪个网站不属于 C2C？（　　）

A．淘宝网　　　　　　B．百度有啊　　　　　C．拍拍网　　　　　　D．当当网

3．电子商务网站的总水平由哪两个一级指标构成？（　　）

A．网站建设　　　　　B．网站应用　　　　　C．网站运行　　　　　D．网站服务

4．本书基于（　　）动态建站程序来完成网站主页面的设计、网站的可视化设计和页面的创建等。

A．Photoshop　　　　B．Fireworks　　　　　C．Flash　　　　　　　D．Discuz!

5．（　　）被证明是目前网络推广中效率较高的网络营销方式之一。

A．搜索引擎营销　　　B．网络广告　　　　　C．电子商务网站　　　D．淘宝网

三、实训题

1．访问以下电子商务网站，了解它们的基本发展情况，探究它们各自的商业模式、经营模式、物流配送、盈利模式及网站推广方式。

（1）凡客诚品（http://www.vancl.com）。

（2）苏宁易购（http://www.suning.com）。

（3）红孩子（http://www.redbaby.com.cn）。

（4）携程网（http://www.ctrip.cn）。

（5）中国质量万里行（http://www.315online.com）。

（6）扬州市政府网站（http://www.yangzhou.gov.cn）。

2．访问中华英才网、智联招聘网等人才招聘网站，分别以"电子商务""网站建设"等作为关键字对招聘单位和职位进行搜索，阅读前 100 条招聘信息，了解电子商务、网站技术从业人员和网站管理员的工作职责。看看招聘信息中对于岗位的要求是什么，然后记录下来并整理好，以便更好地明确自己的学习方向。

3．根据 CNNIC 的最新统计数据，分析我国电子商务发展的环境和条件。根据分析，说说你认为哪些类型的电子商务网站比较有发展前景。

第2章

电子商务网站的规划与设计

引导案例

淘宝网网站模式分析——中国领先的个人交易电子商务平台

淘宝网（www.taobao.com），中国深受欢迎的网购零售平台，由阿里巴巴集团于2003年5月10日投资4.5亿元创办。淘宝网目前拥有近5亿的注册用户数，平均每天有超过6 000万的固定访客，同时平均每天的在线商品数已经超过了8亿件，平均每分钟售出4.8万件商品。2013年11月11日，"双十一"狂欢购物节13小时刷平2012年创造的交易纪录191亿元，单日销售额达到350亿元。

淘宝网的使命是"没有淘不到的宝贝，没有卖不出的宝贝"。自成立以来，淘宝网基于诚信为本的准则，从零做起，在短短的半年时间内迅速占领了国内个人交易市场的领先位置，创造了互联网企业的一个发展奇迹，真正成为有志于网上交易的个人的最佳网络创业平台。淘宝网始终倡导诚信、活泼、高效的网络交易文化，坚持"宝可不淘，信不能弃"的经营原则，获得了广大网民的喜爱。

目前，淘宝网已成为广大网民网上创业和以商会友的首选。淘宝网的创立，为国内互联网用户提供了更好的个人交易场所。淘宝网凭借其迅速发展及其在个人交易领域的独特文化，成就了电商江湖霸主地位。

1. 网站特点

淘宝网凭借众多注册的淘宝小店已跃居为中国最大的B2C+C2C购物网站。随着C2C的快速发展，个人网上交易成为传统零售市场的一个重要补充，在产品越来越丰富的同时，交易成本越来越低。淘宝小店借助的正是C2C的这一特点，利用专业站点提供的大型电子商务平台，以免费或比较少的费用在网络平台上销售自己的商品，给网购者带来更多、更便宜的商品，支付系统也较为便捷。作为C2C的平台，淘宝网为网民提供了一个自由的买卖空间。只要合法，任何人都可以在这里买卖任何商品。

2. 版面特点

淘宝网首页除了列有产品分类之外（此部分占50%左右），还提供了热卖单品、精彩资讯、社区精华等相关内容。当会员进入其中某一产品分类后，新的网页里会有关于此类商品更为精细的分类。网页右侧还会出现掌柜热卖、最近浏览过的宝贝等提示，给会员在挑选商品时提供可比性和便捷性。同时，会员选中一件宝贝时，不但可以通过宝贝描述了解该商品，还可以查看买家评价，综合评估这个商品是否值得购买。

3．产品组合

淘宝网首页在 2013 年进行了小规模的改版，商品类目板块不再是横向、密集地陈列在首页下方，而是以矩形模块的形式以每层两个的方式进行陈列。商品类目也被重新划分为虚拟、服装、鞋包配饰、运动户外、珠宝手表、数码、家电、美容彩妆、母婴用品、家居建材、美食特产、日用百货、文化玩乐、汽车用品、本地生活 15 个大类目，大类目又分别设置了二级类目和三级类目。

4．特色服务

淘宝特色服务频道包括淘宝我帮你平台、我要寄快递、淘宝保险理财、虾米音乐、淘宝生活、淘宝游戏交易平台、淘宝生态农业、机票/酒店/淘宝旅行、淘宝摄影市场、淘宝 App 应用市场、淘宝彩票、淘宝保险、淘宝充值平台、淘宝代购、淘宝房产、淘宝二手、淘工作、淘宝外卖、淘宝优站、淘点点、淘宝电影等。会员在交易过程中可以感觉到轻松活泼的家庭式文化氛围。其中一个例子是会员及时沟通工具——"淘宝旺旺"。会员注册之后，淘宝网和淘宝旺旺的会员名将通用，如果用户进入某一店铺，正好店主也在线的话，就会出现"掌柜在线"的图标，用户就可与店主及时地发送、接收信息。"淘宝旺旺"具备查看交易历史、了解对方信用情况等个人信息、头像、多方聊天等一般即时聊天工具所具备的功能。

5．安全制度

淘宝网也注重诚信安全方面的建设，如引入了实名认证制，并区分了个人用户与商家用户认证。两种认证需要提交的资料不一样，个人用户认证只需提供身份证明，商家认证还需提供营业执照，且一个人不能同时申请两种认证。从这一方面，我们可以看出淘宝在规范商家方面所做出的努力。

淘宝同样引入了信用评价体系，单击还可查看该卖家以往所得到的信用评价。

对于买卖双方在支付环节上的交易安全问题，淘宝推出了名为"支付宝"的付款发货方式，以此降低交易的风险。支付宝是阿里巴巴针对网上交易而特别推出的安全付款服务，其运作的性质是以支付宝为信用中介，在买家确认收到商品前，由支付宝替买卖双方暂时保管货款的一种增值服务。支付宝在这一方面的努力获得了淘宝族的认可。买家在网站购买了商品并付费，而这笔钱则先到淘宝的支付宝，当买家收到商品并感到满意时，再通过网络授权支付宝付款给卖家。淘宝网依靠支付宝将 C2C 的交易风险尽可能地降低，因而赢得了淘宝族的青睐。

淘宝网的成功已经可以作为中国电子商务的一个典范。相比其他 C2C 网站，淘宝网以人为本，立足于国民特色，以服务的创新不断推动自身的发展。

 学习目标

1．了解电子商务网站前期规划的基本步骤。
2．结合网站实例的分析，了解电子商务网站的功能模块组成。
3．掌握网站风格设计的基本原则及布局要点。

2.1　网站的前期规划

如同建筑需要设计图纸一样，网站建设的事前策划同样必不可少。所谓"磨刀不误砍柴工"，详细而周密的前期策划比具体的网页设计和程序开发更为重要，有时甚至可以收到事半功倍的效果。如果不加思考、毫无计划地根据个人的兴趣随意地在网上放置一些文本和图片，这样产生的网站可能很快就会被人们忘记。因此，当决定建设一个电子商务网站时，首先要做的就是冷静下来、认真思考、做好分析和策划。

2.1.1 确定网站建站的主题

电子商务网站的建设要从企业的战略规划出发，根据自己的优势特点准确地定位网站，明确网站的功能。例如，一提到当当网，人们马上就会想到这是一个以图书销售为主的网站；一提到京东商城，人们马上就会想到这是一个以数码类产品为主的网上商城；而一提到红孩儿，人们马上就会想到那是一个专门经营母婴类商品的网站。企业要实施电子商务，在动手制作自己的网站之前，首先要考虑的就是自己的网站究竟要做些什么，通过这个网站要表达什么内容，这就必须给自己的网站划定一个范围，确定一个主题。

一个站点的灵魂在于它的主题，这就好像公司办成办不成在于一个好项目一样。给自己的站点选择一个好的主题是至关重要的。但是，如何选择好的主题呢？有些商城网站，由于目标不明确，不考虑自身实力与定位，什么都卖，没有任何特色，自然也就不能吸引眼球，最终导致什么也卖不出的尴尬局面。

具体到一个企业，究竟应该如何为自己的网站确定主题呢？

1）网站的主题应集中、概括地反映企业的经营理念和服务定位，宣传企业的思想与理念。首页上，主题词必须置于屏幕的显著位置。比如，百度主题的确定如果只是搜索引擎，相信它肯定敌不过 Google，不过它很巧妙地把主题定义为"全球最大的中文搜索引擎、最大的中文网站"，这样才有了百度的腾飞；又如，连趣网（见图 2-1）主要经营连环画业务，虽然实力远不及当当网和卓越网，但它突出"捕捉文化的影子"这一鲜明的特色，避免了与当当网的同质化竞争；再如，通用电气以"我们将美好的事物带给生活"为建站主题，宝洁公司的主题是"亲近生活、美化生活"，海尔的主题是"美好住居生活解决方案提供商"（见图 2-2），通用汽车的主题为"人在旅途"，美国运通的主题是"服务、技术、与顾客协同共拓市场"等。

图 2-1　连趣网首页

图 2-2　海尔首页

2）网站的主题要有感召力，要能增强企业的品牌知名度。荀子曰："登高而招，臂非加长也，而见者远；顺风而呼，声非加疾也，而闻者彰。"这句话具体到网站建设上，其意思是说有了好的主题，网站起点就高，吆喝时嗓门就大，否则将何以从数以千万计的站点中被人一眼认出呢？例如，搜外网将网站定名为"从搜索引擎优化到互联网营销，搜外伴您成长"，于是各大搜索引擎上的"优化""互联网营销""SEO"之类的主题便能链接到其网站；反之，如其定名为"如何做 SEO"之类，则肯定不会产生现在的营销效果。上网即投入全球商战，应切记《孙子兵法》中"凡军好高而恶下"之说。阿迪达斯定位在产品层，故全站所有页面都是运动鞋、运动衫；耐克定位在体育事业层，故除为其产品做广告外，网站还从明星、赛事、校园、绿茵场等非产品题材上展开建设。所以，网站主题的确定，并不只是如同行业一般的大分类，更是一种营销的思想、一种企业的文化，切不可目光短浅。

2.1.2　确定网站要实现的目的

一个网站的目的要解决以下问题：

1）组织的任务或目标是什么？

2）网站的近期目标和远期目标是什么？

3）谁是确定的访问者？

4）网站的服务领域和服务对象是什么？

5）网站的盈利方式是什么？

6）为什么人们会来到你的网站？

通过对类似这些问题的广泛讨论，并征求有关人员的意见，最后才能形成网站建设目标书。当然，目标书也要经过审定才能成为网站建设的指导。

2.1.3　进行市场需求分析

现在，网络的发展已呈现商业化、全民化、全球化的趋势。电子商务交易的个性化、自由化可为企业创造无限商机，降低企业成本，同时可以帮助企业更好地建立同客户、经销商及合作伙伴的关系。因此，许多公司积极拓展电子商务，为客户服务，进行价值链集成。如今，网络已成为企业进行竞争的战略手段。企业经营的多元化拓展及企业规模的进一步扩大，对于企业的经营管理、业务扩展及品牌形象塑造等提出了更高的要求。

互联网最不缺的就是数据，我们需要收集数据，并将其转换成有价值的市场信息，以洞察市场需求。那么，我们应该从哪些方面分析电子商务网站面临的市场需求呢？

1）行业报告。收集行业相关报告，包含市场规模、增长率、竞争强度等信息，如艾瑞、Comscore 的报告。

2）行业词表。客户通过什么关键字来表达自己的真实需求，以及自然搜索和付费搜索关键字都是市场需求的准确体现，不能忽视。

3）竞争分析。这包括竞争对手的客户群体、产品的优缺点、向市场传递的信息及选择了哪些关键字等内容。

2.1.4　进行目标客户分析

企业要调查所面对的消费者群体的详细情况，并且要进行目标客户分析，如客户的年龄结构、文化水平、收入水平，以及消费者倾向及对新事物的敏感程度等。以外贸网站为例，需要分析的内容包括客户分布在哪些国家和地区、目标客户会有哪些爱好和习惯、目标客户正在用哪些办法寻找他们所需要的产品与服务。一定要记住一个理念：从营销的角度建设网站。

怎么才能做好市场调研和市场分析呢？

1．认准细分市场

一种产品的整体市场之所以可以细分，是由于消费者或用户的需求存在差异性。引起消费者需求差异的变量很多，实际中，企业一般是综合运用有关变量来细分市场的，而不是单一采用某一变量。概括起来，细分消费者市场的变量主要有 4 类，即地理变量、人口变量、心理变量和行为变量。以这些变量为依据来细分市场，就会产生地理细分、人口细分、心理细分和行为细分 4 种市场细分的基本形式。

2．正确收集数据

做任何市场分析，都不可忽略宏观面上的分析。可以夸张地说，宏观分析和行业分析是一切市场分析的前提。很多人以为只要简单的感性认识，上网看看资料就是宏观环境分析了，其实完全不是这样。行业环境往往是一个企业是否能够最终制胜的根本，其涉及的因素太多，分析模型的研究也需要大量的基础数据的支持，很多咨询公司往往知难而退，转向比较规范化、操作性比较强的消费者研究领域。针对消费者市场的研究，需要消费者问卷来确定市场潜量，但是有时不需要太精确的数据的情况下，利用行业研究就能大致了解这个地区的基本购买力。

3．避免单纯的数据分析

很多市场研究人员非常苛求数据的准确性，然后按照最小二乘法、因子分析、聚类分析等分析方法来预测未来的市场潜量。他们认为这样的预测方法能够赢得客户的信任，其实大错特错，因为如果未来可以仅仅用数据来分析，那么就不会出现很多行业的超常规发展了。

纯粹地用数据去预测数据是没有任何意义的。市场是变化的，而且是不规则变化的，我们只有在充分了解行业的发展历程之后，了解这个行业的产业链状态，了解这个行业的机会点及远景等情况，并结合目前的市场状况，建立相应的电子商务网站。

2.1.5 进行可行性分析

创建网站之前需要对网站系统进行可行性分析，了解企业是否已具备研制网站系统所需要的人力、技术、资金和信息等资源及条件。

可行性分析一般包括以下 3 个方面的内容。

1）经济可行性分析。经济可行性分析是对即将开发的项目进行投入成本估算和产出效益评估。网站开发的成本费用主要包括域名、主机托管费用、开发费用；网站的运营管理成本主要包括网站推广费用、人员费用、安全保证费用、维护费用等；网站的收益包括直接收益和间接收益。

2）社会环境可行性分析。社会环境可行性分析所涉及的范围比较广，包括法律方面的合同、侵权合同、市场与政策问题，以及其他一些技术人员常常不了解的陷阱等。

3）技术可行性分析。技术可行性分析需要从硬件与软件的性能要求、能源及环境要求、辅助设备及配件条件方面去考虑。

电子商务项目的可行性研究报告是为企业上层的决策提供依据的。一旦该项目批准立项，它也是准备项目需求建议书的依据；当项目执行需要贷款时，它也是向银行贷款的依据之一；当需要向政府主管部门申请有关许可证时，它也是不可缺少的一份文件；当企业与承约商或其他合作者谈判并签署协议时，它也是一个重要的依据。

2.2 网站的总体设计

网站的总体设计需要根据网站规划所确定的开发目标、服务对象和应用领域来确定网站的建设框架。网站的总体设计包括网站的风格设计、CI 设计及板块布局设计。

2.2.1 网站的风格设计

按照电子商务主营业务范围的不同，电子商务网站的设计风格具有不一样之处。

1. 以产品为主的单一行业电子商务网站

对于这类电子商务网站来说，整体设计风格与所经营的行业有着很大的联系。比如，工业类网站一般整体设计风格都很低调，而且用色选取也较单一。这在很大程度跟这个行业有关，因为它不可能像消费品网站一样设计得很花哨。这类网站通常要给人稳重大气的感觉，而且要伴随严谨的作风，这样才更能得到浏览者的信任，所以这类网站的设计风格通常还是以简单大气为主。

2. 以服务为主的电子商务网站

这类网站的设计风格完全不同于上述类型的电子商务网站。因为这类网站追求的重点是创意、特色，能够吸引人、能够留住人就是很大的卖点了，所以比较夸张、五花八门的网站设计风格反而会获得意想不到的收获。比如，旅游、广告等网站就要设计得能够抓住消费者的眼球。

3. 消费品电子商务网站

其实，仔细看看这些大型电子商务网站的设计，或许就能够知道大型 B2C 的设计应该从哪里出发了。因为这类网站发展的起点必须是具有自己的一套特色，如自己的 LOGO、颜色、统一功能的标准等。虽然这类网站也注重突出个性化，但是更多的可能体现在服务上而非网站上。所以，如何更便捷地为用户服务、如何更好地提高用户的体验性是这类网站追求的重点。这类网站如天猫、京东、易迅等。

网站制作的设计灵魂在于开发人员对网站风格的个性化与创意。会输入文本，以及制作超级链接和排列图片，不是真正意义上的网页制作，或者说不能够称为网页创作。因为网页制作最重要的一个原则是创意，这个原则也可以看成网页制作的根本。没有创意的网站不能算是成功的网站，而这样的站点也必将不能长期存在。

除了创意之外，设计网站还需要考虑以下基本原则：

- 网页内容便于阅读。
- 站点内容精、专并及时更新。
- 注重色彩搭配。
- 考虑带宽。
- 适当考虑不同浏览器、不同分辨率的情况。
- 提供交互性。
- 简单即为美。

2.2.2 网站的 CI 设计

CI（Corporate Identity）的意思是通过视觉统一企业的形象。它原本是一个广告术语，后被引入网站建设中。现实生活中的 CI 设计随处可见，如可口可乐公司采用全球统一的标志、色彩和产品包装，给人的印象极为深刻。

和实体公司一样，一个好的网站也需要整体的形象包装和设计。有创意的 CI 设计对网站的宣传推广具有事半功倍的效果。确定了网站的主题和名称后，就要考虑网站的 CI 形象设计。

网站的 CI 设计，主要是指网站的标志、名称、色彩、字体、标语的设计。它们是一个网站建立 CI 形象的关键，是网站的表面文章和形象工程。设计者需要通过对网站的标志、名称、色彩、字体和标语进行设计，建立网站的整体形象。

1．网站标志（Logo）、名称

在网站形象设计中，网站的标志及名称是很重要的。如同商标一样，网站的标志是站点特色和内涵的集中体现。访问者看见网站的标志，就能联想起你的站点，说明这个标志的设计是成功的。标志可以是中文、英文字母，可以是符号、图案，也可以是动物或者人物等。比如，新浪网用字母 Sina 加眼睛作为标志（见图 2-3），百度网用熊掌加宋词"众里寻他千百度"中的"百度"作为百度网的标志形象（见图 2-4）。标志的设计创意来自网站的名称和内容。

图 2-3　新浪网标志　　　　　　　　　图 2-4　百度网标志

1）若网站有代表性的人物、动物、花草，则可以用来作为设计的蓝本，只要加以卡通化和艺术化即可，如迪士尼的米老鼠、搜狐的卡通狐狸、天猫商城的卡通猫头等。

2）网站具有专业性的，可以以本专业有代表性的物品作为标志，如中国银行的铜板标志（见图 2-5）、奔驰汽车的方向盘标志。

3）最常用和最简单的方式是用自己网站的英文名称作为网站标志。采用不同的字体、字母的变形、字母的组合可以很容易制作自己的标志，如 Intel 公司网站的标志（见图 2-6）。

图 2-5　中国银行的标志　　　　　　　　　　　　图 2-6　Intel 公司的标志

4）网站的名称要合法、合理、合情，不能用反动的、色情的、迷信的、危害社会安全的名词或语句。另外，名称要易记、有特色，并能体现一定的内涵，给浏览者更多的视觉冲击和空间想象力。例如，前卫音乐网、好运陶吧网、e 书时空等网站名称给人的印象就较为深刻。在体现网站主题的同时，网站的名称还要能点出网站的特色之处。

2．网站色彩、字体

除了网站的标志能反映网站的内涵外，网站的标准色彩也是相当重要的，因为它能够产生强烈的视觉冲击。不同的色彩搭配会产生不同的效果，并且会反映网站的文化内涵，还可能影响到访问者的情绪。"标准色彩"是指能体现网站形象和延伸内涵的色彩。例如，IBM 公司的主体色为蓝色，被称为"蓝色巨人"，因此其网站以深蓝色为主；麦当劳的网站以红色背景为主。这些都反映了公司的文化内涵，使得网站和谐与内外统一。一般来说，一个网站的标准色彩不超过3 种，以相近的色彩为主，太多的色彩则会喧宾夺主，让人眼花缭乱。标准色彩要用于网站的标志、标题、主菜单和主色块，给人以整体统一的感觉；至于其他色彩，它们只是点缀和衬托。

和标准色彩一样，标准字体是指用于标志、标题、主菜单的特有字体。在中文网站中，网页一般采用的字体是宋体。为了体现站点的"与众不同"和特有风格，可以根据需要选择一些特别字体。例如，为了体现专业可以使用粗仿宋体、体现设计精美可以用广告体、体现亲切随意可以用手写体等。网站的标准字体一般要与网站所表达的内涵相符。目前常见的中文字体有二三十种，常见的英文字体有近百种。此外，我们还可以从网络上下载许多专用中、英文艺术字体。

但是，在网站的标准字体中，只有安装在操作系统中的字体才能被显示出来，而操作系统中的常用中文字体只有很少的几种，如果用户的计算机操作系统中没有网站所使用的字体，用户将无法浏览网站的相关内容。因此，在制作网站标志、标题和菜单时，如果使用了不常用的字体，则只能用图片的形式，以方便用户的浏览。

2.2.3　网站的板块布局设计

1．什么是板块布局

网页美感除了来自网页的色彩搭配外，还有一个重要的因素就是板块布局设计。板块是指浏览者看到的一个完整的页面。因为每台计算机的显示器分辨率存在差异，所以同一个页面的大小可能出现 800×600 像素、1024×768 像素等不同尺寸。布局是指以最适合浏览的方式将图片和文字排放在页面的不同位置。一般情况下，板块布局要求具备两个功能。

（1）实用功能

1）网页内容的主次一定要从网页的版式上体现出来，网页设计要突出重点内容。

2）网页的导航一定要清晰，这与网页板块设计有着很重要的联系。

3）网页板块布局设计决定了网页的布局，所以布局合理和逻辑性也是网页板块设计的要点。

（2）审美功能

1）网页的版式要具有整体性、一致性，即统一。

2）更合理地划分整个页面，安排页面各组成元素，即分割。

3）通过合理运用矛盾与冲突，使设计更加富有生机和活力，即对比。

2. 常见板块布局形式

网页的布局不可能像平面设计那么简单，除了上文提到的实用性和审美性外，技术问题也是制约网页布局的一个重要因素。虽然网页制作已经摆脱了 HTML 时代，但是还没有完全做到挥洒自如，这就决定了网页的布局是有一定规则的，而这种规则使得网页布局只能在左右对称结构布局、"同"字形结构布局、"回"字形结构布局、"匡"字形结构布局、自由式结构布局及"另类"结构布局等几种布局的基本结构中进行选择。

（1）左右对称结构布局

左右对称结构是网页布局中最为简单的一种。"左右对称"指的只是在视觉上的相对对称，而非几何意义上的对称。这种结构将网页分割为左右两个部分。一般使用这种结构的网站均把导航区设置在左半部或右半部，而对应部分被用作主体内容的区域。左右对称结构便于浏览者直观地读取主体内容，但是却不利于发布大量的信息，所以这种结构对于内容较多的大型网站来说并不合适。左右对称结构布局的例子如图 2-7 所示。

图 2-7 Discuz! 首页

（2）"同"字形结构布局

"同"字形结构名副其实。采用这种结构的网页，往往将导航区置于页面顶端，将一些诸如广告条、友情链接、搜索引擎、注册按钮、登录面板、栏目条的内容置于页面两侧，中间为主体内容。这种结构比左右对称结构要复杂一点，不但有条理，而且直观，有视觉上的平衡感，但是这种结构给人一种死板、僵化的感觉。使用这种结构时，高超的用色技巧会规避"同"字形结构的缺陷。"同"字形结构布局的例子如图 2-8 所示。

图 2-8　猫扑网首页

（3）"回"字形结构布局

"回"字形结构实际上是对"同"字形结构的一种变形，即在"同"字形结构的下面增加了一个横向通栏。这种变形将"同"字形结构不是很重视的页脚利用起来，这样增大了主体内容区域，合理地利用了页面有限的面积，但却往往使页面充斥着各种内容、拥挤不堪。"回"字形结构布局的例子如图 2-9 所示。

图 2-9　21cn 首页

（4）"匡"字形结构布局

和"回"字形结构一样，"匡"字形结构其实也是"同"字形结构的一种变形，也可以认为是将"回"字形结构的右侧栏目条去掉得出的新结构。这种结构是"同"字形结构和"回"字形结构的一种折中，承载的信息量与"同"字形相同，而且改善了"回"字形的封闭结构。"匡"字形结构布局的例子如图 2-10 所示。

图 2-10　新浪网首页

　　除了上述 4 种常见的网页结构布局之外，网页结构布局还包括以下几种：自由式结构布局，如以图像、Flash、视频为主题内容的化妆品网站等；"另类"结构布局，如凸显前卫的设计类网站等；分栏型布局，如腾讯软件中心网页等；封面型布局，如百度首页等。

2.3　网站的目录结构与链接结构设计

2.3.1　网站的目录结构设计

　　一个电子商务网站的文件数量少则几百个，多则几千个、几万个，如何有效组织这么多的文件是一个很重要的问题。网站的目录是指建立网站时创建的目录。例如，用 Frontpage 建立网站时都默认建立网址的目录和 Images（用于存放图片）子目录。目录结构的好坏，对浏览者来说并没有什么太大的感觉，但是对于站点本身的上传维护及未来内容的扩充和移植有着重要的影响。下面是建立目录结构的一些建议。

　　1）不要将所有文件都存放在根目录下。将所有文件都存放在根目录下会造成文件管理混乱，使人常常搞不清哪些文件需要编辑和更新、哪些无用的文件可以删除、哪些是相关联的文件，影响工作效率，而且上传速度慢。服务器一般都会为根目录建立一个文件索引。如果将所有文件都放在根目录下，那么即使只上传更新一个文件，服务器也需要将所有文件再检索一遍，建立新的索引文件。很明显，文件量越大，等待的时间也将越长，所以要尽可能减少根目录的文件存放数。

　　2）按栏目内容建立子目录。子目录的建立，首先要按主菜单栏目建立。例如，企业站点可以按公司简介、产品介绍、价格、在线订单、反馈联系等建立相应目录。其他的次要栏目，类似 what's new、友情链接内容较多、需要经常更新的可以建立独立的子目录。而一些相关性强、不需要经常更新的栏目（如关于本站、关于站长、站点经历等）可以合并放在一个统一目录下。所有程序一般都存放在特定目录下，如 CGI 程序放在 cgi—bin 目录。所有需要下载的内容也最好放在一个目录下。

　　3）在每个主栏目目录下都建立独立的 Images 目录。为每个主栏目建立一个独立的 Images 目录最便于管理。根目录下的 images 目录只用来放首页和一些次要栏目的图片。

4）目录的层次不要太深。目录的层次建议不要超过 3 层，以便维护管理。

5）不要使用中文目录。网络无国界，使用中文目录和文件名可能会对网址的正确显示带来困难。

6）不要使用过长的目录。尽管服务器支持长文件名，但是太长的目录名不便记忆。

7）尽量使用意义明确的目录。目录要能够表达其中所包含文件的关系，如 Flash 目录表示其中的文件与 Flash 有关。如果用 1、2、3 建立目录，则无法判断其中的文件性质，这将给以后的维护带来困难。随着网页技术的不断发展，利用数据库或者其他后台程序自动生成网页越来越普遍，网站的目录结构也将大多由系统自动生成。

2.3.2 网站的链接结构设计

网站的链接结构是指页面之间相互链接的拓扑结构。它建立在目录结构基础之上，但可以跨越目录。每个页面都是一个固定点，链接则是处于两个固定点之间的连线。一个点可以和一个点连接，也可以和多个点连接。更重要的是，这些点并不是分布在一个平面上，而是存在于一个立体的空间中。

研究网站的链接结构的目的在于，用最少的链接，使浏览最有效率。

一般而言，建立网站的链接结构有两种基本方式：

1）树状链接结构（一对一）。这种结构类似 DOS 的目录结构，即首页链接指向一级页面，一级页面链接指向二级页面，立体结构看起来就像蒲公英。浏览这样的链接结构时，需要一级级进入，一级级退出。其优点是条理清晰，访问者明确知道自己在什么位置，不会"迷路"；缺点是浏览效率低，一个栏目下的子页面到另一个栏目下的子页面，必须绕经首页。

2）星状链接结构（一对多）。这种结构类似网络服务器的链接，即每个页面相互之间都建立了链接，立体结构像东方明珠电视塔上的钢球。这种链接结构的优点是浏览方便，随时可以到达自己喜欢的页面；缺点是链接太多，容易使浏览者"迷路"，搞不清自己在什么位置、看了多少内容。

以上两种基本结构都只是理想方式，实际的网站设计中总是将两种结构混合起来使用的。我们希望浏览者既可以方便快速地到达自己需要的页面，又可以清晰地知道自己的位置，所以最好的办法就是首页和一级页面之间用星状链接结构、一级页面和二级页面之间用树状链接结构。例如，一个新闻站点的页面结构如图 2-11 所示，其中首页、财经新闻、娱乐新闻页、IT 新闻页之间是星状链接，可以互相单击，直接到达；而财经新闻页和它的子页面之间是树状连接，浏览"财经新闻一"后，必须回到财经新闻页，才能浏览"IT 新闻二"。所以，为了免去返回一级页面的麻烦，有的站点将二级页面直接用弹出窗口（Pop up windows）打开，浏览结束后关闭即可。

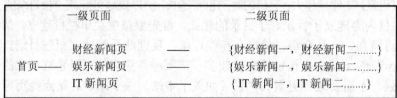

图 2-11 一个新闻站点的页面结构

如果站点内容庞大，分类明细，需要超过三级页面，那么应该在页面显示导航条，这样可以帮助浏览者明确自己所处的位置，就像我们经常看到许多网站页面顶部的类似这样的一行字符：

您现在的位置是：Sohu 首页＞＞新闻＞＞国内＞＞博鳌亚洲论坛

关于链接结构的设计，在实际的网页制作中是非常重要的一环。采用什么样的链接结构直接影响版面的布局，如主菜单放在什么位置、是否每页都需要放置、是否需要用分帧框架、是否需要加入返回首页的链接。确定链接结构后，再开始考虑链接的效果和形式，即是采用下拉菜单还是采用 DHTML 动态菜单等。

随着电子商务的推广，网站竞争越来越激烈，对链接结构设计的要求已经不仅仅局限于可以方便快速地浏览，而是更加注重个性化和相关性。例如，一个爱婴主题网站里，在 8 个月婴儿的营养问题页面上，需要加入 8 个月婴儿的健康问题链接、智力培养链接或有关奶粉宣传的链接，以及一本图书、一个玩具的链接。因为父母不可能去每个栏目下寻找关于 8 个月婴儿的信息，他们可能在找到需要的问题后就离开网站了。所以，如何尽可能地留住访问者，是网站设计者必须考虑的问题。

思考与练习

一、简答题

1．电子商务网站规划的内容和步骤有哪些？

2．一个企业究竟应该如何为自己的网站确定主题？

3．电子商务网站风格的设计应遵循哪些原则？

4．常见的网站版面布局有哪几种？分别举例说明。

二、选择题

1．网站项目的可行性研究包括（　　　）。

A．经济可行性　　　　B．技术可行性　　　　C．社会环境　　　D．地理环境

2．网站的目录层次一般不超过（　　　）层。

A．1　　　　　　　　B．2　　　　　　　　C．3　　　　　　　D．4

3．建立网站的链接结构包括哪些方式？（　　　）

A．一对一　　　　　　B．一对多　　　　　　C．多对多　　　　　D．单一

4．LOGO 是指（　　　）。

A．广告条　　　　　　B．网站标志　　　　　C．导航栏　　　　　D．公司名称

三、实训题

1．浏览京东商城网站。

（1）分析网站提供的栏目内容与功能。

（2）分析网站的风格和版面布局设计。

2．调研一家当地企业，并对该企业的电子商务网站内容进行规划与设计，完成一份网站前期规划报告。报告包括以下内容：

（1）网站主题与建站目标。

（2）网站的市场定位。

（3）市场需求及目标客户分析。

（4）竞争对手及各自优势分析。

（5）可行性分析。

第3章

电子商务网站商业计划书

浙江果品电子商务网站商业计划书

1. 项目背景

随着新农村建设的步伐日亦加快，农村将是一个很大的市场。而果品市场作为利润较高的市场，电子商务的平台在此基础上有更好的收益。2013年中国果园播种面积为1113.95万公顷，水果总产量2亿吨，居世界第一位。2013年中国人均果园面积为83.5平方米，人均水果产量为15.28吨，略高于世界平均水平。2014年中国水果产量超过2.1亿吨，预测未来几年中国水果产量仍然保持增长态势。

尽管中国水果出口增长迅速，但水果出口占产量的比重仍然较低，2012年年出口量不足总产量的6%。所以未来我国的果品产业出口市场前景良好。主要表现：第一，价格优势，果品生产属于劳动力密集型产业，由于我国土地价格和劳动力成本相对较低，生产的果品与国外同类产品相比有较强的价格竞争优势，有利于开拓国外市场。第二，发达国家及地区对水果及加工产品的需求量越来越大，我国水果出口总量和贸易额不断增加，为果品出口创造了便利条件。综合以上因素，大力发展果品电子商务平台将会为我国发展成果品大国创造有利条件。而浙江作为沿海地区，不仅有大量的果品产地，而且拥有中国二大果品市场，为果品电子商务市场提供了一个基础，浙江地区还有雄厚的果品加工能力。基于此，针对浙江这个沿海省区，我们进行了浙江地区果品市场的电子商务框架设计。

2. 市场分析和市场前景

我国提出建设"新农村"的号召，这其实是农村信息化在农村的大好发展机会，而农村电子商务将起到至关重要的作用。

首先浙江作为沿海地区，有中国两大果品市场，为果品电子商务市场提供了一个基础，两大果品市场分别是绍兴大通集团公司农副产品批发交易市场和宁波市蔬菜副食品批发交易市场。其次浙江地区不仅有丰富的果品产地，还有雄厚的果品加工能力。应瞄准国内外城市市场，发展初加工、深加工和精加工，对果产品进行系列化加工开发，提高竞争力，提高果品的附加工值。最后浙江地区是经济发达地区，能够较好地建立果品标准体系，实行果品的标准化生产经营，并且可以较顺利地实施名牌化策略，搞好果品创牌工作，没有果品名牌和果品标准体系，就无法使用果品电子商务赚取利润。

但是制约浙江果品行业发展电子商务的难点主要是：水果是鲜活农产品，保鲜比较困难；外观和内在质量、口感、风味差别大，标准体系缺失；果品生产的组织化程度低，仍然是以千家万户分散的方式为主，农村计算机拥有率低；企业对发展电子商务认识还不够，在资金、技术、人员方面存在实际困难，畏难情绪普遍。

根据有关资料显示，我国果品行业专业网站有40多家。其中中国果品信息网等5家网站位列农业100强网站。除行业性水果专业网站，还有荔枝、杧果、香蕉、梨、枣等各种单品水果专业网站。同时，各地农业网站都不同程度地设有水果频道和专栏。果品企业是应用电子商务的主体，主要是大中城市的果品龙头企业和大型批发、集贸市场。目前，在水果产地县、镇的一些运销大户、专业合作社也创建了网站，电子商务正在起步和发展。但从整体看，果品行业的电子商务还远未开展起来，极具发展潜力。因此，果品采用电子商务方式不仅是对传统交易方式的有益补充，也能在一定程度上为供求双方提供一个接洽、交易的平台，借助于网络的优势，信息能快速、直接、有效地在双方间传递，省去了不必要的中间环节，提高了果品流通的效率，保证了果品的质量，也能使供求双方获得切实的利益。

针对现今国家建设"新农村"的目标和果品发展电子商务的广大前景和面临的难点，我们小组提出了一个果品市场的电子商务框架设计方案

3．浙江果品市场的电子商务框架设计

果品电子商务就是指以果品生产，销售为中心而发生的一系列的电子化的交易活动，包括果品的网络营销、电子支付、物流管理及客户关系管理等。果品电子商务是以信息技术和全球化网络系统为支撑，对果品从生产地到顾客手上进行全方位的管理的全过程。果品电子商务的发展将成为推动我国果品市场化转型，实现果品现代化的关键环节。主要采用类似B2B、B2C形式构建电子商务平台，提供网上交易、拍卖、电子支付、物流配送等功能，主要从事与果品产、供、销等环节相关的电子化商务服务。

（1）建站思路

建立任何一个网站都要通过网站产生利润和价值，目前所普遍应用的建站形式包括：

1）提升品牌价值　一个在线的宣传册（具体表现形式：全新的页面设计、更完善的导航结构）。

2）推广产品　直接向用户和协作厂家提供最新的产品信息（具体表现形式：根据用户特点自动推荐产品列表、最新的多媒体技术应用展示产品）。

3）提高经营效率　针对果业方面的企业人员使用网站功能高效完成日常的工作（具体表现形式：站点内容管理系统）。

4）实现客户关系管理　利用网络的突出特点实现一对一的客户管理（具体表现形式：个性化网页、个性化信息推送系统）。

5）最大化贴近市场　调动广大网络用户的参与性，实现市场信息的高效获得（具体表现形式：在线调查、产品定制活动等）。

6）电子商务　直接实现销售利润、提高生产效率、合理安排物流和资金流。

（2）网站建设方案

1）信息发布与查询流程。

商户、会员注册：输入规定信息就可成为本网会员或拥有商铺。

商户、会员登录：输入用户名及密码进入网站或商铺查询产品、企业、信息数据库等。

2）网站栏目。

农业气象（连接中央气象网）

农业新闻（世界与国内新闻）

政府之声（政府政策信息、农业法律法规）

产地快讯（产品上市前相关信息或影响产品质量、数量、价格的可能因素）

最新产品（新上市产品的最新价格与供应情况）

价格行情（美国期货市场即时价格、季节主流产品淡旺季价格浮动与分析预测）

销售走势（产品成交量信息及出售流向）

区域市场（重点区域代表性产品集散地的市场交易信息）

国际供求（最新国际供求信息发布，包括几种版本的翻译）

科技博览（新技术、新产品、新工艺）

土特产品（各地稀有作物及特色果品）

旅游信息（提供各地"生态游"的信息）

聚焦深加工（详细介绍农副产品深加工领域信息）

企业社区（提供企业交流的平台）

网上办公区（包括文件管理、名片管理等）

书库（企业管理、工具书、质量标准等）

电子信箱（免费提供）

BBS 论文（论点发布）

会员社区（下设聊天室、专家座谈、科技书屋、BBS 经验发布、日记本、电子信箱、存折等子栏目）

3）网站功能。

- 交易市场（具体方案略）
- 交易市场展示

　　—干果交易大厅（分出若干商铺商位）

　　—水果交易大厅（分出若干商铺商位）

　　—水果加工品交易大厅（分出若干商铺商位）

　　—浙江各地"生态游"交流大厅（分出若干商铺商位）

- 竞价功能（互相竞价，随意成交）
- 谈判功能（提供网络会议功能、BBS 约见、音像效果谈判，促成网上成交）
- 购物订单（单击记录，确认后提交）
- 转账、结算（与银行链接，开展网上转账、结算业务）
- 一条龙（推荐种植、科技管理、统一收购）
- 二手市场（企业及个人的二手交易市场）
- 代理服务（代理收购、储运、商检、报关、装船等业务，代理保险、资金托管）
- 服务注册（贸易公司、储运机构、航运公司、保险公司、银行等有关单位可以注册）
- 会员注册（会员可以得到网站更多的功能、更好的服务。也是为将来收费做准备）
- 链接（与世界、国内前位网站及相关网站链接）
- 网站介绍
- 联系我们

（3）技术环境

1）硬件平台。系统可以采用基于 Chinanet 主干网上的服务器为硬件平台，既作为数据服务器，管理原始商业信息并响应商业服务器提出的服务请求；又作为 Web 服务器，以高速率发布信息；服务器还具有定位其他服务器的功能。

2）软件平台。服务器选用 Unix 操作系统，选用 Apache 作为 Web 服务器。使用 Sybase 公司的关系数据库管理系统（DBMS）Sybase SQL Server，它支持并行查询、动态存储、动态行级锁、动态空间管理和索引操作等，具有高性能、高可靠性和高可伸缩性；支持行级和列级规则、触发器、存储过程等，可以保证数据的完整性；支持管理向导、日志管理、备份和恢复、事件/报警管理、安全管理等，具有易于管理和维护的特点；同时 Sybase SQL Server 还提供了对 Internet、Intranet 和电子商务的强大支持，它不仅可以利用 Unix 强大的加密、检索等功能，而且与 Apache 和 php 高度集成，可以远程管理。

3）服务平台。先进的安全通信和加密技术，系统使用了国际上流行的 SSL（安全套接字层）技术，保障了通过 Internet 方式联入系统的用户；双方通信数据以加密的形式传输，保证了数据传输过程中的安全。

4. 果品电子商务平台的投资与盈利及市场推广

（1）投资

根据浙江地区的平均生活水平分析，按照地区划分，在杭州、宁波、温州等大城市成立公司建设电子商务平台，公司和人力资源投入会比中小城市大得多，但大城市有小城市没有的便捷交通和良好销售渠道，综合以上几点，我们小组觉得可以把公司建立在宁波，宁波不仅有着良好的交通条件，还有中国十大果品市场之一作为原料基础。

（2）市场推广

为了迅速吸引用户，提高市场价值，公司应在市场宣传上制订完整的计划以保证会员数量的逐步增加，市场价值不断增长。由于浙江果品电子商务网是 B2B 为核心的行业信息网，因此为保证行业客户上网交易，短期内应以行业内市场投入为主，以对整个社会的广播式的市场推广为辅，其原因在于行业内市场推广活动目标客户集中，利用行业内部媒体及会展等优势可以以较小的投入获得最大的产出，而广播式的市场宣传手段多用于提高社会知名度，吸引一般用户上网增加访问量，B2C 的交易网站多采用此种方式，费用高但对增加访问量帮助很大。

针对浙江市场的特点，中小果品商户多，果品市场竞争激烈，对于行业内的市场宣传主要可以采用以下几种方式。

1）会员培训：由于果品行业从传统上与 IT 行业距离较远，因此果品网的目标客户群中大部分对电脑及 Internet 停留在比较初步的阶段，因此要让会员体会到浙江果品电子商务网的优势就必须从建立良好的培训机制开始，可以从中小果品商户开始，定期举行对电脑操作及浙江果品电子商务网使用的培训，并将其发展为会员。由于在果品行业里建立电子商务信息门户是对整个浙江果品市场的一次观念更新，因此对会员的培训应是长期的市场建设的过程。

2）借助行业协会进行市场宣传：由于行业协会在各个地方上都具有一定的行业协调和指导性质，熟悉本地果品交易市场状况，可结合行业协会在各地方进行关于浙江果品电子商务的研讨会，发动更多的行业内部人士参与研讨以提高浙江果品电子商务网的声望，发动企业参与电子交易。

3）借助行业会展展示电子交易系统的优越性：可由公司来承办每年两届的大型浙江交易订货会，吸引商家参与进行信息及技术的交流，利用展会商家云集的机会对网站进行交易模拟展示和宣传会收到良好的效果。

4）在行业内利用网站进行奖励式促销：可联合业内企业开展奖励性网上促销活动，共同进行市场宣传，既为企业宣传了产品，也宣传了网站本身。

5）利用行业内部的媒体宣传：借助饮料行业内部的报纸、杂志等发表文章建立专栏宣传浙江果品电子商务网，对全社会的宣传方式主要指在广播、电视、电影等媒体机构进行的如广告、专栏、专访等宣传方式，或面对整个社会进行的发布或赞助活动。

（3）利润预测与分析

在浙江地区，企业主对新生事物的接受状况普遍较好，内外贸企业数量众多，企业可选择的投放载体比企业可支配的资金要多，这样一来，网络公司就有许多渠道得到收益。

商务平台系统的收益来源主要通过网络服务体现，可包括诸多方面：

1）免费提供服务内容：系统提供免费邮箱，定期向客户提供免费杂志及市场信息。这样能拉拢越来越多的客户，到网站的稳定期时把免费杂志及市场信息改为部分有偿的。

2）交易中介费：由于浙江地区私营企业和中小果品商众多，因此交易中介费也是一项较多的收益。

3）广告销售：网站的广告空间应收取相应的广告费。电子商务网站除了发布供求信息、产品信息、企业信息等作为广告来宣传企业产品外，还在首页和其他地方提供广告发布，还可以在网站的搜索中添加广告，这样就又有了一笔收入。

4）会员费：会员是保障站点交易的基础，会员费也是保障系统收入的基本来源，会员费应以年为单位收取，缴纳会员费的企业才享有会员身份。会员费是网站的基本收入来源。

5）代理服务费：对于系统功能中提到的客户委托网站发表供求、展览、市场调查等信息，需根据规定缴纳一定的费用。

6）技术服务：浙江果品电子商务网应有专业的网站开发人员为入驻企业进行有偿的主页开发及技术服务，同时网站可长期为入驻企业提供有偿技术培训。

7）电子商铺出租收入：电子商铺可以让众多的互联网用户在网上开店，适合小型果品商户，由于人数众多，也是一笔收益。

学习目标

1. 了解商业计划书的概念和商业计划书的准备工作。
2. 了解商业计划书的主要结构。
3. 掌握电子商务网站商业计划书各个部分的撰写要点。

3.1 商业计划书概述

3.1.1 商业计划书的概念

商业计划书（Business Plan），是公司、企业或项目单位为了达到招商融资和其他发展目标之目的，在经过前期对项目进行科学的调研、分析、收集与整理有关资料的基础上，根据一定的格式和内容的具体要求，向投资商全面展示商业项目未来发展规划的书面材料。商业计划书是一份全方位的项目计划，它从企业内部的人员、制度、管理及企业的产品、营销、市场等各个方面对即将展开的商业项目进行可行性分析。商业计划书是企业融资成功的重要因素之一。商业计划书可以使企业有计划地开展商业活动，增加成功的概率。

商业计划书最初出现在美国，当时被当作从私人投资者和风险投资家那里获取资金的一种手段。这些投资者会成为公司的股东，并提供保证金。在其他国家，在寻求业务合作伙伴时，提供这一类型的启动计划书同样必不可少。事实上，不仅是新创公司需要使用商业计划书，大公司同样需要依靠商业计划书帮助它们对具体项目的投资做出内部决策。

3.1.2 撰写商业计划书的准备

1. 关注产品

由于商业计划书应提供所有与企业的产品或服务有关的细节，因此准备撰写商业计划书时，应关注以下产品信息：产品正处于什么样的发展阶段；它的独特性怎样；企业分销产品的方法是什么；谁会使用企业的产品，为什么；产品的生产成本是多少、售价是多少；企业发展新的现代化产品的计划是什么。

2. 明确竞争者

在商业计划书中，风险企业家应细致分析竞争者的情况：竞争者都有哪些；竞争者的产品是如何工作的；竞争者的产品与本企业的产品相比有哪些相同点和不同点；竞争者所采用的营销策略是什么。另外，还要明确每个竞争者的销售额、毛利润、收入及市场份额，然后讨论本企业相对于每个竞争者所具有的竞争优势。同时，要向投资者展示顾客偏爱本企业的原因，如本企业的产品质量好、送货迅速、定位适中、价格合适等。商业计划书要使它的读者相信，本企业不仅是行业中的有力竞争者，将来还会是确定行业标准的领先者。在商业计划书中，企业家还应阐明竞争者给本企业带来的风险及本企业所采取的对策。

3. 了解市场

由于商业计划书要给投资者提供企业对目标市场的深入分析和理解，因此准备撰写商业计划书时，应详细了解市场，细致分析经济、地理、职业、心理等因素对消费者选择购买本企业产品这一行为的影响，以及各个因素所起的作用。商业计划书还应包括一个主要的营销计划，计划中应列出本企业打算开展广告、促销及公共关系活动的地区，并明确每一项活动的预算和收益。商业计划书还应简述企业的销售战略：企业是使用外面的销售代表还是使用内部职员；企业是使用转卖商、分销商还是特许商；企业将提供何种类型的销售培训。此外，商业计划书还应特别关注销售中的细节问题。

4. 表明行动的方针

企业的行动计划应该是无懈可击的。准备撰写商业计划书时，应该明确下列问题：企业将如何把产品推向市场；企业将如何设计生产线，如何组装产品；企业生产需要哪些原料；企业拥有那些生产资源，还需要什么生产资源；生产和设备的成本是多少；企业是买设备还是租设备；解释有关产品组装、储存及发送方面的固定成本和变动成本的情况。

5. 展示管理队伍

把一个思想转化为一个成功的风险企业，其关键因素就是要有一支强有力的管理队伍。这支队伍的成员必须有较高的专业技术知识、管理才能和多年工作经验，要给投资者这样一种感觉："看，这支队伍里都有谁!如果这个公司是一支足球队，他们就会一直杀入世界杯决赛！"管理者的职能就是计划、组织、控制和指导公司实现目标的行动。商业计划书应首先描述整个管理队伍及其职责，然后分别介绍每位管理人员的特殊才能、特点和造诣，再细致描述每个管理者将对公司所做的贡献。商业计划书还应明确管理目标及组织结构图。

6. 准备出色的计划摘要

商业计划书的计划摘要十分重要。它必须能让读者有兴趣并渴望继续看下去，它将给读者留下长久的印象。计划摘要将是风险企业家所写的最后一部分内容，但却是投资者首先要看的内容。它将从计划中摘录出与筹集资金最相干的细节，包括对公司内部的基本情况、公司的能力及局限性、公司的竞争对手、公司的营销和财务战略及公司的管理队伍等情况的简明而生动的概括。如果公司是一本书，计划摘要就像这本书的封面，做得好就可以把投资者吸引住。好的计划摘要会给风险投资家这样的印象："这个公司将会成为行业中的巨人，我已迫不及待地要去读计划的其余部分了。"

3.1.3　商业计划书的内容

1．计划摘要

计划摘要要尽量简明、生动，特别要详细说明企业自身的不同之处及企业获取成功的市场因素。计划摘要必须列在商业计划书的最前面，因为它是浓缩的商业计划书的精华。计划摘要应该涵盖计划的要点，以求一目了然，以便读者能在最短的时间内评审计划并做出判断。计划摘要一般包括以下内容：

- 企业介绍。
- 主要产品和业务范围。
- 市场概貌。
- 营销策略。
- 销售计划。
- 生产管理计划。
- 管理者及其组织。
- 财务计划。
- 资金需求状况。

介绍企业时，首先要说明创办新企业的思路、新思想的形成过程及企业的目标和发展战略。其次，要交代企业现状、过去的背景和企业的经营范围。在这一部分中，要对企业以往的情况做客观的评述，不要回避失误。因为中肯的分析往往更能赢得信任，从而使人容易认同企业的商业计划书。最后，还要介绍一下风险企业家自己的背景、经历、经验和特长等。企业家的素质对企业的成绩往往起关键性的作用。这里，企业家应尽量突出自己的优点并表达自己强烈的进取精神，以便给投资者留下一个好印象。

在计划摘要中，企业还必须回答下列问题：

1）企业所处的行业是什么？企业经营的性质和范围是什么？

2）企业主要产品的内容是什么？

3）企业的市场在哪里？谁是企业的顾客，他们有哪些需求？

4）企业的合伙人、投资人分别是谁？

5）企业的竞争对手是谁？

2．产品（服务）介绍

进行投资项目评估时，投资人最关心的问题之一就是风险企业的产品、技术或服务能否在较大程度上解决现实生活中的问题，或者风险企业的产品（服务）能否帮助顾客节约开支、增加收入。因此，产品介绍是商业计划书中必不可少的一项内容。通常，产品介绍应包括以下内容：产品的概念、性能及特性；主要产品介绍；产品的市场竞争力；产品的研究和开发过程；发展新产品的计划和成本分析；产品的市场前景预测；产品的品牌和专利。

在产品（服务）介绍部分，企业家要对产品（服务）做出详细的说明，而且说明要准确、通俗易懂，使非专业人员的投资者也能明白。产品介绍都要附上产品原型、照片或其他介绍。产品介绍必须回答以下问题：

1）顾客希望企业的产品能解决什么问题？顾客能从企业的产品中获得什么好处？

2）企业的产品与竞争对手的产品相比有哪些优缺点？顾客为什么会选择本企业的产品？

3）企业为自己的产品采取了何种保护措施？企业拥有哪些专利、许可证，或与已申请专利的厂家达成了哪些协议？

4）企业的产品定价为什么可以使企业产生足够的利润？用户为什么会大批量地购买企业的产品？

5）企业采用何种方式改进产品的质量与性能？企业对发展新产品有哪些计划？

产品（服务）介绍的内容比较具体，因而写起来相对容易。虽然夸赞自己的产品是推销所必需的，但应该牢记的是，企业家和投资家所建立的是一种长期合作的伙伴关系，企业所做的每一项承诺都要努力地去兑现。空口许诺，只能得意于一时。如果企业不能兑现承诺，不能偿还债务，企业的信誉必然要受到极大的损害。

3．人员及组织结构

有了产品之后，创业者第二步要做的就是组织成一支有战斗力的管理队伍。企业管理的好坏，直接决定了企业经营风险的大小。而高素质的管理人员和良好的组织结构则是管理好企业的重要保证。因此，风险投资家会特别注重对管理队伍的评估。

企业的管理人员应该是互补型的，而且要具有团队精神。一个企业必须要具备负责产品设计与开发、市场营销、生产作业管理、企业理财等方面的专门人才。商业计划书必须对主要管理人员加以阐明，介绍他们所具备的能力、他们在本企业中的职务和责任及他们过去的详细经历与背景。此外，这一部分商业计划书还应对公司结构做简要介绍，包括：公司的组织结构图；各部门的功能与责任；各部门的负责人及主要成员；公司的报酬体系；公司的股东名单，包括认股权、比例和特权；公司的董事会成员；各位董事的背景资料。

4．市场预测

当企业要开发一种新产品或向新的市场拓展时，则必须进行市场预测。如果预测的结果并不乐观，或者预测结果的可信度让人怀疑，那么投资者就要承担更大的风险，这对多数风险投资家来说都是不可接受的。进行市场预测首先要对需求进行预测：市场是否存在对这种产品的需求？需求程度是否可以给企业带来所期望的利益？新的市场规模有多大？需求发展的未来趋向及其状态如何？影响需求的因素有哪些？其次，市场预测还要对市场竞争的情况——企业所面对的竞争格局进行分析：市场中主要的竞争者有哪些？是否存在有利于本企业产品的市场空当？本企业预计的市场占有率是多少？本企业进入市场会引起竞争者怎样的反应，这些反应对企业会产生什么影响？等等。

在商业计划书中，市场预测应包括以下内容：市场现状综述、竞争厂商概览、目标顾客和目标市场、本企业产品的市场地位、市场价格和特征等。

风险企业家对市场的预测应建立在严密、科学的市场调查基础之上。风险企业所面对的市场，本来就有更加变幻不定的、难以捉摸的特点，因此风险企业家应尽量扩大收集信息的范围、重视对环境的预测并采用科学的预测手段和方法。风险企业家应牢记的是，市场预测不是凭空想象出来的，对市场错误的认识是企业经营失败的最主要的原因之一。

5．营销策略

营销是企业经营中最富挑战性的环节。影响营销策略的主要因素有：

- 消费者的特点。
- 产品的特性。
- 企业自身的状况。
- 市场环境方面的因素。
- 营销成本和营销效益因素。

在商业计划书中，营销策略应包括以下内容：

- 市场机构和营销渠道的选择。
- 营销队伍和管理。
- 促销计划和广告策略。
- 价格决策。

对创业企业来说，由于产品和企业的知名度低，很难进入其他企业已经稳定的销售渠道中去，因此企业不得不暂时采取高成本—低效益的营销战略，如上门推销、大打商品广告、向批发商和零售商让利或把产品交给任何愿意经销的企业销售。对发展企业来说，它一方面可以利用原来的销售渠道，另一方面也可以开发新的销售渠道以适应企业的发展。

6．生产/制造计划

商业计划书的生产/制造计划应包括以下内容：产品制造和技术设备现状；新产品投产计划；技术提升和设备更新的要求；质量控制和质量改进计划。

在寻求资金的过程中，为了增大企业在投资前的评估价值，风险企业家应尽量使生产/制造计划更加详细、可靠。一般地，生产/制造计划应回答以下问题：企业生产/制造所需的厂房、设备情况如何；怎样保证新产品在进入规模生产时的稳定性和可靠性；设备的引进和安装情况如何，谁是供应商；生产线的设计与产品组装是怎样的；供货者的前置期和资源的需求量如何；生产周期标准如何制定及生产作业计划如何编制；物料需求计划及其保证措施是怎样的；质量控制的方法是怎样的；相关的其他问题。

7．财务规划

财务规划需要花费较多的精力来做具体分析，其中包括现金流量表、资产负债表及损益表的制作。流动资金是企业的生命线，因此企业在初创或扩张时需要对流动资金有预先周详的计划和进行过程中的严格控制。损益表反映的是企业的盈利状况。它是企业运作一段时间后的经营结果。资产负债表则反映某一时刻的企业状况。投资者可以用资产负债表中的数据得到比率指标，以衡量企业的经营状况及可能的投资回报率。

财务规划一般包括以下内容：

- 商业计划书的条件假设。
- 预计的资产负债表。
- 预计的损益表。
- 现金收支分析。
- 资金的来源和使用情况。

3.2　电子商务网站商业计划书样例——《中国财会网商业计划书》

下面以一个具体网站——中国财会网（www.kj2000.com）作为例子，详细阐述电子商务网站商业计划书的写作。

3.2.1　公司简介

我们计划组建一个全新的公司，并由 4 个创始人作为主要经营人员组成一个朝气蓬勃的管理团队。我们旨在创造一个面向财会领域的网络社区，为我们的客户——关心、参与或监督财会行业的专业人士、机构或公司提供全方位的服务，为他们创造一个可以工作、学习、交流、交易的网络平台，并在适当时机引入电子商务（E-Commerce）和应用服务（Application Service）。

1. 公司所有权

公司将由 4 个主要经营者和种子资金投资人共同拥有，其中主要经营者拥有 40%的股份，种子资金投资人拥有 40%的股份，另外预留 20%的股份作为员工期权或留给战略投资者，如中国注册会计师协会、财政部会计考试办公室、中国会计学会等。

2. 公司注册和公司位置

我们计划于 2000 年 5 月进行公司登记注册，注册资金为 80 万美元，全部由种子资金投资人提供。为避免国内政策风险并为融资考虑，公司总部将设在美国，我们将通过美国总部在中国设立子公司，并以中国子公司作为公司的经营实体。我们计划将公司在中国的子公司注册在北京中关村高科技园区内，以享受国家给予中关村高科技园区的种种优惠政策。公司最初网站网址是 www.chinack.com（含义是"中国财会"）。

3.2.2　网站的战略目标

我们的战略目标是建立一个面向财会行业专业人士、机构和公司的网络社区，并通过全面、专业和交互的服务与宣传，确立我们作为财会行业网络服务第一品牌的地位。

1. 商业模式

我们的商业模式将基于以下几个方面：

（1）我们将针对目标访问者开发各种他们所需要的服务，如政策法规查询、专业资格考试服务、财会人才招聘、软件评测和试用、专业咨询服务、远程培训、论坛等。一方面，这些服务本身可能就具有很大的商业价值，在适当的时候会为我们带来服务收入；另一方面，通过这些服务，并配合网站的品牌宣传，我们可以吸引和留住访问者，提高网站流量，进而吸引厂商投放广告并通过我们做市场。

（2）利用品牌优势和行业内的广泛联系，我们将提供厂商和客户可以直接交易或交流的平台。厂商通过这个平台可以直接面对更多的客户，减少了交易的中间环节；客户利用这个平台可以货比三家，用更少的价钱买到更好的产品或服务。

（3）利用我们的平台和我们的品牌优势，我们可以直接销售合作厂商的产品或提供应用服务。

我们的商业模式的成功与否，将在很大程度上取决于我们能否提供足够多的、传统媒体无法提供的新颖服务，以吸引并留住访问者，迅速提高网站的流量，增加网站品牌价值和增强品牌知名度，同我们潜在和未来的竞争者迅速拉开距离。我们只有不断为网站的客户提供服务并创造价值，才能实现我们自身的价值。因此，在发展的初期，我们的主要目标是迅速增加自身的服务能力，吸引并留住尽可能多的访问者，提高流量，树立服务品牌。在为长远将来而创建流量和提升地位的同时，我们预计至少两年内可能亏损。

2．网站定位

我们给网站的定位是财会领域的网络社区。我们将提供最全面、最专业、最有吸引力的内容和服务，并将力争成为这个领域最好的网站。我们将以面向财会行业的专业内容和服务区别于其他综合门户网站，我们提供的内容不只对财会行业的专业人员具有吸引力，全社会对财会信息、服务和产品有需求的公司机构都可以在我们的网站找到他们感兴趣的内容和服务，也可以和其他具有同样需求的专业人员和公司进行交流和交易。我们将以专业的背景、广泛的社会支持和中立媒体立场区别于任何从业厂家所直接设立的类似竞争网站。

3．流量预测

我们计划在 2000 年年底达到 1 万人次/日的非重复用户访问量、2001 年增长到 5 万人次/日、2002 年增长到 200 万人次/日。流量预测的相关数据分别如表 3-1、图 3-1、图 3-2所示。我们将同一些大的综合网站建立合作关系并通过它们获得部分流量。

表 3-1　流量预测

年份	2000	2001	2002
日非重复用户访问量（人次）	10 000	50 000	150 000
每次通话页读数（页）	10	15	20
日均页读数（页）	100 000	750 000	3 000 000
年页读数（页）	9 000 000	273 750 000	1 095 000 000
公司会员数（家）	3 000	15 000	45 000
个人会员（人）	20 000	100 000	300 000

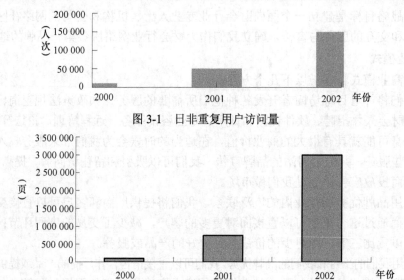

图 3-1　日非重复用户访问量

图 3-2　日均页读数

4．网站内容

网站的内容将包括如下方面：

1）信息服务。包括财会新闻、行业动态、专题讨论、研究报告、政策法规等。

2）考试和在线教育。为参加各种职业资格和职称考试（会计上岗证、中高级会计师、注册会计师、注册评估师等）的人员提供培训资料、在线模拟考试、在线培训辅导、培训点介绍等各种服务。

3）软件评测。定期对各个厂商的财务软件、管理软件及其他企业管理和办公软件进行评测、试用，围绕产品建立各种排行榜，为购买者提供专家参考意见。

4）人员档案和招聘服务。建立财会专业人员档案数据库，为用人单位和找工作的专业人员提供招聘和求职服务，期望成为全国最大的财会人员招聘网站。

5）在线咨询。通过合作伙伴或聘请专家，利用电子邮件或聊天室等手段为网站访问者提供税务、会计等方面的专业咨询服务。

6）论坛和聊天室。围绕各种专业方向或业务类别，建立各种论坛和聊天室，为具有相同兴趣或背景的访问者提供自由交流和讨论的空间。

7）邮件列表。根据访问者的要求和兴趣，提供一种适合每个人不同要求的个性化电子期刊。

8）在线市场。通过建立网上交易和信息发布平台，为财会产品和服务供应商及客户创造一个自由交易的场所，他们可以在这里使用诸如招标、拍卖等多种在线或离线的交易手段进行自由交易。

9）会员服务。通过在线登记，可以为每个会员建立档案，并根据他们的要求和兴趣提供个性化的服务。

10）软件应用服务。通过在网站上设立合作伙伴的软件服务器，为中小企业或个人建立网络理财或代理记账的软件应用服务或软件试用服务。

5．预期收益

1）远程培训收费。这包括资料费、教材、报名费等。

2）广告费。随着网站知名度的提高和上网人数的增加，网站会很快吸引特定厂商参与，如财务软件厂商等。

3）电子商务服务。这包括网上网下专业咨询服务、相关产品的销售和服务、开辟财经类专业书籍网上柜台、通过建立社区提供相应的服务。

4）广泛利用各方面资源，组建 ASP 运作模型，尽快进入商业化运作阶段。

5）实现资本市场的价值体现。

3.2.3　市场前景展望

随着互联网的发展、网民人数的增多及网上不同兴趣群体的形成，综合性网站显然不能提供切实满足这些群体所需要的信息和服务。目前的网站应该向专业化发展，定位并专注于某一个行业，提供内容集中而比较深入的信息服务，力求在一个特定领域做得较为全面。目前，中国国内的行业电子商务已呈现十多个大的发展热点，如证券、教育、旅游、人才、房地产、汽车、IT 产品、生活、图书、新闻媒体、医药保健、大众娱乐等。每一类网站都初步形成了一个集群，竞争日益白热化。

据有关资料显示，目前已有半数的企业"触网"。随着企业信息化进程的加快和电子商务的飞速发展，我们有理由相信企业上网的人数会日益增多。国外已有多家著名公司鼓励所有职员及家属上网，而且已有很多企业完全是网上工作环境。我们相信，员工在 8 小时工作时间里上网，一定是在查找对他们的工作有用的信息。他们以前可以运用许多传统的方式获得帮助（如专业书籍、政策法规、职能培训、同事之间讨论等），但互联网所具有的海量存储、及时更新、互动交流的特性无疑为员工更有效、更方便地完成工作任务提供了一种新的选择。

财会人员是任何一个企事业单位都不可缺少的资源，全社会对会计信息、产品和服务的需求不仅巨大，而且增长迅速。财会方面的网站目前还很少，有影响力的几乎没有，因此建立一个服务于财会行业的专业化的社区网站将具有广阔的市场前景，也是全社会的普遍需要。

1．市场分布

我们的主要目标市场包括以下几个方面：

1）财会专业人员。据了解，全国有会计从业资格的人数为 1 200 万，可谓人数众多。作为一个整体，虽然目前财会人员在网络使用方面可能还落后于 IT 类的专业人员，但随着网上银行、网上报税等与企业财务息息相关的业务的上网，他们可能由于工作的需要会越来越多地接触和使用网络，因此他们极有可能成为我们网站的用户。即使按照两年后其中只有 30% 的上网人数推算，也有 360 万。

2）会计师事务所。全国 6 000 家左右的会计师事务所、审计事务所、资产评估机构是财会行业的服务提供商，因此它们将和我们有比较密切的关系。

3）财务和企业管理软件公司。我们力图和全国 500 家左右面向财会和企业管理的专业软件公司建立合作关系，并通过我们的服务促进这个市场和行业的发展。

4）企业和事业单位。我国有企业和事业单位近 1 000 万家，财会信息和服务对每家企业和事业单位都是不可缺少的，因此这 1 000 万家单位都是我们的潜在客户。

5）财会研究机构和院校。全国有几百家包括财会专业的高等院校和研究机构，它们也是我们网站服务的重要对象。

6）政府部门和行业协会。财政部和各地的财政部门是财会行业的政策制定者和监管者，拥有 12 万会员的中国注册会计师协会是会计行业的最大协会，为它们决策和实施行业管理提供服务，将是我们网站的一项重要功能。

2．市场需求

我们将要建立的财会社区网站是面向一个巨大且增长迅速的行业和市场的，社会对财会信息、产品和服务的需求可以从以下几个方面进行解释：

1）从宏观的角度分析，中国企业正在普遍建立现代企业制度，财会制度正在规范化，而且已经加入 WTO，日益与国际接轨，新的财务规则对企业提出了新的要求。

2）从工作需要的角度出发，财会人员旧有的作账方式已不能满足企业的需求，他们需要专业知识更新，并通过新的资格认证。

3）会计人员对最新的政策法规需求迫切，如果网上能提供相应的服务，他们容易形成上网的习惯，并每天多次上网。

4）中国推广电算化十年有余，很多企业的计算机应用水平较高，上网条件比较成熟。

5）电子商务、网上银行、网上报税等都和财会人员的工作息息相关，因此随着这些技术的发展，财会人员的工作将越来越多地和网络打交道。

6）经贸委明确提出，要大力推行以财务管理为核心的全面企业管理信息化工程。目前，我国每年财务软件的销售额达 10 亿元人民币，用友、金蝶等厂商的市场推广主要都是通过传统媒体进行的，专业的财会网站的出现一定会激起它们的兴趣，直接为网站带来广告收益。

7）从量上分析，每一个企事业都有财会部门，全国有几千万家企事业单位，这个资源极具商业价值。

8）我国有会计从业资格的人数为 1 200 万，按照有 30%的上网人数推算，可能成为网站用户的也有 360 万人，而且在职培训和继续深造的机会商机无限。

3．市场增长

我们所服务的财会行业可以划分为注册会计师、注册评估师、财务和企业管理软件等几大块。1999 年，注册会计师、注册评估师行业收入为 100 亿元左右，财务和企业管理软件年销售额 20 亿元，会计用品、财会教育培训等方面估计年收入为 10 亿～50 亿元，因此 1999 年财会行业整体收入为 150 亿元左右。按每年平均增长 30%计算，到 2002 年，财会行业整体收入将增长到 330 亿元。1999—2002 年财会市场整体收入预测如表 3-2、图 3-3 所示。如果我们能在财会行业网站占据领先地位，那么我们将会比财会行业整体快几倍甚至几十倍的速度增长，我们将会很有前途。

表 3-2　1999—2002 年财会行业整体收入

	年增长率	1999 年	2000 年	2001 年	2002 年
注册会计师、评估师	30%	100	130	169	220
财务、管理软件	40%	20	28	39	55
会计用品、教育培训	25%	30	38	47	59
合计		150	196	255	334

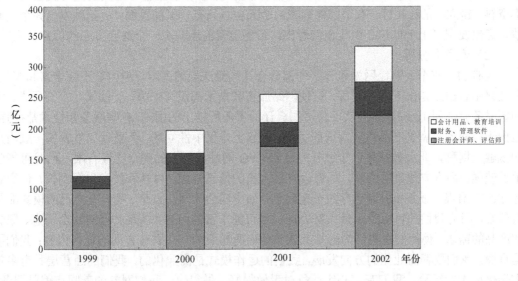

图 3-3　财会市场预测

4．行业分析

虽然各方专家对于以网络技术为代表的新经济有着这样或那样的说法和解释，网络股票和技术股票也存在不少泡沫且会经历不少的波动和调整，但是网络疯狂的增长速度是有目共睹的。网络正在全方位地改变我们的工作和生活，网络代表未来。正如 DELL 公司的 CEO Michael Dell 在清华大学讲演时所说，互联网行业存在很大风险，现在投身进去会很危险，但现在不进去会更危险，因为你将失去未来发展的机会。

（1）行业参与者

目前，财会方面的网站还不多，已经出台的几家大致可分为以下几类：

1）官方网站。像财政部网站、中国注册会计师协会网站等就属于官方网站。这类网站的一般定位是为它们所代表的实体机构进行信息发布和形象宣传，网站的内容具有权威性，在使用一些官方信息资源上具有垄断优势，但往往时效性和服务意识不足。虽然有些网站也包含一些服务内容，但那些内容往往是实体机构本身业务的自然延续。网站一般由机构本身的IT部门运营和管理，管理方式难以摆脱政府机关的模式，几乎没有商业化的市场运作。

2）业内厂家的网站。很多财务软件公司和部分会计师事务所都建立了自己的网站，这类网站的目的在于宣传公司形象和产品，以及为用户提供产品服务。

3）商业性综合财会网站。目前，我们只看到一个这样的网站：它由财务软件厂商金蝶公司最近刚刚推出；它的定位同我们比较相似，即面向财会专业人员及对财会信息感兴趣的公司机构提供各种网上服务。该网站刚推出不久，只有基本框架，内容还很少，访问量也很少，网站管理也比较弱，但金蝶公司赞助的财政部会计司举办的"会计法"知识竞赛可能会为这家网站带来不少流量。虽然这家网站同金蝶公司的网站是分开的并是进行独立管理的，但从该网站上可以看到明显的金蝶公司的痕迹。

4）个人财会网站。现在在网上可以找到一百多个以财会为主题的个人主页，其中大多是一些专业人员将工作中收集的信息或资源拿到网上与同行共享，有些主页做得还有一定水平。由于在网上系统地查找财会资料还是很困难的，所以很多财会专业人员只好自己动手收集资料，建立小的讨论区。有个邮件列表的个人主页只有一页的页面，更新频率全凭个人心情，竟也发展了上千订户。由此也可看出，市场上目前还缺少一个财会方面的门户社区。

（2）竞争者分析

现有的一些个人财经网站包含了一部分会计政策法规的内容，但内容不够丰富和深入，多数建站者建站是出于业余爱好，这使网站服务和技术都没有保障，无法满足公众需求，如中国财务会计网；金蝶等财务软件公司和会计师事务所推出的网站，有些服务和技术都很强，但由于厂商本身就是产品供应商或服务商，内容上难保中性立场，会受到竞争者和一般用户的抵触；据称，北大教授厉以宁欲开办一家CFO网站，但它的受众比较有限，而且可能学术性较强；而官方背景的网站，尽管会掌握宝贵的信息资源，内容和技术也很到位，但商业运作比较困难，服务和机制也存在一定问题，如中国会计网。因此，我们对自己的模式非常有信心，因为我们的目标是尽最大努力提供尽可能丰富的内容，满足公众对财会信息、服务和产品的需求，使他们在我们的网站上找到他们所想要的有关财会方面的任何内容；我们不是官商，我们要朝商业化的方向发展，我们的运作模式是商业化的，我们的经营层具有多年市场化运作的经验，我们有信心比竞争对手做得好、做得快；我们网站的着眼点就是服务，服务是我们生存的基础；我们有多年技术行业经验的管理团队，它将保证我们在技术方面领先于竞争对手。实际上，到目前为止，市场上还未有一家真正有影响、有实力的财会专业网站出台，这对我们来说无疑是一个很好的市场机会。我们期望在较短的时间内成为财会行业最有影响力的站点，并逐渐拉大与潜在竞争者的距离。正是因为财会网站具有很强的专业性，模仿的难度很大，进入存在一定的壁垒，我们成功的把握就更大。

3.2.4 战略及实施概要

我们的战略目标是成为面向财会领域最有影响力的社区网站。为此,我们将实施以高起点进入市场,并追求高增长速度,以适应目标市场和竞争需要的战略。

1. 实施战略

为了保证我们的战略目标的实现,我们将采用这样的实施战略:

1)高起点。我们期望从一开始进入市场,就以职业化的团队、商业化的运作、丰富的内容、良好的服务和一流的技术成为行业的领先者,占据市场主导地位,和竞争对手拉开距离,增加后来者的难度。这需要有充足的资金予以保障,但由于目前这个市场处于刚开始开发阶段,真正的行业领导者还未出现,因此达到上述目标可能需要的资金并不庞大,这对我们是有利的。

2)高速度。为保持我们的领先地位,不给竞争对手机会,同时为了适应用户迅猛增长的需求和行业发展的需要,我们必须追求高增长速度。当然,我们也要注重盈利,但在最初两年里,速度比盈利更重要。

3)广结盟。我们将努力和政府、行业机构、软件公司、会计师、审计师、评估师事务所、科研教育机构及媒体等结成策略联盟,促成合作,使大家共同赢取市场。我们会保持客观中立的地位,虽然我们在某些方面会和部分厂商机构形成竞争(如中国注册会计师协会的网站在某些方面和我们的网站有类似的内容),但由于大家的定位并不相同,所以在更大的范围内存在互补合作的可能性,而且我们的受众更广泛、内容更多,我们可以协助它们完成它们做不了的事情,并为它们带来更多的流量。对于这些公司和机构,我们并不打算抢占它们的现存市场,我们期望和它们共同合作,扩大它们的市场。比如,我们期望与软件公司合作,使更多的用户了解和用好软件,从而扩大软件公司的销售额;我们期望与会计师事务所合作,扩大它们的知名度和用户群,从而使它们得到更多的收入;我们期望和政府、行业机构合作,更好地宣传它们的政策,提高它们的服务等;我们期望和其他综合网站或财经网站合作,以帮助它们扩大访问量。在扩大合作伙伴市场的同时,我们本身的业务也会得到很大发展,这是一种双赢战略。

2. 营销战略

(1)网站推销

网站成功,除提供能满足访问者要求的丰富内容和个性化的优质服务外,还取决于能否进行成功和有效的市场宣传。虽然互联网行业充满华而不实的炒作,我们也会为提高网站的知名度与宣传我们的产品和服务而进行适当的炒作,但我们做网站的基本点在于扎扎实实地为我们的用户提供他们确实需要的服务和产品,所以我们的市场宣传也要围绕这个基本点来进行。具体的推销手段有:

1)充分利用现有专业纸媒体的影响,把它们的受众吸引到我们的网站上来。

2)充分利用财政部及行业协会的行政力量,通过配合它们策划和运作一些活动(如考分查询、调查问卷或其他公益活动等),可以低成本地进行市场宣传,迅速提高我们的知名度和影响力。

3)充分利用与厂商的策略联盟,通过策划和参与厂商的活动,借助厂商的力量,在宣传它们的产品和服务的同时,宣传我们的网站。

4)和其他财经网站或综合网站结成合作伙伴,通过互换广告等方式吸引部分流量。

5）通过策划或组织活动、媒体访谈等软性广告宣传网站。

6）通过硬性媒体广告宣传网站。

（2）价格战略

除广告、为厂商策划组织的市场活动外，推出其他服务的第一年不计划收费，以后可以根据市场的情况进行收费。由于我们的专业性，我们的用户群对于面向他们的特定产品具有较高的购买力（如财务软件或会计用品、培训教材在我们网站投放广告会比在其他综合网站上更为有效），因此我们的广告定价可能要比综合媒体高一些。人才招聘服务也有类似情况。

3．销售预测

网站的具体销售预测如表 3-3 所示。网站的收入预测如图 3-4 所示。

表 3-3　销售预测

年　份	2000	2001	2002
日非重复用户访问量（人次）	10 000	50 000	150 000
每次通话页读数（页）	10	15	20
日均页读数（页）	100 000	750 000	3 000 000
年页读数（页）	9 000 000	273 750 000	1 095 000 000
CPM（元）	150	150	150
广告代理折扣	50%	50%	50%
每页读数广告率	20%	30%	40%
广告费（元）	135 000	6 159 375	32 850 000
公司会员数（家）	3 000	15 000	45 000
个人会员（人）	20 000	100 000	300 000
公司会员年费（元）	0	120	120
个人会员年费（元）	0	0	0
会员费（元）	0	1 800 000	5 400 000
其他服务费（元）	100 000	500 000	1 500 000
收入合计（元）	235 000	8 459 375	39 750 000

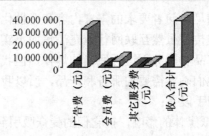

图 3-4　网站收入预测

4．实施计划

1）第一阶段：筹备期。4 月 23 日至 24 日，经营层和投资方见面，最后确定网站成立事宜。4 月最后一周，开始公司的注册和域名注册等工作，同时确定办公地点。5 月，完成租房装修、人员招聘等工作，确定与政府、协会等机构的合作关系，进行相关网站调查，确立自身最终定位，各栏目开始启动，与制作部门进入磨合期。

2）第二阶段：创业推出期。6月，丰富网上内容，团队建设进入良好状态，至少做好1个月的基本内容储备。6月底举办新闻发布会，将网站正式推向市场。7—10月，加强网站的内部管理工作，建立一套科学的激励机制；进一步丰富网上内容，建立自己版面相关的数据库（包括企业和个人）；开展资格证书的网上培训及模拟考试，联络中外机构进行远程教育，开展相关资料和书籍的推荐及网上销售活动，围绕财会举办各类活动（如规模不等的报告会、研讨会、出国考察等），开展评测、出版等活动；结合传统媒体进行有计划的宣传和公关活动，扩大网站知名度，争取10月底日访问量达到3万次以上，为下一步的融资打下坚实的基础。

3）第三阶段：资本及业务扩张期。在网站推出后的半年时间左右完成国际风险投资引入工作，为下一步发展奠定坚实的资金基础，进而快速树立中国第一会计网站的品牌形象及知名度，达到内容专业化、服务集中化、访问经常化的理想效果。

4）第四阶段：上市融资期。在本阶段，将本网站送到国内或国外的资本市场进行上市融资，取得长期的融资渠道，同时为风险投资商实现退出机制。

3.2.5 管理概要

1. 组织结构

公司最高领导机构为董事会，董事由股东大会选举产生；董事会负责公司发展战略、重大投资和资本运营，并负责聘用公司的高层管理人员；公司日常经营由以总裁（CEO）为首的经营团队负责，具体包括负责战略规划和全面管理的总裁、负责采编和制作设计的总监（COO）、负责销售/市场的副总兼市场总监、负责技术和开发的副总兼技术总监（CTO）及负责财务和融资的财务总监（CFO）。

2. 管理团队

网站的管理团队构成如图3-5所示。具体的管理团队组成如下：

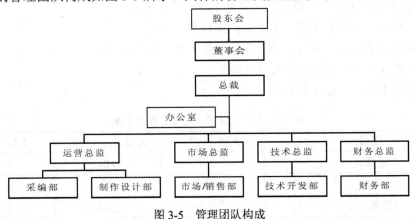

图3-5　管理团队构成

总裁：高翔

1965年生于北京，1982年至1987年就读于中国科技大学自动控制系，1987年大学毕业后考入航天部710所系统工程专业读研究生，1990年毕业，获工学硕士学位。

1990年毕业后留航天部710所从事系统工程研究，曾参与多项国家和部委及国际合作软科学课题研究，并与同事合作在学术会议、专业杂志和学术著作中发表多篇文章和研究报告。1993 年调到财政部下属华正财会软件开发公司，从事财务软件和管理信息系统的开发和项目管理工作。曾参与并主持世界银行"中国港口成本管理信息系统""港口费收管理系统"、财政部"周转金管理系统""华正财会软件"等多个大型系统的管理和技术开发工作，是"华正财会软件"的主要设计人员。从 1996 年起，担任华正财会软件开发公司的常务副总经理，全面负责华正财会软件开发公司的管理工作。

运营总监：江浩

市场总监：易虹

1966 年出生，1988 年毕业于四川大学外文系，7 月分配至对外经济贸易部管理干部学院任教，1993 年在芬兰公司 JP-International 实习并任业务助理。1994—1995 年在中信集团北京国安广告公司一部任外商客户部经理。1996—1998 年在中企协《企业管理》杂志和《中国企业报》开辟"企业信息化"专栏和专版，涉足信息产业，以期为管理者搭起一座通向信息化的桥梁。1998 年至今，接手中科院《中外管理导报》杂志，任副总编，参与改版及改制，和同事们一起使一本名不见经传的杂志短期内获得了迅速的突破，成为管理类媒体的新锐。

3．管理团队缺口

目前 CFO 尚未到位。

4．员工计划

下面所列员工计划详细描述了我们的扩张计划。我们以 4 位主要创始人开始，但到 2000 年年底，我们应有 24 名员工；我们的计划要求到 2001 年年底拥有 72 名员工，而到 2002 年年底拥有 150 名员工。员工月工资、奖金、福利支出如表 3-4 所示。2000 年的员工计划为：

- 总裁 1 人。
- 采编部 10 人（总监 1 名，栏目采编 8 名，新闻编辑 1 名）。
- 销售/市场部 3 人（总监 1 名，策划 1 名，执行 1 名）。
- 技术部 2 人（总监 1 名，设备维护工程师 1 名）。
- 制作设计部 4 人（主管 1 名，页面设计 1 名，录入 2 名）。
- 财务部 3 人（总监 1 名，会计 2 名）。
- 办公室 1 人（主管 1 名）。

表 3-4　员工月工资、奖金、福利支出

工资	人数（人）	人均工资（元）	金额（元）
总经理	1	10 000	10 000
总监	4	9 000	36 000
网页主管	1	6 000	6 000
中层管理人员和技术骨干	14	4 000	56 000
初级员工（录入、出纳、市场专员）	4	2 500	10 000
工资小计			118 000
奖金/补贴=工资×20%			23 600
福利=工资×40%			47 200
合计			188 800

3.2.6 财务计划

1．投资收益

作为一个互联网风险企业，公司未来的发展取决于高速增长的互联网社会不断发展的财务前景。为使在财务方面具有可行性，我们需要定期增加估值以引入实质性的追加资本。下面详细列出了特为投资者提供的投资机会，如表 3-5 所示。

表 3-5 给投资者提供的投资机会

年份	2000	2001	2002	2003
总发行股（股）	800 000	1 200 000	1 500 000	
估值（美元）	800 000	6 400 000	32 000 000	60 000 000
新投资额（美元）	800 000	2 800 000	6 000 000	
购买股份（股）	320 000	400 000	300 000	
每股价值（美元）	2.50	7.00	20.00	
购买股权	40.00%	33.33%	20.00%	
公开上市发行后股权	21.33%	26.67%	20.00%	
公开上市发行后股值（美元）	12 800 000	16 000 000	12 000 000	
持有年限（年）	3	2	1	
净现值*（美元）	8 015 300	9 475 582	4 462 810	
内部投资回报率	151.98%	139.05%	100.00%	

*净现值计算利率假定为 10%。

种子投资者 2000 年投入 80 万美元。这意味着购买当时估值为 80 万美元股份的 40%，即 32 万股，至公司股票首次公开发行时其价值将达到 1 280 万美元，即公司此时价值的 21%；内部回报率为 152%。

2001 年，投资者投入 280 万美元购买 40 万股股票，至公司股票首次公开上市发行时其价值将达 1 600 万美元，内部回报率为 139%。

2002 年，风险资金投资 600 万美元购买 20 万股股票，至公司股票首次公开上市发行时其价值将达 1 200 万美元，内部回报率为 100%。

首轮种子资金投入 50 万美元。

2．启动费用预算（2000 财年 5—12 月）

公司网站的启动费用预算如表 3-6 所示。

表 3-6 启动费用预算

费用项目	金额（万元）	费用项目	金额（万元）
资本性开支		福利	38
注册费用	1	市场推广费	200
装修及办公家具	20	信息购置费	10
设备投资（包括服务器、PC、打印机等办公设备）	70	办公费用	21
资本性开支小计	91	电信服务费	40
经营性开支		软件开发费	50
房租（约 200 平方米）	30	经营性开支小计	502
工资奖金	113	启动费用合计	593

思考与练习

一、简答题

1．什么叫商业计划书？

2．商业计划书的前期准备工作包括哪些？

3．商业计划书的内容包括哪些？

4．商业计划书中的市场预测包括哪些内容？

二、选择题

1．商业计划书的计划摘要包括（　　　）。

A．公司介绍、主要产品和业务范围　　　　　　B．市场概貌、营销策略

C．销售计划、生产管理计划　　　　　　　　　D．管理者及其组织、财务计划

2．财务规划的内容一般包括（　　　）。

A．商业计划书的条件假设

B．预计的资产负债和损益表

C．现金收支分析

D．资金的来源和使用情况

3．中国财会网的网站地址是（　　　）。

A．http://www.canet.com.cn/

B．http://kj2000.com/

C．http://www.caikuairenwu.com/

D．http://www.caikuai.com/

4．中国财会网的竞争者有（　　　）。

A．中国会计网　　　　　　　　　　　　　　　B．中国财务会计网

C．金蝶等财务软件公司和会计师事务所推出的网站　　　D．CFO网

5．为了达到战略目标，中国财会网商业计划书的实施战略是（　　　）。

A．高起点　　　　　B．低起点　　　　　C．高速度　　　　　D．广结盟

三、实训题

1．登录当当网上商城。

（1）对当当网进行行业分析，说明它的行业参与者有哪些网站，以及它的竞争对手突出表现为哪几家。

（2）分析当当网的组织结构和管理团队的构成，并将其与其他网站进行比较。

2．试着编写一个电子商务网站的商业计划书。

第 4 章

Photoshop CS6 技术

"没有什么不能烧"

这是一家厂商的"烧录机"平面广告，广告词为"没有什么不能烧"。

1. 创意

这是典型的夸张型表现手法，以夸张的画面吸引受众眼球，突出产品特点。受众无不被充满震撼和趣味的画面所吸引。在信息快餐化的时代，留住读者的眼球就是成功。此则广告即使不阅读画面下方的文案，也能通过"没有什么不能烧"的广告语读懂一切。

2. 平面制作

该作品制作方案较为简单。首先通过实拍的方式拍下人物主体，然后在 Photoshop 中通过"Eye Candy 外挂滤镜"，对人物辫子局部制作"火焰"效果。此广告的制作重点在于火焰制作（见图 4-1 和图 4-2）。

图 4-1 火焰制作

图 4-2 火焰制作（续）

学习目标

1. 了解 Photoshop CS6 的基本概念和功能。
2. 熟悉 Photoshop CS6 的操作界面。
3. 掌握 Photoshop CS6 的基础操作。

4.1 Photoshop CS6 的定义与功能

4.1.1 Photoshop CS6 的定义及发展史

Photoshop 是 Adobe 公司推出的一款使用广泛、功能强大的图形图像处理软件。Photoshop CS6 是该软件的新版本，它的成功之处在于操作界面的简单灵活和功能的不断完善。在界面基本保持不变的情况下，Photoshop CS6 对许多菜单命令、工具按钮和面板组件等进行了整合，使界面更加简洁和一致，并广泛应用于图像创意、特效文字制作、照片修整及处理、广告设计、商业插画制作、影像合成和各种效果图后期处理等领域。

1990 年 2 月，Photoshop 版本 1.0.7 正式发行，第一个版本只有一个 800KB 的软盘（Mac）。

1991 年 6 月，Adobe 发布了 Photoshop 2.0（代号 Fast Eddy），提供了很多更新的工具，如矢量编辑软件 Illustrator、CMYK 颜色及 Pen tool（钢笔工具）。最低内存需求从 2MB 增加到 4MB，这对提高软件稳定性具有非常大的影响。从这个版本开始，Adobe 内部开始使用代号，并于 1991 年正式发行。

1992 年，Photoshop 的可视化界面更加丰富。

1994 年，Photoshop 3.0 正式发布，代号为 Tiger Mountain，而全新的图层功能也在这个版本中崭露头角。这个功能具有革命性的创意：允许用户在不同视觉层面处理图片，然后合并压制成一张图片。该版本的重要新功能是 Layer，Mac 版本于 9 月发行，而 Windows 版本于 11 月发行。

1997 年 9 月，Adobe Photoshop 4.0 版本发行，主要改进是用户界面。Adobe 此时决定把 Photoshop 的用户界面和其他 Adobe 产品统一化。此外，程序使用流程也有所改变。

1998 年 5 月，Adobe Photoshop 5.0 发布，代号 Strange Cargo。版本 5.0 引入了 History（历史）的概念，这和一般的 Undo 不同。色彩管理也是 5.0 的一个新功能，尽管当时引起一些争议，但此后被证明这是 Photoshop 历史上的一个重大改进。

1999 年，Adobe Photoshop 5.5 发布，主要增加了支持 Web 功能和包含 ImageReady2.0。

2000 年 9 月，Adobe Photoshop 6.0 发布，代号 Venus in Furs。经过改进，Photoshop 6.0 与其他 Adobe 工具交换更为流畅。此外，Photoshop 6.0 引进了形状（Shape）这一新特性。图层风格和矢量图形也是 Photoshop 6.0 的两个特色。

2002 年 3 月，Adobe Photoshop 7.0 发布，代号 Liquid Sky。Photoshop 7.0 适时地增加了 Healing Brush 等图片修改工具，还有一些基本的数码相机功能（如 EXIF 数据）和文件浏览器等。

2003 年，Photoshop 7.0.1 发布。它加入了处理最高级别数码格式 RAW（无损格式）的插件。

2003 年 10 月，Adobe Photoshop CS（8.0）发布。它支持相机 RAW2.x、Highlymodified "SliceTool"、阴影/高光命令、颜色匹配命令、"镜头模糊"滤镜、实时柱状图，使用 Safecast 的 DRM 复制保护技术，支持 Javascript 脚本语言及其他语言。

2005 年 4 月，Adobe Photoshop CS2 发布，代号 Space Monkey。Photoshop CS2 是对数字图形编辑和创作专业工业标准的一次重要更新。它是被作为独立软件程序或 Adobe Creative Suite 2 的一个关键构件来发布的。Photoshop CS2 引入强大和精确的新标准，提供数字化的图形创作和控制体验。它的新特性有支持相机 RAW3.x、智慧对象、图像扭曲、点恢复笔刷、红眼工具、镜头校正滤镜、智慧锐化、SmartGuides、消失点，以及改善了 64-bitPowerPCG5Macintosh 计算机运行 MacOSX10.4 时的内存管理、支持高动态范围成像

（High Dynamic Range Imaging）、改善了图层选取功能（可选取多于 1 个的图层）。

2006 年，Adobe 发布了一个开放的 Beta 版 Photoshop Lightroom。这是一个巨大的专业图形管理数据库。

2007 年 4 月，Adobe Photoshop CS3 发布。它可以应用于英特尔的麦金塔平台，增进对 WindowsVista 的支持；具有全新的用户界面；支持 Feature additions to Adobe Camera RAW；快速选取工具、曲线、消失点、色版混合器、亮度和对比度、打印对话窗都获得了改进；黑白转换调整、自动合并和自动混合、智慧（无损）滤镜、移动器材的图像支持、Improvements to cloning and healing、更完整的 32bit/HDR 支持、快速启动得以实现。

2008 年 9 月，Adobe Photoshop CS4 发布。套装拥有一百多项创新，并特别注重简化工作流程和提高设计效率。Photoshop CS4 支持基于内容的智能缩放，支持 64 位操作系统和更大容量内存，基于 OpenGL 的 GPGPU 通用计算加速也得以实现。

2008 年，Adobe 发布了基于闪存的 Photoshop 应用，提供有限的图像编辑和在线存储功能。

2009 年，Adobe 为 Photoshop 发布了 iPhone（手机上网）版，PS 从此登陆了手机平台。

2009 年 11 月 7 日，Photoshop Express 版本发布，以免费的策略冲击移动手机市场。手机版的 Photoshop 可以做些简单的图像处理。其特点如下：支持屏幕横向照片；重新设计了线上、编辑和上传工作流，优化了在一个工作流中按顺序处理多个照片的能力；重新设计了管理图片，简化了相簿共享功能，升级了程式图标和外观，使查找和使用编辑器更加轻松；可以同时向 Photoshop 和社交网站 Facebook 上传图片。

2010 年 5 月 12 日，Adobe 发行 Adobe Photoshop CS5。这个版本加入了编辑/选择性粘贴/原位粘贴、编辑/填充、编辑/操控变形功能；画笔工具功能也得到加强。

2012 年 3 月 22 日，Adobe 发行 Adobe Photoshop CS6 Beta 公开测试版。其新特性包括 Photoshop CS6 和 Photoshop CS6 Extended 的所有功能。新功能包括内容识别修复，以及利用最新的内容识别技术更好地修复图片。另外，Photoshop 采用了全新的用户界面，背景选用深色，以便用户更关注自己的图片。

2013 年 6 月 17 日，Adobe 在 MAX 大会上推出了最新版本的 Photoshop CC（Creative Cloud）。其新功能包括相机防抖动功能、Camera RAW 功能改进、图像提升采样、属性面板改进、Behance 集成一集同步设置等。

4.1.2　相关概念

1. 像素和分辨率

（1）像素

在计算机绘图中，像素是构成图像的最小单位。越高位的像素，拥有的色板越丰富，越能表达颜色的真实感。

（2）分辨率

常见的分辨率主要分为 4 类：图像分辨率、输出分辨率、位分辨率、显示器分辨率。

1）图像分辨率。图像分辨率是指图像中每单位打印长度显示的像素数目，通常用"像素/英寸"表示。高低分辨率的区别在于图像中包含的像素数目。相同打印尺寸下，分辨率越高，图像中像素数目越多；像素点越小，保留的细节就越多。因此，在打印图像时，高分辨率图像比低分辨率图像更能详细精致地变现图像中的细节和颜色的转换。如果用较低的分辨率扫描图像或是在创建图像时设置了较低的分辨率，以后即使再提高分辨率，也只是将原来像素信息扩展为更大数量的像素，这样操作几乎不会提高图像的品质。而如果图像分辨率高，那么它占用的内存就会很大，打印时速度也就会很慢。实际应用中，应根据自己的需要设置分辨率，像网页中一般设置"72 像素/英寸"即可，而印刷彩色图片一般将图片分辨率设置为"300 像素/英寸"。

2）输出分辨率。输出分辨率是指激光打印机或照排机等输出设备在输出图像时每英寸所产生的油墨点数，单位通常用"像素/英寸"表示。

3）位分辨率。位分辨率是用来衡量每个像素所保存的颜色信息的位元数。例如，一个 24 位的 RGB 图像，表示其各原色 R、G、B 均使用 8 位，三原色之和为 24 位。RGB 图像中，每个像素记录 R、G、B 三原色值，因此每个像素所保存的位元数为 24 位。

4）显示器分辨率。显示器分辨率是显示器中每单位长度显示的像素的数目，单位以"点/英寸"表示。常用普屏的显示器分辨率为 1024×768，宽屏的为 1366×768，代表显示器水平分布了 1024 个或 1366 个像素、垂直分布了 768 个像素。

2. 矢量图与位图

（1）矢量图

矢量图也称面向对象的图像或绘图图像，像 AutoCAD、CorelDRAW 等软件都是以矢量图形为基础进行创作的。矢量文件中的图形元素称为对象。每个对象都是一个自成一体的实体，具有颜色、形状、轮廓、大小和屏幕位置等属性。既然每个对象都是一个自成一体的实体，就可以在维持它的原有清晰度和弯曲度的同时，多次移动和改变它的属性，而不会影响图例中的其他对象。矢量的绘制图同分辨率无关，因此矢量图以几何图形居多，图形可以无限放大且不变色、不模糊。矢量图常用于图案、标志文字设计等。

矢量图的优点：文件小；图像不可编辑；图像放大或缩小不影响图像的分辨率；图像的分辨率不依赖于输出设备。

矢量图的缺点：重画图像困难；逼真度低；要画出自然度高的图像需要很多的技巧。

（2）位图

位图又称光栅图，也称点阵图像或绘制图像，是由像素的单个点组成的。这些点可以进行不同的排列和染色，以构成图样。放大位图时，可以看见赖以构成整个图像的无数个方块。扩大位图尺寸的效果是增多单个像素，从而使线条和形状显得参差不齐；缩小位图尺寸也会使原图变形，因为此举是用减少像素来使整个图像变小的。同样，由于位图图像是以排列的像素集合体形式创建的，所以不能单独操作（如移动）局部位图。

点阵图像是与分辨率有关的，即在一定面积的像素上包含固定数量的像素。因此，如果在屏幕上以较大的倍数放大显示图像，或以过低的分辨率打印，位图图像就会出现锯齿边缘。

位图的优点：图像质量高；图像编辑修改较快。

位图的缺点：文件大；图像元素对象编辑受限制较大；图像质量取决于分辨率；图像的分辨率依赖于输出设备。

总之，矢量图和位图没有好坏之分，只是用途不同而已。因此，整合位图图像和矢量图形的优点，才是处理数字图像的最佳方式。至于到底是用矢量图还是位图，应该根据应用的需要而定。

3. 常用图像格式和图像颜色模式

（1）常用图像格式

文件格式表达文件保存到磁盘的不同方式。Photoshop 支持很多文件格式。不同的文件格式用不同的方式代表图形信息，一些文件既包含矢量图形又包含位图图像，而了解一些格式可以帮助我们在多个设计软件中进行跨平台操作。Photoshop 中常见的文件格式有 PSD、PDF、JPEG、GIF 等。

1）PSD 格式。PSD 格式是 Photoshop 的专用格式。它能保存图像数据的每一个细节，包括图像的层、通道等信息，还能确保图层之间相互独立以便以后进行修改。PSD 格式可以比其他格式更快速地打开和保存图像，很好地保存层、通道、路径、蒙版及压缩方案而不会导致数据丢失等。Photoshop 支持这种格式，所以在这种文件格式中只能保存图层而不能保存选区。

2）PDF 格式。PDF 格式是由 Adobe Systems 创建的一种文件格式，允许在屏幕上查看电子文档。PDF 文件还可被嵌入 Web 的 Html 文档中。PDF 格式不支持 Alpha 通道，支持 JPEG 和 ZIP 压缩（位图模式除外）。在 Photoshop 中打开其他应用程序创建的 PDF 文件时，Photoshop 将对文件进行栅格化处理。

3）JPEG 格式。JPEG 格式是常用的图像格式，支持真彩色、CMYK、RGB 和灰度颜色模式，但不支持 Alpha 通道。虽然它是一种有损失的压缩格式，但它在保存 RGB 图像的所有颜色信息时可以有选择地取出数据来压缩文件。JPEG 格式的图像在打开时会自动解压缩。高等级的压缩会导致较低的图像品质，低等级的压缩则会产生较高的图像品质。

4）GIF 格式。GIF 格式因其磁盘占用空间较少而多用于文件间传输，但此格式不支持 Alpha 通道。由于 8 位存储格式的限制，GIF 格式不能存储超过 256 色的图像。虽然如此，该图形格式却在互联网上被广泛应用，其原因主要有两个：一是 256 种颜色已经较能满足互联网上的主页图形需要；二是该格式生成的文件比较小，适合网络环境传输和使用。

（2）图像颜色模式

颜色模式是指同一种属性下的不同颜色的集合。颜色模式决定用于显示和打印图像的颜色模型。Photoshop 的颜色模式以建立好的用于描述和重现色彩的模型为基础。Photoshop 中常见的颜色模式包括 HSB、RGB、CMYK，也包括用于颜色输出的模式，如 LAB 模式、双色调模式、位图模式、多通道模式等。以下简要介绍前 4 种模式。

1）HSB 模式。HSB 模式以人类对颜色的感觉为基础，描述了颜色的 3 种基本特征。①色相。色相是从物体反射或透过物体传播的颜色。在 0°～360° 的标准色轮上，按位置度量色相。通常使用中，色相有颜色名称识别，如红色、橙色或绿色。②饱和度。饱和度（或彩度）是指颜色的强度或纯度。饱和度表示色相中灰色分量所占的比例，使用从 0（灰色）～100（完全饱和）的百分比来度量。在标准色轮上，饱和度从中心岛边缘递增。③亮度。亮度是颜色的相对明暗程度，通常使用从 0（黑色）～100（白色）的百分比来度量。

2）RGB 模式。由于 RGB 3 种颜色以最大亮度显示时产生的合成色是白色，反之则是黑色，因此它们也被称为加色。RGB 图像通过 3 种颜色或通道可以在屏幕上重新生成多达 1 670 万种颜色。正因为 RGB 的色域或颜色范围要比其他颜色模式宽广得多，所以大多数显示器均采用此种模式。

3）CMYK 模式。CMYK 模式颜色合成可以产生黑色，因此它们也被称为减色。较高（高光）颜色指定的印刷油墨颜色百分比较低，而较暗（暗调）颜色指定的百分比较高。在准备要用印刷色打印的图像时，应使用 CMYK 模式，尽管 CMYK 是标准颜色模型。Photoshop 的 CMYK 模式因"颜色设置"对话框中指定的工作空间设置而异。

4）LAB 模式。RGB 模式是一种发光屏幕的加色模式，CMYK 模式是一种颜色反光的印刷减色模式，那么 LAB 又是什么处理模式呢？LAB 模式所定义的色彩最多，与光线及设备无关，并且处理速度与 RGB 模式同样快、比 CMYK 模式快数倍。LAB 模式是 CIE（国际照明委员会）组织确定的一个理论上包含了人眼可以看见的所有色彩的颜色模式，弥补了 RGB 和 CMYK 两种颜色模式的不足。LAB 模式由 3 个通道组成，但不是 R、G、B 通道。它的一个通道是亮度，即 L；另外两个是色彩通道，分别用 A 和 B 表示。A 通道包括的颜色从深绿色（底亮度值）到灰色（中亮度值）再到亮粉红色（高亮度值）；B 通道则从亮蓝色（底亮度值）到灰色（中亮度值）再到黄色（高亮度值）。因此，两种色彩混合后将产生明亮的色彩。

4.1.3　Photoshop CS6 的功能

1．Photoshop 的基本功能

Photoshop 的功能十分强大。它可以支持多种图像格式，也可以对图像进行修复、调整及绘制。综合使用 Photoshop 的各种图像处理技术（如各种工具、图层、通道、蒙版与滤镜），可以制作出丰富多彩的图像效果。

1）丰富的图像文件格式。作为常用的图像处理软件，Photoshop 支持各种图像格式的文件。这些图像格式包括 PSD、GIF、TIFF、JPEG、BMP、PCX 和 PDF 等。利用 Photoshop 可以将某种图像格式另存为其他图像格式，从而实现图像格式之间的相互转换。

2）选取功能。Photoshop 可以在图像内对某区域进行选择，并对所选区域进行移动、复制、删除、改变大小等操作。选择区域时，利用矩形选框工具或椭圆选框工具可以实现规则区域的选取，利用套索工具可以实现不规则区域的选取，利用魔梯工具或色彩范围命令可以对相似或相同颜色的区域进行选取，还可结合"shift"键或"Alt"键增加或减少某区域的选取。

3）图案生成器滤镜。图案生成器滤镜可以通过选取简单的图像区域来创建现实或抽象的图案。Photoshop 采用了随机模拟和复杂分析技术，因此可以得到无重复且无续拼接的图案，也可以调整图案的尺寸、拼接平滑度、偏移位置等。

4）修饰图像功能。利用 Photoshop 提供的加深工具、减淡工具与海绵工具，可以有选择地调整图像的颜色、饱和度或曝光；利用锐化工具、模糊工具与涂抹工具，可以使图像产生特殊的效果；利用图章工具，可以将图像中某区域的内容复制到其他位置；利用修复画笔工具，可以轻松地消除图像中的划痕或蒙尘区域，并保留其纹理、阴影等效果。

5）多种颜色模式。Photoshop 支持多种图像的颜色模式，包括位图模式、灰度模式、双色调、RGB 模式、CMYK 模式、索引颜色模式、LAB 模式、多通道模式等，同时可以灵活地进行各种模式之间的转换。

6）色调与色彩功能。在 Photoshop 中，利用色调与色彩功能可以很容易地调整图像的明亮度、饱和度、对比度和色相。

7）旋转与变形。利用 Photoshop 中的旋转与变形功能，可以对图层或选择区域中的图像及路径对象进行旋转与翻转，也可对其进行缩放、倾斜、自由变形与拉伸等操作。

8）滤镜功能。利用 Photoshop 提供的多种不同类型的内置滤镜，可以对图像制作各种特殊的效果。例如，打开一幅图像，为其应用水彩滤镜。

9）图层、通道与蒙版。利用 Photoshop 提供的图层、通道与蒙版功能，可以使图像的处理更为方便。通过对图层进行诸如合并、复制、移动、合成和翻转等编辑，可以产生许

多特殊效果。利用通道可以更加方便地调整图像的颜色。利用蒙版则可以精确地创建选择区域，并进行存储或载入选区等操作。

2．Photoshop CS6 的新增功能

（1）内容感知技术在继续延展

继 CS4 的"内容感知缩放"和 CS5 的"内容感知填充"功能之后，CS6 中又有如下两个基于内容感知的应用问世。

1）补丁工具中增加了"内容感知"的修补模式，如图 4-3 所示。

图 4-3　　"内容感知"的修补模式

2）工具箱中新增了混合工具。混合工具基本相当于内容感知修补与内容感知填充的结合体，在源位置进行内容感知填充，在目标位置进行内容感知修补。

（2）剪切工具裂变为二——剪切工具和透视裁切工具

就工具而言，剪切工具和形状工具是变化最大的两个工具。剪切工具的升级终于解决了该工具一直存在的一个重大问题。早期版本的剪切工具中，"透视"仅仅是其中的一个选项，新版中将其独立出来并使之成为专门的透视裁切工具。

（3）基于摄影的选区增强

1）魔棒工具中增加了"采样大小"选项，使采样值更趋合理。"采样大小"选项如图 4-4 所示。

图 4-4　　"采样大小"选项

2）色彩范围命令中增加了"皮肤色调"选区，同时配套"删除表面"选项，以自动检测面部区域并获得更加精确的皮肤选区。"皮肤色调"选区如图 4-5 所示。

图 4-5　　"皮肤色调"选区

（4）滤镜

1）增加了自动适应广角滤镜、油画滤镜及 3 个模糊滤镜（焦点模糊、光圈模糊、移轴模糊）。

2）改进的滤镜包括液化滤镜、镜头校正滤镜及光照效果滤镜。液化滤镜删除了镜像工具、湍流工具及重建模式；同时设置了"高级模式"复选项，即将液化分解为精简和高级两种模式。光照效果被改造为全新的"灯光效果"滤镜，该滤镜使用全新的 Adobe Mercury 图形引擎进行渲染，因此对 GPU 的要求很高。其界面表现为工作区的形式，如图 4-6 所示。

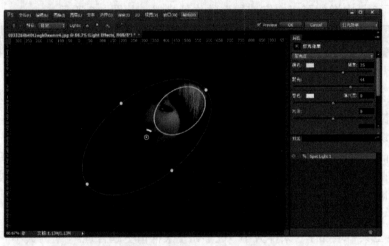

图 4-6 "灯光效果"滤镜

3）滤镜库中滤镜的分布机制进行了调整

旧版中，滤镜库中的各个滤镜同时出现在各个滤镜组菜单中；新版中，用户可以通过如图 4-7 所示的选项使滤镜库中的滤镜不再显示在各个滤镜组的级联菜单中。

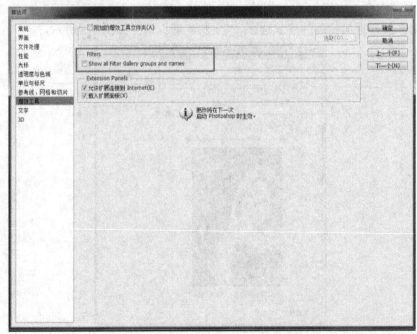

图 4-7 滤镜库中滤镜的分布机制选项

4.2 Photoshop CS6 基础操作

4.2.1 建立新图像

单击 File/New 命令或者按下 CTRL+N 组合键，也可以按住鼠标左键双击 Photoshop 桌面，都可以新建图像。（注：Preset Size 指的是预设尺寸。）

1）Width（宽度）、Height（高度）。其单位有 cm（厘米）、mm（毫米）、pixels（像素）、inches（英寸）、point（点）、picas（派卡）和 columns（列）。

2）Resolution（分辨率）。设置分辨率时要注意，分辨率越大，图像文件就越大，图像就越清楚，存储时占的硬盘空间就越大，在网上传播的速度就越慢。其单位有 pixels/cm（像素/厘米）、pixels/inch（像素/英寸）。

3）Mode（模式）。模式包括 RGB Color（RGB 颜色模式）、Bitmap（位图模式）、Grayscale（灰度模式）、CMYK Color（CMYK 颜色模式）、Lab Color（Lab 颜色模式）。

4）Contents（文档背景）。

设定新文件的这些各项参数后，单击 OK 按钮或按下回车键，就可以建立一个新文件。

4.2.2 保存图像

1）选择文件菜单下的保存或者按 CTRL+S 组合键，即可将图像保存为 Photoshop 默认的格式 PSD。

2）选择文件菜单下的保存为或者按 SHIFT+CTRL+S 组合键，可以将图像保存为其他格式的文件。这些格式包括 TIF、BMP、JPEG/JPG/JPE、GIF 等。

4.2.3 关闭图像

1）双击图像窗口标题栏左侧的图标按钮。
2）单击图像窗口标题栏右侧的关闭按钮。
3）单击 File/Close 命令。
4）按下 Ctrl+W 或 Ctrl+F4 组合键。
5）如果用户打开了多个图像窗口，并想把它们都关闭，则可以单击 Windows/Documents/Close All 命令。

4.2.4 打开图像

1）单击 File/Open 命令或按 Ctrl+O 组合键，或者双击屏幕，都可以打开图像。如果想打开多个文件，可以按下 Shift 键，选择连续的文件；如果按 Ctrl 键，可以选择不连续的多个文件。

2）打开最近打开过的图像。执行 File/Open Recent 命令，就可以打开最近用过的图像。

3）使用 File/Browse 窗口或按下 Ctrl+Shift+O 组合键打开图像。

4.2.5 置入图像

Photoshop 是一个位图软件，用户可以将矢量图形软件制作的图像插入 Photoshop 中使用，如 EPS、AI、PDF 等。选择需要置入的图像，执行"确定"即可置入图像。置入的图像中会出现一个浮动的对象控制符，双击即可取消该符。

4.2.6　切换屏幕显示模式

Photoshop CS6 包含 3 种屏幕显示模式，它们分别是标准屏幕模式、带有菜单栏的全屏模式和全屏模式。连续按 F 键即可在 3 种屏幕模式之间进行切换。TAB 键可以显示/隐藏工具箱和各种控制面板。SHIFT+TAB 键可以显示/隐藏各种控制面板。

4.2.7　标尺和度量工具的运用

1）标尺。单击视图/标尺或按 CTRL+R 组合键即可显示/隐藏标尺。标尺的默认单位是厘米。

2）度量工具。用来测量图形任意两点的距离，也可以测量图形的角度。用户可以用信息面板查看结果。其中 X、Y 代表坐标，A 代表角度，D 代表长度，W、H 代表图形的宽度与高度。测量长度，直接在图形上拖动即可，按 SHIFT 键以水平、垂直或 45 度角的方向操作。测量角度，首先画出第一条测量线段，接着在第一条线段的终点处按 ALT 键拖出第二条测量的线段，即可测出角度。

4.2.8　缩放工具的运用

选择工具后，变为放大镜工具，按下 ALT 键可以变为缩小工具，或者选择视图/放大或缩小，或按 CTRL++、CTRL+-。按 CTRL+0 可以全屏显示，按 CTRL+ALT+0 则显示实际大小。

4.3　Photoshop CS6 高级技巧

Photoshop CS6 的窗口由标题栏、菜单栏、工具栏、工具箱、图像窗口、控制面板、状态栏、Photoshop 桌面组成。

标题栏，位于窗口顶端。

菜单栏，位于标题栏下方，其中包括 9 个菜单。

工具栏，位于菜单栏下方，可以随着工具的改变而改变。

工具箱，位于工具栏的左下方。

图像窗口，位于工具栏的正下方，用来显示图像的区域，用于编辑和修改图像。

控制面板，窗口右侧的小窗口称为控制面板，用于改变图像的属性。

状态栏，位于窗口底部，用来提供一些当前操作的帮助信息。

Photoshop 桌面，Photoshop 窗口的灰色区域为桌面，其中包括显示工具箱、控制面板和图像窗口。

4.3.1　Photoshop CS6　主界面认识

1．颜色主题

通过桌面快捷方式或 Windows 开始菜单启动 Photoshop CS6，用户可以自行选择界面的颜色主题。暗灰色的主题使界面更显专业。界面如图 4-8 所示。

2．显示工具箱

工具箱中集合了图像处理过程中使用最频繁的工具，是 Photoshop CS6 中文版中比较重要的功能。执行窗口菜单中的"工具"命令，可以隐藏和打开工具箱。单击工具箱上方的双箭头 ▸▸ ，可以双排显示工具箱；再单击一次 ◂◂ 按钮，恢复工具箱单行显示。在工具箱中可以单击选择所需要的工具；单击并长按工具按钮，可以打开该工具对应的隐藏工具。工具箱中各个工具的名称及其对应的快捷键如图 4-9 所示。是否显示某信息及该信息相对于光标的方位通过该选项确定，如图 4-10 所示。

图 4-8 Photoshop CS6 工作界面

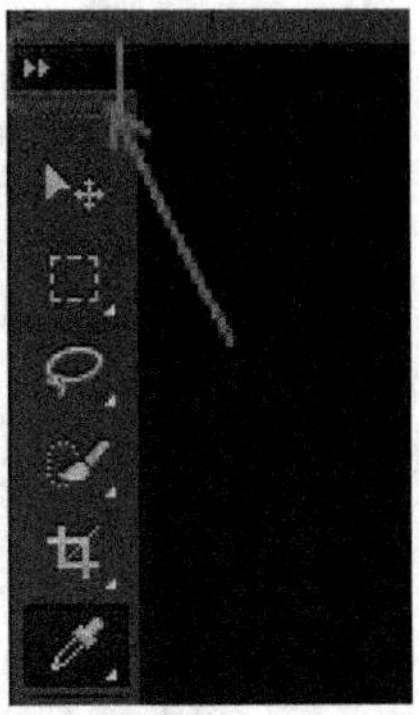

图 4-9 显示工具箱

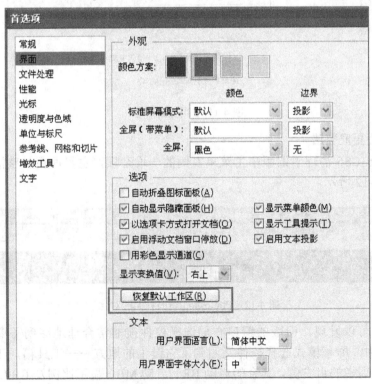

图 4-10 显示转化值选项

3．文本阴影

该功能只对工具选项栏中的文字及标尺上的数字有效，而且只有在选择亮灰色的颜色主题时才比较明显。需要指出的是，所加的文字阴影并不是黑色的，而是白色的，相当于黑色的文字加上了一个白色的阴影，总体感觉刺眼，不如关了为好。启用文本阴影界面如图 4-11 所示。

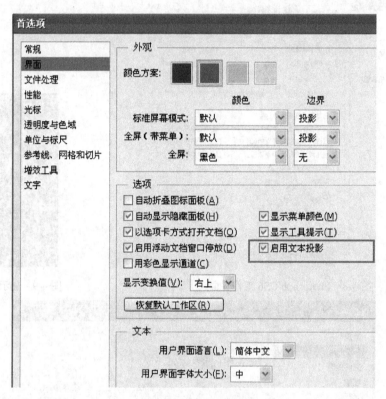

图 4-11　启用文本阴影

4．主界面更显整洁

Photoshop CS6 清理了旧版中主菜单右侧的一堆杂项，主界面更显整洁。新旧界面的对比如图 4-12 所示。

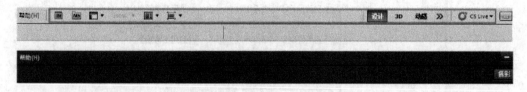

图 4-12　Photoshop 新旧界面的对比

通过对比可以发现，旧版的窗口布局选择控件被非常合理地移到了窗口菜单中的"排列"命令中，屏幕模式选择控件又回到了它诞生的地方——工具箱，工作区选择控件被移到了选项栏的最右侧，其余的启动 BR、启动 MB、显示比例及 CS Live 等控件被一并清除。

5．旧版中的"分析"菜单降级为"图像"菜单中的一个命令

旧版中的"分析"菜单降级为"图像"菜单中的一个命令，取而代之的是"文字"菜单，足见此次升级对印刷设计的重视。这一变动如图 4-13 所示。

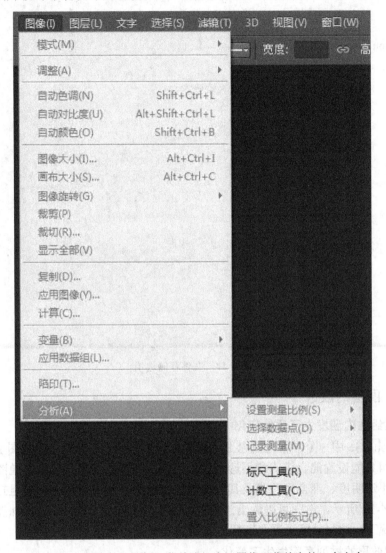

图 4-13　旧版中的"分析"菜单降级为"图像"菜单中的一个命令

4.3.2　文件自动备份

这一功能可以说是激动人心的功能之一。该功能的有关细节如下：

1）后台保存，不影响前台的正常操作。

2）保存位置。系统会在第一个暂存盘目录中自动创建一个 PSAutoRecover 文件夹，备份文件便保存在此文件夹中。

3）当前文件正常关闭时将自动删除相应的备份文件；当前文件非正常关闭时将会保留备份文件，并在下一次启动 PS 后自动打开。文件存储选项如图 4-14 所示。

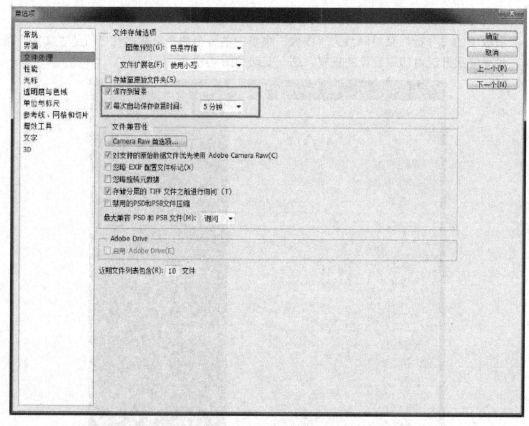

图 4-14　文件存储选项

4.3.3　图层的改进

1．图层组的内涵发生了质的变化

Photoshop CS6 中，图层组在概念上不再只是一个容器，还具有了普通图层的意义。旧版中的图层组只能设置混合模式和不透明度，而新版中的图层组可以像普通图层一样设置样式、填充不透明度、混合颜色带及其他高级混合选项。新旧版双击图层组打开的设置面板对比如图 4-15 所示。由图可以看出，其差异之大令人吃惊。在 PS 内核功能升级空间越来越小的情况下，这一功能无疑具有极其重要的意义。

2．图层效果的排列顺序发生了变化

旧版面板中图层效果的排列顺序与实际应用效果的排列顺序有所不同（光泽），如图 4-16 所示。

新版中各面板效果的排列顺序与旧版相比有较大不同，而且图层样式面板中效果的排列顺序与图层调板中实际的排列顺序完全一致。新版面板中图层效果的排列顺序如图 4-17 所示。

3．图层调板中新增了图层过滤器

与图层调板中新增图层过滤器相对应，选择菜单中增加了"查找图层"命令，其本质就是根据图层的名称来过滤图层。选择菜单中增加的"查找图层"命令如图 4-18 所示。

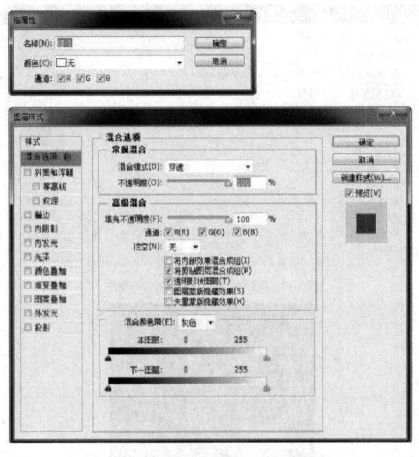

图 4-15 新旧版双击图层组打开的设置面板对比

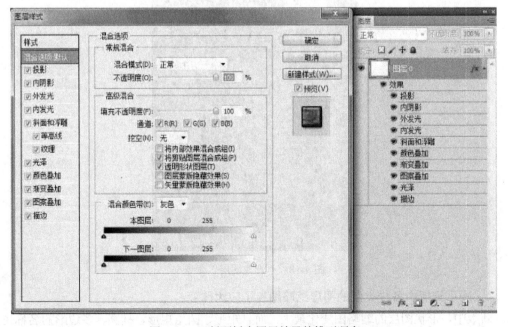

图 4-16 旧版面板中图层效果的排列顺序

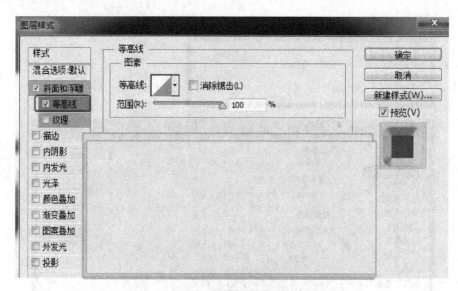

图 4-17　新版面板中图层效果的排列顺序

图 4-18　"查找图层"命令

4．图层调板中各种类型的图层缩略图有了较大改变

新版中，形状图层的缩略图变化最大，而且矩形、圆角矩形、椭圆、多边形的名称也都

直接使用具体的名称，只有直线工具及自定义形状工具仍然使用传统的"形状 1"等命名。

图层组的标识在展开和折叠时也不同。新版中，选择某个图层或图层蒙版的指示标识采用了更为突出的角线，而不再是以往不易识别的细框线。ALT 设置剪贴蒙版的图标也更加形象直观。新版中的图层缩略图如图 4-19 所示。

图 4-19　图层缩略图

4.3.4　插值方式

1. 新增加了一种插值方式

新版中增加了一种插值方式，即自动两次立方，如图 4-20 所示。

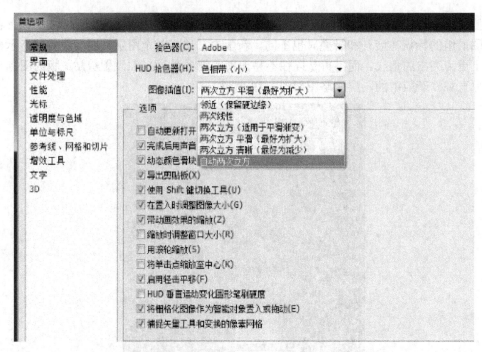

图 4-20   自动两次立方的插值方式

2. 插值方式的控制机制做了调整

PS 中有两处地方需要插值：一是调整图像大小，二是变换。旧版中，调整图像大小的插值方法在"图像大小"对话框中进行选择，而变换中的插值方式只能由首选项中的相应控件来控制。

新版中，变换命令中的选项中也设置了插值方式的选择控件，而不再受制于首选项中的插值方式。新版中的插值方式如图 4-21 所示。

图 4-21   新版中的插值方式

由于新版中增加了"透视裁切"工具，而透视裁切同样需要进行插值，因此首选项中的插值方式实际上只影响该工具。从逻辑的角度来看，应该为透视裁切工具也增加一个插值方式的控件，然后将首选项中的插值方法控件删除。

4.3.5   HUD 功能继续增加

CS4 中引入了 HUD 功能，用来实时改变画笔类工具的大小和硬度。具体来讲，ALT改变画笔的大小，SHIFT 改变画笔的硬度。CS5 中引入了 HUD 拾色器，按键分配进行了调整，具体是将 ALT 进行水平移动改变画笔大小、垂直移动改变画笔硬度；按 SHIFT+ALT组合键可弹出 HUD 拾色器。

CS6 中又增加了垂直拖动默认改变画笔不透明度的功能。如果仍然需要保持旧版垂直拖动改变画笔硬度的功能，则可以通过首选项中的相关选项进行切换。HUD 垂直运动改变画笔硬度如图 4-22 所示。

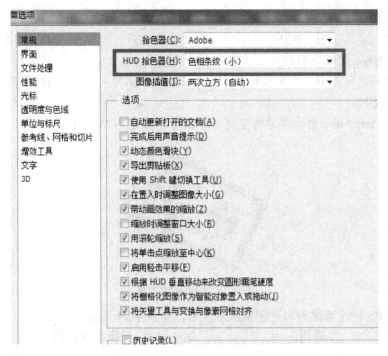

图 4-22　HUD 垂直运动改变圆形笔刷硬度

　　这里需要指出的是，画笔类工具的不透明度不单纯指不透明度，还包括模糊、锐化、涂抹工具的强度，以及加深、减淡工具的曝光度和海绵工具的流量等。或许正因为改变不透明度的适用范围更广，CS6 才将其设置为默认选项。

思考与练习

一、简答题

1. 什么是 Photoshop？
2. 什么叫矢量图？什么叫位图？
3. Photoshop CS6 的新增功能有哪些？
4. Photoshop CS6 主界面有了哪些新的变化？

二、选择题

1. CMYK 模式和 RGB 模式的关系是（　　　）。

A. 相反模式

B. CMYK 模式是 RGB 模式下的一个分支

C. RGB 模式是 CMYK 模式下的一个分支

D. 相同的模式

2. 点阵图像又叫（　　　）。

A. 位图图像　　　B. Web 图像　　　　C. 矢量图像　　　　D. 像素图像

3. PhotoShop CS6 的色彩范围增加了（　　　）。

A. 取样颜色　　　B. 皮肤色调　　　　C. 高光　　　　　　D. 溢色

4．PhotoShop 专用的图像格式是（　　　）。

A．PSD　　　　　B．PDF　　　　　C．JPEG　　　　　D．GIF

5．PhotoShop CS6 中新增加了插值方式，叫作（　　　）。

A．邻近　　　　B．两次线性　　　　C．两次立方　　　D．两次立方（较平滑）

三、实训题

1．利用 PhotoShop 制作简单的空间印章效果，如图 4-23 所示。

图 4-23　空间印章效果

2．使用 PS 快速蒙版为照片变换场景颜色，如图 4-24 所示。

　　　原图　　　　　　　　　　　　变换之后的图

图 4-24　使用快速蒙版

3．在 PhotoShop 中利用通道抠出透明玻璃杯子，如图 4-25 所示。

图 4-25　利用通道

第 5 章

利用 Dreamweaver CS6 设计网页

分析网页组成部分

分析网页如何组成，就是分析在哪里拆分表格、在哪里嵌套表格，以及怎么实现起来更加方便科学，以便后期的管理与维护。这里，思考如何制作这样一个网页（见图 5-1）。

图 5-1　网页样式

一般而言，比较规范的商业网站的网页由以下几个重要部分组成：

1）网站或企业的标志（Logo），宣传口号（slogan）。

2）主栏目导航。

3）形象图片或动画。

4）新闻或介绍。

5）版权信息（如果觉得必要，还可以包括一些辅助的内容）。

6）辅助快捷导航。

7）显示当前所处在网站位置的文字。

8）推荐产品展示，或希望观众第一眼看到的比较重要的内容。

9）辅助的企业形象图片或动画。

10）计数器。

11）音乐控制（一般以商业为目的的公司很少使用）。

包括以上内容的网页如图 5-2 所示。

图 5-2　网页组成示例

 学习目标

1. 了解网页制作的基础知识。
2. 熟悉 Dreamweaver CS6 的工作环境。
3. 掌握创建和管理站点的方法。
4. 掌握在网页中创建文本的方法。
5. 了解网页中常见的图像格式。
6. 掌握使用表格布局网页的方法。
7. 了解 CSS 样式表并学会创建方法。
8. 了解使用框架布局网页的方法。

5.1　网页基础知识

随着 Internet 技术的发展，越来越多的企业都认识到了计算机网络和信息技术的重要性，并且都拥有了自己的网站。随着网络的日益普及，网站的数量及种类也日渐增多。如今，互联网正在飞速地改变着人们的生活，同时也对网页的设计与制作提出了更高的要求。

5.1.1　网页制作的基础知识

制作网站之前，首先要了解一些关于 Web 网页的基础知识及构成一个网站的基础元素等。

1．网站与网页

网站（Web Site）是网页的集合，是一个整体，其中包括一个首页和若干个页面。网站设计者先要把整个网站结构规划好，然后分别制作各个网页。大多数网站为浏览者提供一个首页，首页上再链接多个网页。一般来说，一个网站是由很多网页构建而成的。

首页是一个网站的门面，也是访问量最大的一个页面，访问者可以通过首页进入网站的各个分页。因此，网站首页的制作是最重要的。制作首页前一定要选好网站的主题，使访问者进入首页就能清楚地知道该网站所要传递的信息。

总之，网站是多个网页的集合，网页（Web Page）是网站的重要组成部分。网站中大量的信息都是通过网页这个载体传递给访问者的。

2．网页的类型

按网页是否执行程序来分，网页可以分为静态网页和动态网页两种类型。

1）静态网页。所谓静态网页，就是网页里面没有程序代码的网页。运行于客户端的程序、网页、插件和组件等都属于静态网页。网络中的静态网页是以.html 或.htm 为后缀结尾的，俗称 HTML 文件。

2）动态网页。所谓动态网页，就是网页内容有程序代码的网页。运行于服务器端的程序代码、网页和组件等都属于动态网页，它们会随不同客户、不同时间及不同要求而返回不同的网页。网络中的动态网页通常是以.asp 或.jsp 等后缀结尾的。

3．网页的构成元素

网页构成的基本元素主要包括文本、图像、超链接、动画、音频、视频、表格和表单等。

（1）文本

文本指的是网页中介绍性或叙述性的文字或说明。文本是网页中运用最广泛的元素之一，网页中显示的信息主要以文本为主。某种意义上说，文本是网页存在的基础。网页中，网页的设计者与制作者可以通过设置字体、字号、颜色、底纹等属性来改变文本的视觉效果。此外，设计者还可以在网页中设计各种各样的文字列表，表达一系列的项目。用户应该根据自己的需要来设置网页中文本的格式。

（2）图像

图像指的是网页中插入的说明性的图片。图像具有丰富的颜色和表现形式，能够表达更加丰富的含义和内容，并且具有文本无法达到的视觉效果。网页制作过程中适当地使用图像，可以丰富网页的内容。

网页中的图像文件格式有很多种，如 GIF、JPEG、BMP、TIFF、PNG 等。其中，应用最为广泛的主要是 GIF 和 JPEG 两种格式。

GIF 为 Graphic Interchange Format 的缩写，被称为图像交换格式，采用 LZW 无损压缩算法。

JPEG 为 Joint Photograhic Experts Group 的缩写，是由联合图像专家组开发的图形标准，采用有损的压缩算法。

GIF 图像文件不仅支持透明的背景色和动画格式，还包含 256 种颜色。由于 GIF 特定的存储方式，它可以包含有大面积单色区域的图像。通常，网站中的 LOGO、按钮图和文字图片都使用这种格式，如百度的 LOGO 使用的就是 GIF 图像格式。

JPEG 图像文件不支持透明的背景色和动画格式，只支持 24 位真彩色。JPEG 是用来表现色彩丰富、形状复杂的图像的。

（3）超链接

超链接（也称超级链接）是网页中最常用的一种元素。所谓超链接，是指从一个网页指向一个目标的链接关系。这个目标可以是另一个网页，也可以是相同网页上的不同位置，还可以是一张图片、一个电子邮件地址、一个文件，甚至一个应用程序。它表明网页文件之间所存在的相互链接关系。使用超链接管理器可以清楚地看出文件之间的链接关系，并且可以用来检查站点中的网页链接是否正确。

超链接本质上属于一个网页的一部分，它是一种允许同其他网页或站点之间进行链接的元素。一个网站由若干个单独的网页文件组成，这些单独的网页由超链接连接起来，便形成了一个紧密联系的整体。

按照使用对象的不同，网页中的链接可以分为文本超链接和图像超链接两种形式。这是两种最为常用的超链接。除此之外，网页中还有 E-mail 链接、锚点链接、多媒体链接和空链接等。

网页中，文字上的超链接一般都是蓝色的（当然，用户也可以自己设置成其他颜色），文字下面有一条下画线。当鼠标移动到该超链接上时，鼠标指针就会变成一只手的形状，此时单击鼠标，页面就直接跳到与这个超链接相链接的网页或网站上去。

超链接也可以定义在图像上，甚至在图像的局部位置。鼠标移动到该图像上时，鼠标指针将变成一只手的形状，此时单击鼠标即可跳转到相应的页面。

（4）动画

网页中使用动画可以有效地引起浏览者的注意，毕竟活动的东西比静止的东西更有吸引力。因此，许多网站的广告都做成了动画形式。

网页中使用的动画主要有两种格式：一种是 GIF 动画，另一种是 Flash 动画。GIF 动画主要用在动画效果要求不高的网页中。

随着 Flash 技术的发展，使用 Flash 制作的动画品质越来越好，因此网页中大型的、复杂的动画绝大多数都是使用 Flash 制作的。在 Web 浏览器中播放 Flash 动画，需要安装 Flash 播放插件。

（5）音频

声音是多媒体网页的一个重要组成部分。当前存在一些不同类型的声音文件，设计者可使用多种不同的方法将这些声音添加到网页中。在决定所要添加的声音文件的格式和添加方式之前，需要考虑的因素包括需添加声音的用途、格式、文件大小、品质和浏览器差别等。不同的浏览器对声音文件的处理方式是不同的，彼此之间很可能不兼容。

用于网络的声音文件的格式非常多，常用的有 MIDI、WAV 和 MP3 等。

1）MIDI 格式。MIDI 格式的声音品质非常好，浏览器不需要安装任何插件就可以播放 MIDI 格式的文件。同 MP3 格式的文件一样，MIDI 格式的文件也可以被用作网页的背景音乐。

2）WAV 格式。WAV 格式具有较好的音质，浏览器不需要安装任何插件就可以播放 WAV 格式的文件。

3）MP3 格式。MP3 格式的最大优点就是能够以较小的比特率和较大的压缩比达到近乎完美的 CD 音质。

一般来说，使用声音文件作为背景音乐会影响网页下载的速度。为解决这个问题，可以在网页中添加一个打开声音文件的链接，让播放音乐变得可以控制。

（6）视频

视频文件的格式也非常多，常见的有 ASP、WMV、RM 和 RMVB 等。随着网络速度的提高，越来越多的视频和音频文件也被应用到网页制作之中。

1）ASF 格式。ASF 是 Advanced Streaming Format 的缩写，是 Microsoft 公司推出的一种视频格式。ASF 格式使用了 MPEG-4 的压缩算法，因此压缩率和图像的质量都很好。

2）WMV 格式。WMV 是 Windows Medie Video 的缩写，也是 Microsoft 公司推出的一种采用独立编码方式、可以直接在网上实时观看视频节目的文件压缩格式。

3）RM 格式。RM 是 Real 公司开发的一种流媒体文件格式。它可以根据网络数据传输速率的不同来制定不同的压缩比率，从而实现在低速率的网络上进行摄像数据的实时传送和实时播放。与 ASF 格式相比，RM 视频通常更柔和一些，而 ASF 视频则相对清晰一些。

4）RMVB 格式。RMVB 是一种由 RM 格式升级延伸的新视频格式。它打破了原先 RM 格式平均压缩采样的方式，在保证平均压缩比的基础上合理地利用了比特率资源。RMVB 格式对静止和动作场面少的画面场景采用较低的编辑速率，在保证静止画面质量的前提下大幅地提高了运动图像的画面质量，从而在图像质量和文件大小之间达到了微妙的平衡。

视频文件的采用让网页变得非常精彩且有动感，网络上的许多插件也使向网页中插入视频文件的操作变得非常简单。

（7）表格

对网页进行排版主要是用表格来完成的。这包括两个方面：一是使用行和列的形式布局文本和图像，以及其他的列表化数据；二是可以使用表格精确控制各种网页元素在网页中出现的位置。这里所讲的表格并不是直观意义上的表格，它所指的范围更广泛。一般来说，表格的边框不在网页中显示。

（8）表单

使用超链接，浏览者和 Web 站点便建立起了一种简单的交互关系，而表单的出现使浏览者与站点的交互上升到了一个新的高度。表单是网页中实现交互的元素。网页中的表单通常用来接收浏览者在浏览器端的输入，然后将这些信息发送到设计者设置的目标端。这个目标既可以是文本文件、网页、电子邮件，也可以是服务器端的应用程序。

表单主要被用于以下几个方面：

1）收集联系信息。

2）接收用户要求。

3）收集订单、出货明细表和收费清单。

4）获得反馈意见。

5）设置来宾签名簿。

6）让浏览者输入关键字，以便在站点中搜索相关的网页。

7）让浏览者注册为会员，并以会员身份登录站点。

表单由具有不同功能的表单域组成。最简单的表单也要包含一个输入区域和一个提交按钮。浏览者填写表单的方式通常是输入文本、选中单选按钮与复选框，以及从下拉列表中选择选项等。

根据表单功能与处理方式的不同，通常可以将表单分为用户反馈表单、留言簿表单、搜索表单和用户注册表单等类型。

5.1.2 网页制作工具

网页的本质是用 HTML 编写的，它并不能直观地显示网页设计的结果。大多数网页都是通过网页制作工具来完成的，除此之外还要用到素材处理工具创作或加工一些素材。一般将网页制作工具分为网页编辑工具、网页图形工具和网页动画工具等类型。以下介绍前两种工具。

1．网页编辑工具

网页编辑工具用于将网页的各种素材编辑形成一个网页。网页编辑工具有很多，如 Dreamweaver、FrontPage、Netscap 编辑器、HotDog、HomSite 等。其中，应用较多的网页编辑工具是 Dreamweaver 和 FrontPage。

Dreamweaver 是建立 Web 站点和应用程序的专业工具。它能将可视布局工具、应用程序开发功能和代码编辑组合在一起，功能强大，适合各个层次的开发人员和设计人员快速创建网站和应用程序。开发人员可以使用 Dreamweaver 及所选择的服务器技术来创建功能强大的 Internet 应用程序，从而使用户能连接到数据库和 Web 服务。

FrontPage 是 Microsoft 公司推出的网页制作工具。其特点是简单易学，但功能比较强大。它采用的是典型的 Office 软件界面设计，只要懂得使用 Word 的用户，差不多就等于会使用 FrontPang 了，而且无须学习 HTML 语法，非常适合初学者使用。

2．网页图形工具

网页图形工具用于处理网页中的各种图形和图像。目前，市场上使用的网页图形工具主要有 Photoshop 和 Fireworks。

Photoshop 图形图像处理工具是 Adobe 公司著名的软件产品，目前被广泛应用在平面设计、建筑设计、工业设计等领域。Photoshop 图形图像处理工具具有强大的图形图像处理功能，采用开放式结构，能够任意调整图像的尺寸、分辨率及画布大小。Photoshop 既可以在不影响分辨率的情况下改变图像的尺寸，又可以在不影响图像尺寸的情况下增减分辨率。

Fireworks 是由 Macromedia 公司开发的网页图形图像处理工具。作为一款网页设计开发的图形图像处理工具，Fireworks 的用户可以在一个专业化的环境中创建和编辑网页图形，并对其进行动画处理、添加高级交互功能及优化图像。Fireworks 所具有的创新性解决方案解决了图形设计人员和网站管理员所面临的主要问题，使用户可以在单个应用程序中创建和编辑位图和矢量图两种图形，并且所有元素都可以随时被编辑。Fireworks 还能自动切割图像，生成光标动态感应的 Javascript 程序等。另外，Fireworks 具有强大的动画功能，同时拥有一个相当完美的网络图像生成器。

Fireworks 与多种产品集成在一起，包括 Macromedia 的其他产品（如 Dreamweaver、Flash）和其他图形应用程序，以及 HTML 编辑器，从而提供了一个真正集成的 Web 解决方案。

5.2　Dreamweaver CS6 概述

Dreamweaver 是 Macromedia 公司推出的一套专业的 Web 站点开发程序。Dreamweaver 拥有诸多优点。例如，它是第一个利用最新一代浏览器性能的 Web 开发程序，并且非常便于开发者利用诸如层叠样式表（Cascading Style Sheets，CSS）和动态 HTML 等先进特性。事实上，Dreamweaver 是 Web 开发者为自己量身定做的设计工具。从设计的依据到开发者使用的专业程度，Dreamweaver 能够加速站点建设，并使站点的维护变得简单有效。

5.2.1　Dreamweaver CS6 的基本功能

Dreamweaver CS6 是世界顶级软件厂商 Adobe 推出的一套拥有可视化编辑界面，用于制作并编辑网站和移动应用程序的网页设计软件。它支持代码、拆分、设计、实时视图等多种方式创作、编写和修改网页（通常是标准通用标记语言下的一个应用 HTML），所以初级人员无须编写任何代码就能快速创建 Web 页面。

市面上现在有Mac和Windows系统的版本。Macromedia公司被Adobe公司收购后，Adobe公司也开始计划开发 Linux 版本的 Dreamweaver。Dreamweaver 自 MX 版本开始，使用了 Opera 的排版引擎 "Presto" 作为网页预览。Dreamweaver CS6 的基本功能包括以下几个。

1．可视化编辑功能

利用 Dreamweaver 中的可视化编辑功能，可以快速创建 Web 页面元素，而且无须编写任何代码；可以查看所有站点元素或资源，并将它们从易于使用的面板中直接拖到文档中；可以在 Macromedia Fireworks 或其他图形应用程序中创建和编辑图像，然后将它们直接导入 Dreamweaver，从而优化开发工作流程。Dreamweaver 还提供了其他工具，可以简化向 Web 页面中添加 Flash 资源的过程。

2．增强的代码编辑功能

Dreamweaver 提供了功能全面的编码环境，其中包括代码编辑工具（如代码颜色、标签完成、"编辑" 工具栏和代码折叠）、有关层叠样式表（CSS）、Javascript、ColdFusion 标记语言（CFML）和其他语言的参考资料。Dreamweaver 的可自由导入导出 HTML 技术，可导入用户手工编码的 HTML 文档而不会重新设置代码的格式，用户可以随后用自己首选的格式设置样式重新设置代码的格式。

3．创建动态网页功能

Dreamweaver 使用户可以使用服务器技术（如 CFML、ASP、JSP、PHP）生成动态的、数据库驱动的 Web 应用程序。如果用户偏爱使用 XML 数据，Dreamweaver 也提供了相关工具，可帮助用户轻松创建 XSLT 页，并在 Web 页中显示 XML 数据。

4．插入 Flash 功能

Dreamweaver 可以让用户在没有 Flash 播放器、没有 Flash 动画编辑与操作技术的基础上，快捷地将 Flash 对象插入页面中并在浏览器中播放。

5．站点管理功能

Dreamweaver 不仅可以编辑页面，而且可以管理站点。它将站点管理与页面设计制作结合起来，可以方便快捷地创建网站。Dreamweaver 可以保持本地站点和服务器之间文件的同步，使本地站点和服务器站点上的文件可以同步更新。

6．启动外部媒体编辑器功能

Dreamweaver 是专门编辑网页的软件。一般而言，对图像和多媒体文件的编辑优化必须使用相应的编辑软件。在 Dreamweaver 的编辑窗口中双击图像或多媒体文件，可以方便地启动相应的外部媒体编辑器并对图像和媒体文件进行编辑。

5.2.2　Dreamweaver CS6 的新增功能

1．流体网格布局

使用基于 CSS3 的自适应网格版面系统，可以进行跨平台和跨浏览器的兼容网页设计；可以利用简洁、业界标准的代码为各种不同设备和计算机开发项目，提高工作效率；可以直观地创建复杂网页设计和页面版面，无须忙于编写代码。

2．改善的 FTP 性能

利用重新改良的多线程 FTP 传输工具，可以节省上传大型文件的时间，更快速高效地上传网站文件，缩短制作时间。

3．Adobe Business Catalyst 集成

使用 Dreamweaver 中集成的 Business Catalyst 面板，可以连接并编辑利用 Adobe Business Catalyst（需另外购买）建立的网站，可以利用托管解决方案建立电子商务网站。

4．增强型 jQuery Mobile 支持

使用更新的 jQuery Mobile 支持，可以为 iOS 和 Android 平台建立本地应用程序，建立触及移动受众的应用程序，同时简化移动开发工作流。

5．更新的 PhoneGap 支持

更新的 Adobe PhoneGap 支持可以轻松地为 Android 和 iOS 建立并封装本地应用程序，可以通过改编现有的 HTML 代码创建移动应用程序，可以使用 PhoneGap 模拟器检查所做的设计。

6．CSS3 转换

使用 CSS3 转换功能可以将 CSS 属性改变，制成动画转换效果，使网页设计栩栩如生；可以在处理网页元素和创建优美效果时保持对网页设计的精准控制。

7．更新的实时视图

使用更新的实时视图功能，可以在发布前测试页面。实时视图现已使用最新版的 WebKit 转换引擎，能够提供绝佳的 HTML5 支持。

8．更新的多屏幕预览面板

利用更新的多屏幕预览面板，可以检查智能手机、平板电脑和台式机所建立项目的显示画面。该增强型面板能够帮助用户检查 HTML5 内容呈现的情况。

5.3　Dreamweaver CS6 工作界面

首次启动 Dreamweaver CS6 时会出现一个"工作区设置"对话框，对话框左侧是 Dreamweaver CS6 的设计视图，右侧是 Dreamweave CS6 的代码视图。Dreamweaver CS6 设计视图布局提供了一个将全部元素置于一个窗口的集成布局模式。我们选择面向设计者的设计视图布局。Dreamweave CS6 操作界面如图 5-3 所示。

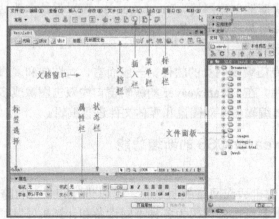

图 5-3　Dreamweaver CS6 操作界面

Dreamweave CS6 中首先会显示一个起始页，可以勾选这个窗口下面的"不再显示此对话框"来隐藏它。这个页面中包括"打开最近项目""创建新项目""从范例创建" 3 个方便实用的项目，建议大家保留。

新建或打开一个文档，进入 Dreamweaver CS6 的标准工作界面。Dreamweaver CS6 的标准工作界面包括菜单栏、插入面板组、文档工具栏、标准工具栏、文档窗口、状态栏、属性面板和浮动面板。

1．菜单栏

Dreamweave CS6 的菜单共有 10 个，即文件、编辑、查看、插入、修改、文本、命令、站点、窗口和帮助。其中，编辑菜单里提供了对 Dreamweaver 菜单中"首选参数"的访问。菜单栏如图 5-4 所示。

文件(F)　编辑(E)　查看(V)　插入(I)　修改(M)　文本(T)　命令(C)　站点(S)　窗口(W)　帮助(H)

图 5-4　菜单栏

文件：用来管理文件，如新建、打开、保存、另存为、导入、输出打印等。

编辑：用来编辑文本，如剪切、复制、粘贴、查找、替换和参数设置等。

查看：用来切换视图模式，以及显示、隐藏标尺、网格线等辅助视图功能。

插入：用来插入各种元素，如图片、多媒体组件、表格、框架及超级链接等。

修改：具有对页面元素进行修改的功能，如在表格中插入表格，拆分、合并单元格等。

文本：用来对文本进行操作，如设置文本格式等。

命令：包括所有的附加命令项。

站点：用来创建和管理站点。

窗口：用来显示和隐藏控制面板，以及切换文档窗口。

帮助：具有联机帮助功能。例如，按下 F1 键，就会打开电子帮助文本。

2．插入面板组

插入面板集成了所有可以在网页应用的对象，包括"插入"菜单中的选项。插入面板组其实就是被图像化的插入指令，通过一个个的按钮，可以很容易地加入图像、声音、多媒体动画、表格、图层、框架、表单、Flash 和 ActiveX 等网页元素。插入面板组如图 5-5 所示。

图 5-5　插入面板组

3．文档工具栏

文档工具栏包含各种按钮，它们提供各种"文档"窗口视图（如"设计"视图和"代码"视图）的选项、各种查看选项和一些常用操作（如在浏览器中预览）。文档工具栏如图 5-6 所示。

01.html*

◇代码　拆分　设计　标题：织梦的日子

图 5-6　文档工具栏

4．标准工具栏

标准工具栏包含来自"文件"和"编辑"菜单中的一般操作的按钮，如"新建""打开"

"保存""保存全部""剪切""复制""粘贴""撤销"和"重做"。标准工具栏如图 5-7 所示。

图 5-7　标准工具栏

5．文档窗口

当我们需要打开或创建一个项目并进入文档窗口时，我们可以在文档区域中进行输入文字、插入表格和编辑图片等操作。

文档窗口显示当前文档。用户可以选择下列任一视图：①设计视图。这是一个用于可视化页面布局、可视化编辑和快速应用程序开发的设计环境。该视图中，Dreamweaver 显示文档的完全可编辑的可视化表示形式，类似于在浏览器中查看页面时看到的内容。②代码视图。这是一个用于编写和编辑 HTML、Javascript、服务器语言代码及任何其他类型代码的手工编码环境。③代码和设计视图。该视图可以使用户在单个窗口中同时看到同一文档的代码视图和设计视图。

6．状态栏

文档窗口底部的状态栏提供与用户正在创建的文档有关的其他信息。标签选择器显示环绕当前选定内容的标签的层次结构。单击该层次结构中的任何标签，可以选择该标签及其全部内容。单击 <body> 可以选择文档的整个正文。状态栏如图 5-8 所示。

图 5-8　状态栏

7．属性面板

属性面板并不是将所有的属性加载在面板上，而是根据我们选择的对象动态地显示对象的属性。也就是说，属性面板的状态完全是根据当前在文档中选择的对象来确定的。例如，当前选择了一幅图像，那么属性面板上就会出现该图像的相关属性；如果选择了表格，那么属性面板上就会相应地变化成表格的相关属性。属性面板如图 5-9 所示。

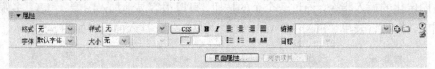

图 5-9　属性面板

8．浮动面板

属性面板之外的其他面板可以统称为浮动面板，这些面板都浮动于编辑窗口之外。初次使用 Dreamweave CS6 的时候，这些面板根据功能被分成了若干组。在窗口菜单中，用户选择不同的命令，可以打开基本面板组、设计面板组、代码面板组、应用程序面板组、资源面板组和其他面板组。

5.4　Dreamweaver CS6 的基本操作

Dreamweaver CS6 的基本操作包括本地站点的搭建与管理、文本的插入与编辑、图像和音频的插入、表格的插入与编辑、运用 Dreamweaver CS6 创建层及制作框架网站等内容。

5.4.1 本地站点的搭建与管理

要制作一个能够被大家浏览的网站，首先需要在本地磁盘上制作这个网站，然后把这个网站传到互联网的 web 服务器上。放置在本地磁盘上的网站被称为本地站点，位于互联网 web 服务器里的网站被称为远程站点。Dreamweaver CS6 提供了对本地站点和远程站点强大的管理功能。

1．规划站点结构

网站是多个网页的集合，包括一个首页和若干个分页。这种集合不是简单的集合。为了达到最佳效果，创建任何 Web 站点页面之前，首先要对站点的结构进行设计和规划，即决定创建多少页、每页上显示什么内容、页面布局的外观及各页将如何互相连接起来。

创建者可以通过把文件分门别类地放置在各自的文件夹里，使网站的结构清晰明了，并便于管理和查找。

2．创建站点

创建者在 Dreamweave CS6 中可以有效地建立并管理多个站点。搭建站点可以有两种方法；一是利用向导完成，二是利用高级设定完成。

搭建站点前，创建者要先在自己的计算机硬盘上建立一个以英文或数字命名的空文件夹，然后按以下步骤操作创建站点。

1）选择菜单栏的"站点"中的"管理站点"，出现"管理站点"对话框，单击"新建"按钮，选择弹出菜单中的"站点"选项。管理站点如图 5-10 所示。

2）打开的窗口上方有"基本"和"高级"两个标签，可以在站点向导和高级设置之间切换。选择"基本"标签，如图 5-11 所示。

图 5-10 管理站点

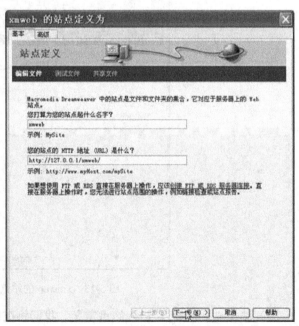

图 5-11 xmweb 的站点定义为 01

3）在文本框中输入一个站点名字，以在 Dreamweaver CS6 中标识该站点，这个名字可以是创建者需要的任何名字。然后，单击"下一步"。此时会出现向导的下一个界面，询问是否要使用服务器技术。

我们现在建立的是一个静态页面，所以选择"否"，如图 5-12 所示。

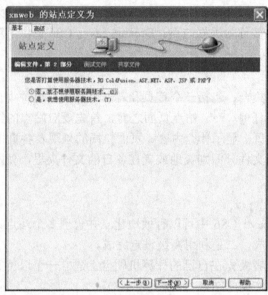

图 5-12　xmweb 的站点定义为 02

4）单击"下一步"，然后在文档框设置本地站点文件夹的地址，如图 5-13 所示。

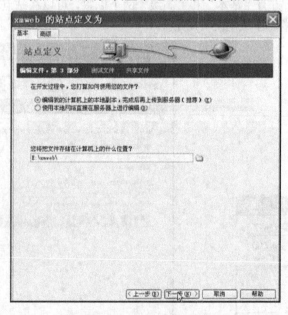

图 5-13　xmweb 的站点定义为 03

5）单击"下一步"，进入站点定义。我们将在站点建设完成后再与 FTP 链接，这里选择"无"，如图 5-14 所示。

图 5-14　xmweb 的站点定义为 04

6）单击"完成"按钮，结束"站点定义"对话框的设置，如图 5-15 所示。

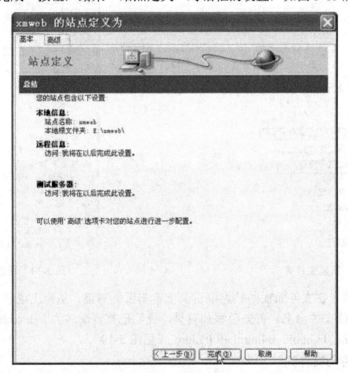

图 5-15　xmweb 的站点定义为 05

7）单击"管理站点"的"完成"按钮，文件面板会显示刚才建立的站点，如图 5-16 和图 5-17 所示。

图 5-16　完成站点定义　　　　　　　　　　图 5-17　新建站点

至此，我们就完成了站点的创建。

3．搭建站点结构

站点是文件与文件夹的集合。下面，我们根据前面对 xmweb 网站的设计，新建 xmweb 站点要设置的文件夹和文件。

1）新建文件夹。在文件面板的站点根目录下单击鼠标右键，从弹出菜单中选择"新建文件夹"选项（见图 5-18），然后给文件夹命名。这里，我们新建 8 个文件夹，分别命名为 img、med、swf、bj、css、js、moan 和 fy（见图 5-19）。

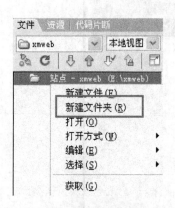

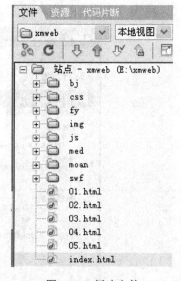

图 5-18　新建文件夹　　　　　　　　　　图 5-19　　新建文件

2）新建文件。在文件面板的站点根目录下单击鼠标右键，从弹出菜单中选择"新建文件"选项，然后给文件命名。首先要添加首页，我们把首页命名为 index.html，再分别新建 01.html、02.html、03.html、04.html 和 05.html（见图 5-19）。

4．管理文件与文件夹

对建立的文件和文件夹，可以进行移动、复制、重命名和删除等基本的管理操作。单击鼠标左键选中需要管理的文件或文件夹，然后单击鼠标右键，在弹出菜单中选"编辑"选项，即可进行相关操作。

5.4.2　文本的插入与编辑

文本是网页中的主要内容，网页中的商品信息、新闻信息等主要都是以文本为手段进行显示和说明的。因此，创建者必须学会 Dreamweaver 中插入和编辑文本的方法，熟练地运用 Dreamweaver 的文本格式化功能，对网页中的文本进行适当的格式化操作。

1．插入文本

要向 Dreamweaver 文档添加文本，可以直接在 Dreamweaver 的文档窗口键入文本，也可以剪切并粘贴，还可以从 Word 文档导入文本。

用鼠标在文档编辑窗口的空白区域点一下，窗口会出现闪动的光标，用来提示文字的起始位置，此时可以将素材通过复制和粘贴命令粘贴进来。

2．设置字体组合

Dreamweaver CS6 预设的可供选择的字体组合只有 6 项英文字体组合，如图 5-20 所示。要想使用中文字体，则必须重新编辑新的字体组合，即在"字体"后的下拉列表框中选择"编辑字体列表"，便会弹出"编辑字体列表"对话框，如图 5-21 所示。

图 5-20　可供选择的字体

图 5-21　编辑字体列表

3．文字的其他设置

1）文本换行。按 Enter 键换行的行距较大（在代码区生成\<p>\</p>标签），按 Enter＋Shift 键换行的行距较小（在代码区生成\
标签）。

2）文本空格。选择编辑菜单的"首选参数"，在弹出的对话框中左侧的分类列表中选择"常规"选项，然后在右边选"允许多个连续的空格"选项，就可以直接按"空格"键给文本添加空格了。添加文本空格如图 5-22 所示。

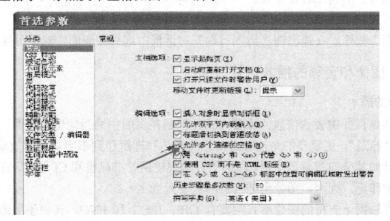

图 5-22　添加文本空格

3）特殊字符。要向网页中插入特殊字符，则需要在快捷工具栏选择"文本"选项（见图 5-23），切换到字符插入栏（见图 5-24），单击文本插入栏的最后一个按钮（见图 5-24），可以向网页中插入相应的特殊符号。

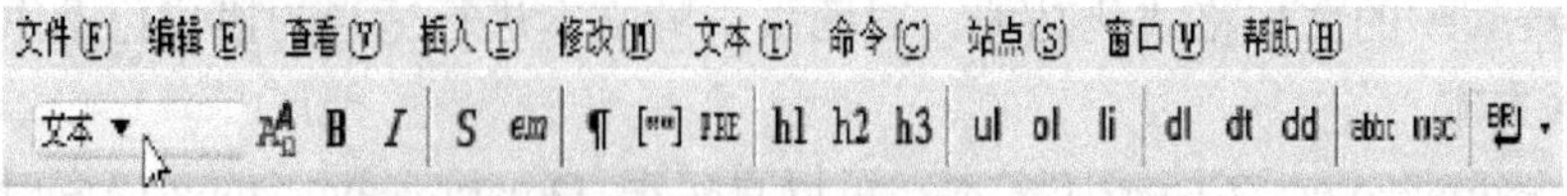

文件(F) 编辑(E) 查看(V) 插入(I) 修改(M) 文本(T) 命令(C) 站点(S) 窗口(W) 帮助(H)

文本 ▼ A B I S em ¶ ["] ｜≡ h1 h2 h3 ul ol li dl dt dd abr ωc 毗 ▼

图 5-23　插入特殊字符

图 5-24　插入特殊符号

4）插入列表。列表分为两种：有序列表和无序列表。无序列表没有顺序，每一项前边都以同样的符号显示；有序列表前边的每一项有序号引导。在文档编辑窗口选中需要设置的文本，在属性面板中单击按钮 ≡，则选中的文本被设置成无序列表；单击 ≡ 按钮，则被设置成有序列表。

5）插入水平线。水平线起着分隔文本的排版作用。选择快捷工具栏的"HTML"选项，单击 HTML 栏的第一个按钮 ▤，即可向网页中插入水平线。选中插入的这条水平线，可以在属性面板对它的属性进行设置。

6）插入时间。在文档编辑窗口中，将鼠标光标移动到要插入日期的位置，单击常用插入栏的"日期"按钮，在弹出的"插入日期"对话框中选择相应的格式即可插入日期。

5.4.3　图像和音频的插入

1. 图像的插入

文本固然是页面中表达信息的重要方式，但是在页面中恰当地使用图像，不仅能够使网页增色和"养眼"，更重要的是能够对信息的表达和理解起到事半功倍的效果。同时，在网页中加入恰如其分的图像和动画，能够更好地突出网站的风格和 CI 形象，在用户的印象中刻下深刻的印记。因而，图像也是网页的重要元素之一。

目前，互联网上支持的图像格式主要有 GIF、JPEG 和 PNG，其中使用最为广泛的是 GIF 和 JPEG。

（1）插入图像

制作网页时，要先构想好网页布局，并在图像处理软件中将需要插入的图片进行处理，然后存放在站点根目录下的文件夹里。

插入图像时，将光标放置在文档窗口需要插入图像的位置，然后单击常用插入栏的"图像"按钮，如图5-25所示。

图5-25　插入图像

在弹出的"选择图像源文件"对话框中（见图5-26），选择图片，单击"确定"按钮，就把图像插入网页中了。

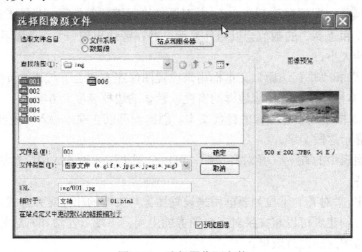

图5-26　选择图像源文件

需要注意的是，如果在插入图片的时候没有将图片保存在站点根目录下，则会弹出如图5-27所示的对话框，提醒创建者要把图片保存在站点内部，这时单击"是"按钮。

然后，选择本地站点的路径将图片保存，图像也可以被插入网页中，如图5-28所示。

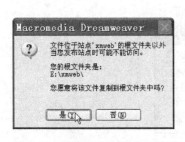

图5-27　将图片保存到根目录下

图5-28　复制文件

（2）设置图像属性

选中图像后，属性面板中会显示图像的属性，如图 5-29 所示。

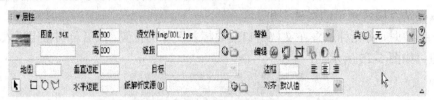

图 5-29　图像属性

属性面板的左上角，显示当前图像的缩略图，同时显示图像的大小。缩略图右侧有一个文本框，其中可以输入图像标记的名称。

图像的大小是可以改变的。如果我们的电脑安装了 Fireworks 软件，那么单击属性面板"编辑"旁边的 ，即可启动 Fireworks 并对图像进行缩放等处理。当图像的大小改变时，属性栏中"宽"和"高"的数值会以粗体显示，并在旁边出现一个弧形箭头，单击它可以恢复图像的原始大小。

"水平边距"和"垂直边距"文本框用来设置图像左右和上下与其他页面元素的距离。

"边框"文本框用来设置图像边框的宽度。默认的边框宽度为 0。

"替换"文本框用来设置图像的替代文本。创建者可以在框中输入一段文字，当图像无法显示时，将显示这段文字。

单击属性面板中的 对齐按钮，可以分别将图像设置成浏览器居左对齐、居中对齐、居右对齐。

属性面板中，"对齐"下拉列表框用来设置图像与文本的相互对齐方式，共有 10 个选项。通过它们，创建者可以将文字对齐到图像的上端、下端、左边和右边等，从而可以灵活地实现文字与图片的混排效果。

（3）插入其他图像元素

单击常用插入栏的"图像"按钮，可以看到，除了第 1 项"图像"外，还有"图像占位符""鼠标经过图像""导航条"等项目。以下介绍前两个项目。

1）插入图像占位符。布局页面时，如果要在网页中插入一张图片，可以先不制作图片，而是使用占位符来代替图片位置。首先，单击下拉列表中的"图像占位符"，打开"图像占位符"对话框。然后，按设计需要设置图片的宽度和高度，并输入要插入图像的名称，单击"确定"，图像占位符就插入好了。插入图像占位符的操作如图 5-30 所示。

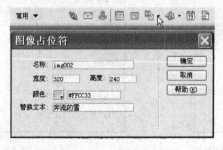

图 5-30　插入图像占位符

2）插入鼠标经过图像。鼠标经过图像实际上由两个图像组成，即主图像（当首次载入页时显示的图像）和次图像（当鼠标指针移过主图像时显示的图像）。两张图像的大小要相等，如果不相等，DW 将自动调整次图像的大小，使之跟主图像大小一致。插入鼠标经过图像如图 5-31 所示。

图 5-31　插入鼠标经过图像

2．音频的插入

声音能极好地烘托网页页面的氛围。网页中常见的声音格式有 WAV、MP3、MIDI、AIF、RA 及 Real Audio 格式。

（1）添加背景音乐

页面中可以嵌入背景音乐，这种音乐多以 MP3、MIDI 文件为主。在 DW 中，添加背景音乐有两种方法，一种是通过手写代码实现，一种是通过行为实现。

在 HTML 语言中，通过<BGSOUND>这个标记可以嵌入多种格式的音乐文件，具体步骤是：

1）将音乐文件（如 01.mid）存放在 med 文件夹。

2）打开网页（如 03.html），为这个页面添加背景音乐。

3）切换到 DW 的"拆分"视图，将光标定位到</body>之前的位置，然后在光标的位置写下下面这段代码：<bgsound src＝med/01.mid>，如图 5-32 所示。

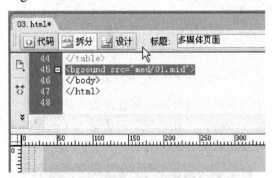

图 5-32　插入代码

4）按下 F12 键，在浏览器中查看效果，就可以听见背景音乐的声音了。

如果希望循环播放音乐，则只要将刚才的源代码修改为以下代码即可：<bgsound src="med/01.mid" loop="true">。

（2）嵌入音乐

嵌入音乐指将声音直接插入页面中，但只有浏览者在浏览网页时具有所选声音文件的适当插件，声音才可以播放。如果希望在页面显示浏览器的外观，则可以使用这种方法。嵌入音乐的步骤如下：

1）打开网页（如 02.html），将光标放置于想要显示播放器的位置。

2）单击快捷栏上的"媒体"按钮，从下拉列表中选择"插件"。

3）弹出的"选择文件"对话框中选择 02.war 音频文件（见图 5-33），单击"确定"按钮，插入的插件在文档窗口中以图 5-34 所示的图标显示出来。

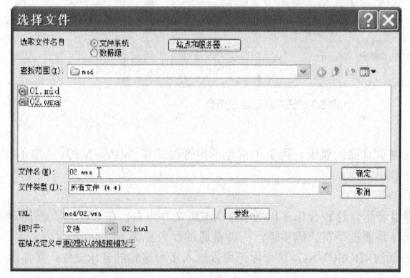

图 5-33　选择文件　　　　　　　　　　　图 5-34　插入的插件图标

4）选中该图标，在属性面板中对播放器的属性进行设置，如图 5-35 所示。

图 5-35　属性面板

要实现循环播放音乐的效果，只要单击属性面板中的"参数"按钮，然后单击"＋"按钮，在"参数"列中输入 loop，并在"值"列中输入 true，再单击"确定"按钮即可。实现循环播放音乐的参数设置如图 5-36 所示。

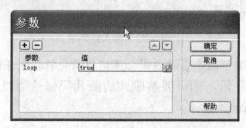

图 5-36　实现循环播放音乐的参数设置

　　要实现自动播放音乐效果，则可以继续编辑参数，即在参数对话框的"参数"列中输入 autostart，并在"值"列中输入 true，然后单击"确定"按钮即可。实现自动播放音乐的参数设置如图 5-37 所示。

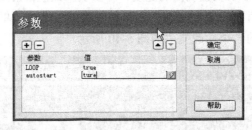

图 5-37　实现自动播放音乐的参数设置

　　5）按下 F12 键，打开浏览器预览，可以看见浏览器里显示了播放插件图标，这说明这个页面实现了嵌入音乐的效果。

5.4.4　表格的插入与编辑

　　表格是网页设计制作不可缺少的元素。它以简洁明了和高效快捷的方式将图片、文本、数据和表单的元素有序地显示在页面上，让创建者可以设计出漂亮的页面。使用表格排版的页面，在不同平台、不同分辨率的浏览器上都能保持其原有的布局，而在不同的浏览器平台上也有较好的兼容性，所以表格是网页中最常用的排版方式之一。

1．插入表格

　　在文档窗口中，将光标放在需要创建表格的位置，单击"常用"快捷栏中的"表格"按钮，弹出"表格"对话框，指定表格的属性，然后在文档窗口中插入设置的表格。插入表格的操作如图 5-38 和图 5-39 所示。

图 5-38　插入表格

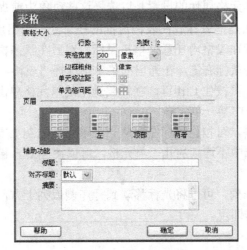

图 5-39　设置表格属性

"行数"文本框用来设置表格的行数。

"列数"文本框用来设置表格的列数。

"表格宽度"文本框用来设置表格的宽度,可以填入数值;紧随其后的下拉列表框用来设置宽度的单位,框中有两个选项——百分比和像素。当宽度的单位选择百分比时,表格的宽度会随浏览器窗口的大小而改变,如图5-40所示。

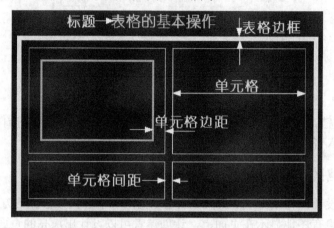

图5-40 表格宽度的变化

"单元格边距"文本框用来设置单元格的内部空白的大小。

"单元格间距"文本框用来设置单元格与单元格之间的距离。

"边框粗细"用来设置表格的边框的宽度。

"页眉"用来定义页眉样式,可以在4种样式中选择一种。

"标题"用来定义表格的标题。

"对齐标题"用来定义表格标题的对齐方式。

"摘要"用来对表格进行注释。

2. 选择单元格对象

对表格、行、列、单元格属性的设置是以选择这些对象为前提的。

选择整个表格的方法是把鼠标放在表格边框的任意处,当出现 这样的标志时单击即可选中整个表格;或者在表格内任意处单击鼠标,然后在状态栏选中<table>标签即可;或者在单元格任意处单击鼠标右键,在弹出的菜单中选择"表格——选择表格"即可。

要选中某一单元格,可按住 Ctrl 键,在需要选中的单元格单击鼠标即可;或者选中状态栏中的<td>标签也可选中某一单元格。

要选中连续的单元格,可按住鼠标左键从一个单元格的左上方开始向要连续选择单元格的方向拖动即可。要选中不连续的几个单元格,可以按住 Ctrl 键,单击要选择的所有单元格即可。

要选择某一行或某一列,可以将光标移动到行左侧或列上方,当鼠标指针变为向右或向下的箭头图标时,单击即可。

3. 设置表格属性

选中一个表格后,可以通过属性面板更改表格属性。表格属性如图5-41所示。

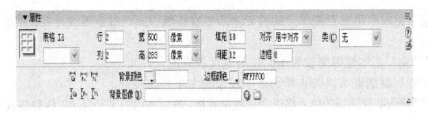

图 5-41　表格属性

"填充"文本框用来设置单元格边距。

"间距"文本框用来设置单元格间距。

"对齐"下拉列表框用来设置表格的对齐方式。默认的对齐方式一般为左对齐。

"边框"文本框用来设置表格边框的宽度。

"背景颜色"框用来设置表格的背景颜色。

"边框颜色"框用来设置表格边框的颜色。

在"背景图像"文本框填入表格背景图像的路径，可以给表格添加背景图像。要给文本框加上链接路径，可以按图 5-42 中所示的方法去做。单击文本框后的"浏览"按钮，可以查找图像文件，然后在"选择图像源"对话框中定位并选择要设置为背景的图片，单击"确认"按钮即可。设置背景图像的方法如图 5-42 所示。

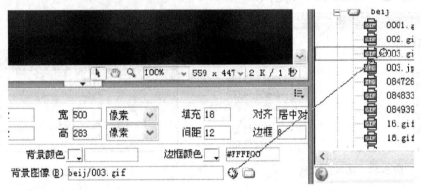

图 5-42　设置背景图像

4．设置单元格属性

把光标移动到某个单元格内，可以利用单元格属性面板对这个单元格的属性进行设置。单元格属性设置如图 5-43 所示。

图 5-43　单元格属性设置

"水平"文本框用来设置单元格内元素的水平排版方式，即是居左、居右或是居中。

"垂直"文本框用来设置单元格内元素的垂直排版方式，即是顶端对齐、底端对齐或是居中对齐。

"宽""高"文本框用来设置单元格的宽度和高度。

"不换行"复选框可以防止单元格中较长的文本自动换行。

"标题"复选框使选择的单元格成为标题单元格，单元格内的文字自动以标题格式显示出来。

"背景"文本框用来设置表格的背景图像。

"背景颜色"文本框用来设置表格的背景颜色。

"边框"文本框用来设置表格边框的颜色。

5. 插入行或列

选中要插入行或列的单元格，单击鼠标右键，在弹出菜单中选择"插入行"或"插入列"或"插入行或列"命令，如图 5-44 所示。

如果选择了"插入行"命令，则会在所选行的上方插入一个空白行；如果选择了"插入列"命令，就会在所选列的左侧插入一列空白列。

如果选择了"插入行或列"命令，则会弹出"插入行或列"对话框，创建者可以在此框中设置插入行或列、插入的数量，以及是在当前所选单元格的上方或下方、左侧或右侧插入行或列。这一设置如图 5-45 所示。

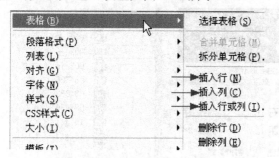

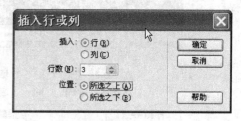

图 5-44　插入行或列　　　　　　　　　　图 5-45　插入行或列

要删除行或列，则首先选择要删除的行或列，然后单击鼠标右键，在弹出菜单中选择"删除行"或"删除列"命令即可。

6. 拆分与合并单元格

拆分单元格时，首先将光标放在待拆分的单元格内，单击属性面板上的"拆分"按钮，然后在弹出的对话框中按需要设置即可。拆分单元格如图 5-46 所示。

合并单元格时，先选中要合并的单元格，再单击属性面板中的"合并"按钮即可。

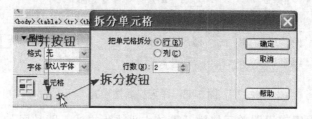

图 5-46　拆分单元格

5.4.5　运用 Dreamweaver CS6 创建模板

在制作网站的过程中，为了统一风格，很多页面会用到相同的布局、图片和文字元素。为了避免大量的重复劳动，可以使用 Dreamweaver CS6 提供的模板功能，将具有相同版面结构的页面制作为模板，将相同的元素（如导航栏）制作为库项目并存放在库中，可以随时调用。

模板的创建有 3 种方式。

1．直接创建模板

直接创建模板的步骤为：

1）选择窗口菜单的"资源"命令，打开"资源"面板，切换到模板子面板，如图 5-47 所示。

2）单击模板面板上的"扩展"按钮，在弹出菜单中选择"新建模板"，这时浏览窗口会出现一个未命名的模板文件，创建者要给模板命名。模板命名如图 5-48 所示。

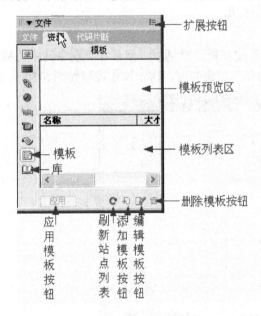

图 5-47　创建模板

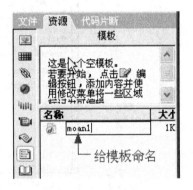

图 5-48　模板命名

3）单击"编辑"按钮，打开模板进行编辑。编辑完成后，保存模板，完成模板建立。

2．将普通网页另存为模板

1）打开一个已经制作完成的网页，删除网页中不需要的部分，保留几个网页共同需要的区域。

2）选择文件菜单的"另存为模板"命令，将网页另存为模板。

3）在弹出的"另存为模板"对话框中，"站点"下拉列表框用来设置模板保存的站点，可选择一个选项；"现存的模板"选框显示了当前站点的所有模板；"另存为"文本框用来设置模板的名称。接着，单击"另存为模板"对话框中的"保存"按钮，就把当前网页转换为模板，同时将模板另存到选择的站点。另存为模板如图 5-49 所示。

图 5-49　另存为模板

4）单击"保存"按钮，保存模板。系统将自动在根目录下创建 Template 文件夹，并将创建的模板文件保存在该文件夹中。

保存模板时，如果模板中没有定义任何可编辑区域，系统将显示警告信息。此时，创建者可以先单击"确定"，之后再定义可编辑区域。

3．从文件菜单新建模板

选择文件菜单的"新建"命令，打开"新建文档"对话框，然后在类别中选择"模板页"，并选取相关的模板类型，直接单击"创建"按钮即可。这一操作过程如图 5-50 所示。

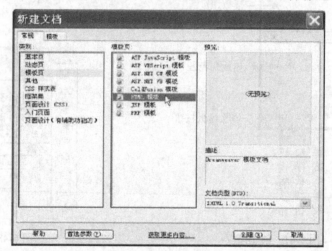

图 5-50　从文件菜单新建模板

5.4.6　运用 Dreamweaver CS6 创建层

层是 CSS 中的定位技术，Dreamweaver 中对其进行了可视化操作。文本、图像、表格等元素只能固定其位置，不能互相叠加在一起，而层可以放置在网页文档内的任何一个位置，层内可以放置网页文档中的其他构成元素，层可以自由移动，层与层之间还可以重叠。层体现了网页技术从二维空间向三维空间的一种延伸。

1．创建普通层

（1）插入层

选择菜单栏>插入>布局对象>层命令，即可将层插入页面中，如图 5-51 所示。

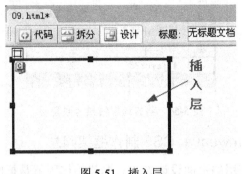

图 5-51　插入层

使用这种方法插入层，层的位置由光标所在的位置决定，即光标放置在什么位置，层就在什么位置出现。选中层后会出现 6 个小手柄，拖动小手柄可以改变层的大小。

（2）拖放层

打开快捷栏的"布局"选项，单击"绘制层"按钮且按住鼠标左键不放，拖动图标到文档窗口中，然后释放鼠标，这时层就会出现在页面中。拖放层如图 5-52 所示。

图 5-52　拖放层

（3）绘制层

打开快捷栏的"布局"选项，单击"绘制层"按钮，当鼠标光标在文档窗口内变成十字光标时，按住鼠标左键，拖动出一个矩形，矩形的大小就是层的大小，释放鼠标后层就会出现在页面中。

2．创建嵌套层

创建嵌套层就是在一个层内插入另外的层。创建嵌套层有两种方法：

1）将光标放在层内，选择菜单栏>插入>布局对象>层命令，即可在该层内插入一个层。这一过程如图 5-53 所示。

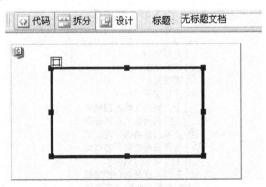

图 5-53　创建嵌套层

2）打开层面板，从中选择需要嵌套的层，此时按住 Ctrl 键同时拖动该层到另一个层上，直到出现如图 5-54 所示图标后，释放 Ctrl 键和鼠标，这样普通层就转换为嵌套层了。

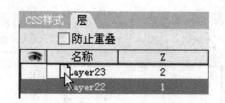

图 5-54　将普通层转换为嵌套层

5.4.7　运用 Dreamweaver CS6 制作框架网站

框架是网页中经常使用的页面设计方式。框架的作用就是把网页在一个浏览器窗口下分割成几个不同的区域，实现在一个浏览器窗口中显示多个 HTML 页面。使用框架可以非常方便地完成导航工作，让网站的结构更加清晰，而且各个框架之间绝不存在干扰问题。利用框架最大的优点就是能够使网站的风格保持一致。通常把一个网站中页面相同的部分单独制作成一个页面，作为框架结构的一个子框架的内容供整个网站公用。

一个框架结构由两个部分的网页文件构成：一是框架（Frame）。框架是浏览器窗口中的一个区域。它可以显示与浏览器窗口的其余部分中所显示的内容无关的网页文件。一是框架集（Frameset）。框架集也是一个网页文件。它将一个窗口通过行和列的方式分割成多个框架，框架的多少根据具体有多少网页来决定。每个框架中要显示不同的网页文件。

1．创建框架

创建框架或使用框架前，首先要通过选择"查看/可视化助理/框架边框"命令，使框架边框在文档窗口的设计视图中可见。

（1）使用预制框架集创建框架

1）新建一个 HTML 文件，在快捷工具栏中选择"布局"，单击 "框架"按钮（见图 5-55），在弹出的下拉菜单中选择"顶部和嵌套的左侧框架"（见图 5-56）。

图 5-55　布局栏

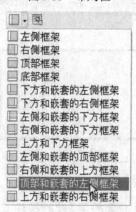

图 5-56　预制框架集

2）使用鼠标直接从框架的左侧边缘和上方边缘向中间拖动，直至合适的位置，这样顶部和嵌套的左侧框架就完成了。选择框架属性，可以对框架参数进行设置，如图5-57所示。

图5-57 框架属性设置

（2）拖动鼠标创建框架

1）新建普通网页，命名后将其打开。

2）把鼠标放到框架边框上，出现双箭头光标时拖拽框架边框，可以垂直或水平分割网页。

2．保存框架

每一个框架都有一个框架名称，命名时可以用默认的框架名称，也可以在属性面板中修改名称。这里采用系统默认的框架名称 topFrame（上方）、leftFrame（左侧）、mainFrame（右侧）。

选择菜单栏>文件>保存全部，将框架集保存为 index.html，将上方框架保存为 07.html，将左侧框架保存为 08.html，将右侧框架保存为 09.html。

这个步骤虽然简单，但是很关键，因为只有将总框架集和各个框架保存在本地站点的根目录下，才能保证浏览页面时正常显示。

3．编辑框架式网页

虽然框架式网页把屏幕分割成几个窗口，而且每个框架（窗口）中只能放置一个普通的网页，但是编辑框架式网页时要把整个编辑窗口当作一个网页来编辑，即插入的网页元素位于哪个框架，它就要被保存在哪个框架的网页中。框架的大小可以随意修改。

1）改变框架大小。用鼠标拖拽框架边框可随意改变框架大小。

2）删除框架。用鼠标把框架边框拖拽到父框架的边框上，可删除框架。

3）选择框架。设置框架属性时，必须先选中框架。选择框架的方法如下：①选择菜单栏>窗口>框架，打开框架面板，单击某个框架，即可选中该框架。②在编辑窗口的某个框架内按住 Alt 键并单击鼠标，即可选择该框架。

4）设置框架属性。选中框架，在属性面板上可以设置框架名称、源文件、空白边距、滚动条、重置大小和边框属性等。

需要注意的是：

1）框架是不可以合并的。

2）创建链接时要用到框架名称，所以创建者要很清楚地知道每个框架所对应的框架名。

4．在框架中使用超级链接

在框架式网页中制作超级链接时，一定要设置链接的目标属性，为链接的目标文档指定显示窗口。链接目标较远（其他网站）时，一般将目标文档放在新窗口；在导航条上创建链接时，一般将目标文档放在另一个框架中显示（当页面较小时）或全屏幕显示（当页面较大时）。

"目标"下拉菜单中的选项：

_blank，放在新窗口中。

_parent，放到父框架集或包含该链接的框架窗口中。

_self，放在相同窗口中（默认窗口无须指定）。

_top，放到整个浏览器窗口并删除所有框架。

保存有框架名为 mainFrame、leftFrame、topFrame 的框架后，"目标"下拉菜单中还会出现 mainFrame、leftFrame、topFrame 选项：

mainFrame，放到名为 mainFrame 的框架中。

leftFrame，放到名为 leftFrame 的框架中。

topFrame，放到名为 topFrame 的框架中。

5. 制作框架页面

1）选择菜单栏>窗口>框架，打开框架面板，选中整个框架集，如图 5-58 所示。在属性面板中，将"行"的值设置为 100，单位设为像素，如图 5-59 所示。

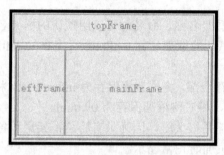

图 5-58　选中整个框架集

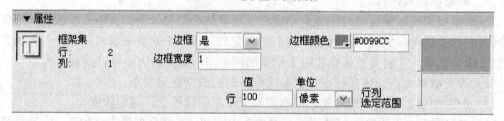

图 5-59　设置框架集的属性

2）选择菜单栏>窗口>框架，打开框架面板，选中子框架集，如图 5-60 所示。在属性面板中，将"列"的值设置为 200，单位设为像素，如图 5-61 所示。

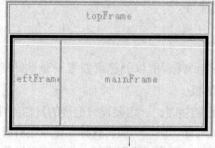

图 5-60　选中子框架集

图 5-61　设置子框架集的属性

这样，我们就完成了对整个框架的布局。下面我们来布局各个框架页面。

3）将鼠标在 topFrame 框架中的空白处单击一下，我们会看见文档窗口上方的文件名变成了 07.html。此时，在页面属性中将上、下、左、右边距全部设为 0。接着，插入一个 1 行 2 列的表格，表格宽度为 100％，高度为 100px，左单元格宽度为 382px 并插入背景图片 img/103.jpg，设置表格的背景颜色为 103.jpg 图片右边缘的绿色（用吸管吸取）。

4）将鼠标在 leftFrame 框架中的空白处单击一下，我们会看见文档窗口上方的文件名变成了 08.html。此时，在页面属性中将上、下、左、右边距全部设为 0。接着，插入一个 6 行 1 列的表格，表格宽度为 95％，居中对齐。然后，将第一个单元格的高度设为 20px，将其余单元格的高度设为 50px，并分别输入文字以设置导航栏目。最后，分别对各个导航栏目建立链接关系，链接路径指向要链接到的网页，目标选择 mainFrame 框架。

5）将鼠标在 mainFrame 框架中的空白处单击一下，我们会看见文档窗口上方的文件名变成了 09.html。此时，在页面属性中将上、下、左、右边距全部设为 0。

至此，我们完成了一个框架网站的制作。

5.5　CSS 和模板

层叠样式表（CSS）是一系列格式设置规则，它们控制 Web 页面内容的外观。使用 CSS 设置页面格式时，内容与表现形式是相互分开的。页面内容（HTML 代码）位于自身的 HTML 文件中，而定义代码表现形式的 CSS 规则位于另一个文件（外部样式表）或 HTML 文档的另一部分（通常为 <head> 部分）中。使用 CSS 可以非常灵活且更好地控制页面的外观——从精确的布局定位到特定的字体和样式等。术语"层叠"是指对同一个元素或 Web 页面应用多个样式的能力。例如，可以创建一个 CSS 规则来应用颜色，创建另一个规则来应用边距，然后将两者应用于一个页面的同一文本中。所定义的样式将"层叠"到所创建的 Web 页面上的元素上，并最终创建想要的设计样式。

5.5.1　运用 Dreamweaver CS6 创建 CSS 样式

CSS 的创建，可以统一定制网页文字的大小、字体、颜色、边框、链接状态等效果。在 Dreamweaver CS6 中，CSS 样式的设置方式有了很大的改进，变得更为方便、实用、快捷。

创建 CSS 样式的步骤如下：

1．打开 CSS 样式面板

选中菜单"窗口" > "CSS 样式"，打开 CSS 样式面板，如图 5-62 所示。

2．新建 CSS 规则

单击"CSS 样式"面板右下角的"新建 CSS 规则"按钮，打开"新建 CSS 规则"对话框，如图 5-63 所示。

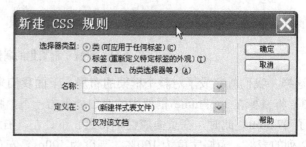

图 5-62　打开 CSS 样式面板　　　　　　　图 5-63　新建 CSS 规则

在"选择器类型"选项中，可以选择创建 CSS 样式的 3 种方法中的一种：

1）类。我们可以在文档窗口的任何区域或文本中应用类样式。如果将类样式应用于一整段文字，那么会在相应的标签中出现 CLASS 属性，该属性值即为类样式的名称。

2）标签（重新定义特定标签的外观）。这是重新定义 HTML 标记的默认格式。我们可以针对某一个标签来定义层叠样式表，也就是说定义的层叠样式表将只应用于所选择的标签。例如，为<body>和</body>标签定义了层叠样式表，那么所有包含在<body>和</body>标签中的内容将遵循所定义的层叠样式表的规则。

3）高级（ID、伪类选择器等）。为特定的组合标签定义层叠样式表，要使用 ID 作为属性，以保证文档具有唯一可用的值。高级样式是一种特殊类型的样式，常用的有以下 4 种。

a:link，用于设定正常状态下链接文字的样式。

a:active，用于设定鼠标单击时链接的外观。

a:visited，用于设定访问过的链接的外观。

a:hover，用于设定鼠标放置在链接文字上时文字的外观。

3．为新建 CSS 样式输入或选择名称、标记或选择器

对于自定义样式，其名称必须以点（.）开始。如果没有输入该点，则 DW 会自动添加。自定义样式名可以是字母与数字的组合，但.之后必须是字母。

对于重新定义 HTML 标记，可以在"标签"下拉列表中输入或选择重新定义的标记。

对于 CSS 选择器样式，可以在"选择器"下拉列表中输入或选择需要的选择器。

4．选择定义的样式位置

在"定义在"区域选择定义的样式位置，可以是"新建样式表文件"或"仅对该文档"，然后单击"确定"按钮。如果选择了"新建样式表文件"，则会弹出"保存样式表文件为"对话框，此时需要给样式表命名并保存样式表，之后会弹出"CSS 规则定义"对话框。如果选择了"仅对该文档"，则单击"确定"后，会直接弹出"CSS 规则定义"对话框。

5．设置 CSS 规则定义

在"CSS 规则定义"对话框中设置 CSS 规则定义，主要是对类型、背景、区块、方框、边框、列表、定位和扩展 8 项进行设置。每个选项都可以对所选标签做不同方面的定义，

创建者可以根据需要设定。设置 CSS 规则定义如图 5-64 所示。

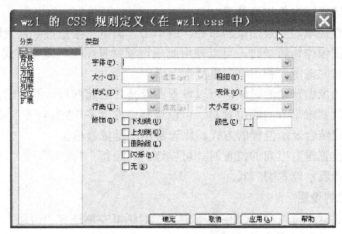

图 5-64 设置 CSS 规则定义

6. 完成创建

对 CSS 规则定义完毕后，单击"确定"按钮，即可完成创建 CSS 样式。

5.5.2 运用 Dreamweaver CS6 CSS 样式美化页面

在"CSS 规则定义"对话框中，我们可以通过对类型、背景、区块、方框、边框、列表、定位和扩展等项的设置来美化页面。定义某个 CSS 样式的时候，不需要对每一个项都进行设置，需要什么效果，只要选择相应的项进行设置就可以了。

1. 文本样式的设置

新建一个 CSS 样式，"选择器类型"为类，名称为 "style1"，定义在"仅对该文档"，保存至站点根目录下的 CSS 文件夹，弹出"CSS 规则定义"对话框，默认显示的就是对文本进行设置的"类型"项。

字体：可以在下拉菜单中选择相应的字体。

大小：大小就是字号，可以直接填入数字，然后选择单位。

样式：用来设置文字的外观，包括正常、斜体、偏斜体。

行高：这项设置在网页制作中很常用。设置行高时，可以选择"正常"，让计算机自动调整行高，也可以使用数值和单位结合的形式自行设置。需要注意的是，行高单位应该和文字的单位一致，行高的数值是包括字号数值在内的。例如，如果文字设置为 12pt，要创建 1 倍行距，则行高应该设为 24pt。

变体：在英文中，大写字母的字号一般比较大，采用"变体"中的"小型大写字母"设置，可以缩小大写字母。

颜色：用来设置文字的色彩。

2. 背景样式的设置

在 HTML 中，背景只能使用单一的色彩或利用图像水平、垂直方向的平铺方式。使用 CSS 之后，背景可以进行更加灵活的设置。

设置背景样式时，可以在"CSS 规则定义"对话框左侧选择"背景"项，然后在右边显示的区域设置 CSS 样式的背景格式。

背景颜色：选择固定色作为背景。

背景图像：直接填写背景图像的路径，或单击"浏览"按钮找到背景图像的位置。

重复：使用图像作为背景时，可以使用此项设置背景图像的重复方式。该项包括"不重复""重复""横向重复"和"纵向重复"。

附件：选择图像做背景的时候，可以设置图像是否跟随网页一同滚动。

水平位置：设置水平方向的位置时，可以选择"左对齐""右对齐"或"居中"，还可以设置数值与单位结合表示位置的方式。比较常用的是像素单位。

垂直位置：设置垂直方向的位置时，可以选择"顶部""底部"或"居中"，还可以设置数值和单位结合表示位置的方式。

3．区块样式的设置

设置区块样式时，可以在"CSS 规则定义"对话框左侧选择"区块"项，然后在右边显示的区域设置 CSS 样式的区块格式。

单词间距：用来设置英文单词之间的距离，一般选择默认设置。

字母间距：用来设置英文字母之间的距离。使用正值为增加字母间距，使用负值为减小字母间距。

垂直对齐：用来设置对象的垂直对齐方式。

文本对齐：用来设置文本的水平对齐方式。

文字缩进：这是最重要的项目，中文文字的首行缩进就是由它来实现的。首先填入具体的数值，然后选择单位。文字的缩进和字号要保持统一。例如，字号为 12px，想创建两个中文字的缩进效果，文字缩进就应该设为 18px。

空格：用来设置对源代码文字空格的控制。选择"正常"，则将忽略源代码文字之间的所有空格；选择"保留"，则将保留源代码中所有的空格形式，包括由空格键、Tab 键、Enter键所创建的空格。

显示：用来指定是否及如何显示元素。选择"无"，则关闭它被指定给的元素的显示。这项功能在实际控制中很少使用。

4．方框样式的设置

我们在前面设置过图像的大小、图像水平和垂直方向上的空白区域、图像是否有文字环绕效果等。方框样式设置进一步完善、丰富了这些设置。

设置方框样式时，可以在"CSS 规则定义"对话框左侧选择"方框"项，然后在右边显示的区域设置 CSS 样式的方框格式。

宽：通过数值和单位设置对象的宽度。

高：通过数值和单位设置对象的高度。

浮动：实际上就是设置文字等对象的环绕效果。选择"右对齐"，则对象居右，文字等内容从另一侧环绕对象。选择"左对齐"则对象居左，文字等内容从另一侧环绕对象。选择"无"，则取消环绕效果。

5.5.3　Dreamweaver CS6 CSS 样式表的其他操作

单击 CSS 样式面板右上方的"扩展"按钮，则弹出如图 5-65 所示的菜单。CSS 的相关操作都是通过这个菜单上的项目来实现的。

图 5-65　CSS 样式菜单

1. 编辑 CSS 样式

选中需要编辑的样式类型，选择图 5-65 中的"编辑"项或直接单击"编辑样式"按钮，在弹出的"CSS 规则定义"对话框中修改相应的设置。编辑完成后单击"确定"按钮，CSS 样式就编辑完成了。

2. 应用 CSS 自定义样式

鼠标右键单击网页中被选中的元素，在弹出的快捷菜单中选择"CSS 样式"，再在其子菜单中选择需要的自定义样式，CSS 自定义样式就被应用到当前操作中了。

3. 附加样式表

选择"附加样式表"项，打开"链接外部样式表"对话框（见图 5-66），可以链接外部的 CSS 样式文件。

"文件/URL"用来设置外部样式表文件的路径。创建者可以单击"浏览"按钮（见图 5-66），在浏览窗口中找到样式表文件。

设置"添加为"时选择"链接"（见图 5-66），这是 IE 和 Netscape 两种浏览器都支持的导入方式。"导入"只有 Netscape 浏览器支持。

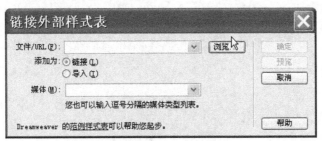

图 5-66　链接外部样式表

设置完毕后单击"确定"按钮，CSS 文件即被导入当前页面。

思考与练习

一、简答题

1. 如何编辑站点和删除站点？

2．如何在 DW 中插入音频对象？

3．如何选择表格？

二、选择题

1．本地站点的所有文件和文件夹必须使用（　　），否则上传到互联网上时可能导致浏览不正常。

A．小写字母　　　　B．大写字母　　　C．数字　　　　　D．汉字

2．常用的网页图像格式有（　）和（　）。

A．gif, tiff　　　　　B．tiff, jpg　　　C．gif, jpg　　　D．tiff, png

3．链接是（　　）的简称，利用（　　）可以实现页面在不同的 URL 之间跳转。

A．超级链接，修改　　　　　　　B．修改，超级链接

C．超级链接，超级链接　　　　　D．文本，超级链接

4．在表格属性设置中，间距指的是（　　）。

A．单元格内文字距离单元格内部边框的距离

B．单元格内图像距离单元格内部边框的距离

C．单元格内文字距离单元格左部边框的距离

D．单元格与单元格之间的宽度

三、实训题

1．网页之间的跳转是通过超级链接来实现的。超级链接相当于一个路口标记，单击后就可以进入。超级链接一般具有 3 个特点：蓝色、下画线和手形标记。练习如何设置一个超级链接。

2．用 Dreamweaver 制作一个细边的表格。

3．用 Dreamweaver 制作一个导航条按钮。

SQL Server 2012 数据库基础

引导案例

雅虎通过大数据解决方案提高竞标效率，提高广告收入

"雅虎公司现在可以为客户提供更相关的广告数据，从而提高了广告投放费用和广告活动的有效性。我们通过处理大数据集的 Hadoop 和 Hive 技术，以及由 Microsoft BI 平台提供的强大分析洞察力，实现了这一目标。"

—— Dianne Cantwell TAO 开发领导 雅虎

总部位于加州的雅虎公司经营着世界上最受欢迎的网站之一，每个月在全球有超过 700 万人次的独立访问者。该公司拥有并运营为广大客户提供的在线广告服务，这些服务通过雅虎的一系列网站来提供。该公司从这些访问交换当中更好地定位和提高客户广告投放的效率和收益。致力于更快地为客户提供更多、更有意义和更有用的数据分析，雅虎公司专门实施了一个数据处理解决方案，将其庞大的、存储在 Apache Hadoop 开源框架中的数据，整合到 Microsoft SQL Server 2008 R2 当中。通过这一解决方案，雅虎公司成功地帮助客户提高了广告投放的效率，同时雅虎公司的广告商增加了在雅虎网站的广告投放费用。该公司还提供了更多、更相关的广告数据，解决方案所采用的分区的设计，意味着可以支撑更快的加载大规模的数据集。

1. 业务状况

雅虎公司总部位于加利福尼亚州的桑尼维尔市，是一家互联网公司，经营一些非常受欢迎的网站。这些网站包括搜索引擎、门户网站、新闻推送等，拥有每月超过 700 万人次的独立访问者，达到全球在线总数的 47% 以上。受到大量的在线观众的吸引，广告客户纷纷涌向这些网站。为了帮助广告客户更好地分析消费者相关的数据并成功地吸引客户，雅虎公司构建了定位、分析和优化（Targeting、Analytics、Optimization，TAO）解决方案，这是一个功能强大、可扩展的广告分析工具。TAO 基于雅虎网站（如汽车、财经、健康、邮件、新闻、搜索、体育和旅游活动等频道）通过 Right Media Exchange 为成千上万在雅虎网站投放广告的客户提供报表。TAO 平台的一个组成部分是开源软件框架 Apache Hadoop，构成了可靠的、可扩展的、分布式的计算环境。Hadoop 平台由雅虎公司创建，被用于分析大量的非结构化的数据。该平台采用商业的服务器计算机分析数据并将数据实时分发至应用程序。

在过去的几年中，Hadoop 成为公司广告分析中大数据管理的主要工具。每天，Hadoop 处理着超过 3.5 亿次的广告显示，每小时都进行刷新。TAO 的源集群每个季度处理着 4 640 亿行的数据。尽管 Hadoop 正在帮助雅虎公司成功地处理着大规模的数据集，该公司依然需要从大数据当中提取更多、更有意义的分析信息，以开展更多的热点和深入的分析。有

了这项功能，雅虎公司便能够快速地对客户的需求做出响应。

具体而言，雅虎的广告客户希望能够为消费者提供更具相关性的广告推送，这类广告将会被视为有价值的建议。例如，针对性更强的广告能够为访问雅虎网站的消费者留下更为深刻的印象，促使他们采取更进一步的行动，如查看广告或单击了解更多详情等。

要提供这些信息，雅虎公司则需要从消费者的行为当中获得更多的信息，如消费者访问的网站、一天之内的访问次数、性别、年龄、位置和兴趣等，并根据这些信息来为不同的消费者提供有针对性的信息。通过提供深入到这一层次的分析，雅虎公司能够帮助广告客户快速找到它们的目标客户，以实现最佳的投资回报。

此外，雅虎公司希望能够提高其 TAO 数据库的性能，以便更快地为客户提供更多的数据。更低的延迟将能够更加频繁地帮助用户优化他们的广告效率，这对于只持续数天的热点广告投放而言至关重要。2010 年上半年，雅虎公司决定寻求新的、性能更高的、能够与 Hadoop 协同工作的商业智能解决方案。

2. 解决方案

多年以来，雅虎公司都是 Microsoft 公司的重要客户之一，在为其解决方案选择新的技术时，基于其与 Microsoft 公司多年的合作关系，雅虎公司与 Microsoft 紧密合作，利用 Microsoft SQL Server 2008 R2 企业版数据管理软件，创建了一个新的 BI 解决方案。

通过使用 SQL Server 2008 R2，雅虎公司增强了 TAO 基础架构，现在能够从一个 Hadoop 集群当中抽取数据并加载到一个第三方的数据库当中，并最终把数据加载到一个 SQL Server 2008 R2 分析服务的多维数据集当中。多维数据集支持来自客户端（如 Tableau Desktop 业务分析软件、内部自定义的应用程序等）工具的连接。员工可以使用这一软件创建交互式的数据仪表板并实现热点分析。

新的基础架构部署在 IBM x3560 服务器计算机上，同样采用了新的分区方法，针对提高超大型数据集的查询功能做出了优化。这个模型中，源数据被加载到关系型数据库当中；该数据库中，数据被存储在一个分区表当中，每个分区大约等同于每小时可以处理的数据量，然后每天在多维数据集端合并及分配到 4 个分区。通过采取这种方式存储和读取数据，SQL Server 2008 R2 分析服务得以以更快的速度读取和处理数据；如果数据没有被存储在分区表当中，查询性能将远远低于采用分区表的方式。因此，对于非常大的数据集，其查询的性能得到了极大的提高。

TAO 基础架构包含一个 2PB 级的 Hadoop 集群，每天发送 1.2TB 的原始数据到 11G 真实应用程序集群中的第三方数据库。从这里开始，每天经过压缩之后的 135GB 的数据会被发送到一个 SQL Server 2008 R2 分析服务数据集当中，多维数据集每个季度会产生 24TB 的数据，使其成为世界上已知最大的 SQL Server 分析服务多维数据集。

Microsoft 已经开发出了针对 Apache Hadoop 的 SQL Server 连接器，其设计目的是实现在 Hadoop 和 SQL Server 2008 R2 之间的高效数据传输。通过使用该解决方案，企业客户能够把大量的 Hadoop 数据移动到 SQL Server 2008 R2 平台上，从而实现从结构化的和非结构化的数据当中获得更为深刻的业务洞察力。SQL Server Connector for Hadoop 能够为雅虎公司提供潜在的、更快的数据加载能力。雅虎公司计划采用熟悉的分析工具（如 Microsoft SQL Server 2008 R2 分析服务），对 Hadoop 大数据处理作业所产生的结果进行分析。雅虎公司也在与 Microsoft 合作以确定把从 Hadoop 中获得的数据迁移到 SQL Server 2008 R2 分析服务多维数据集中的最佳方式。通过把 Hadoop 与 Microsoft 商业智能环境进一步融合，Microsoft 一直致力于开发针对 Hadoop Hive 的连接器原型。Hive 是一个构建在 Hadoop 之上的数据仓库基础架构。所研究的一个领域是使用 Hadoop Hive Open Database Connectivity（ODBC）驱动程序，它是一个针对 Hive 提供的采用 ODBC API 标准的软件库。通过使用这一驱动程序（现阶段还处于原型状态），雅虎公司将能够直接把数据从 Hadoop 当中抽取到 SQL Server 2008 R2 分析服务多维数据集当中。

Microsoft 也在利用相同的 Hive ODBC 驱动程序来与 PowerPivot for Excel 中的 xVelocity 内存驻留分析引擎（VertiPaq）进行整合。该连接器还将结合 xVelocity 提供的内存优化的列存储索引功能，在 SQL Server 2012 当中加速对数据仓库查询的处理。

3. 企业收益

新的 TAO 解决方案已经帮助雅虎公司提高了广告投放的效率，同时提升了其广告客户在广告上的投入。此外，雅虎公司还可以为其客户提供关联度更高的广告数据，并且以比过去快得多的速度加载和检索分析数据。

（1）提高广告客户的广告投入和广告活动的效率

通过引入 SQL Server 2008 R2 并将其作为一个核心组件，雅虎公司已经从新的 TAO 基础架构当中在广告客户的广告投入和广告投放效率两个领域看到了很大的好处。由于广告客户已经从自己在雅虎平台上的广告投放当中提高了投资的收益，他们很乐于增加自己的广告投放。

在供应方面，TAO 可以帮助雅虎公司通过在一系列的维度上进行数据切片，实现对诸如每千次有效的广告投放的成本（eCPM）等信息的跟踪，以提高量化分析能力。一般情况下，eCPM 越高，意味着雅虎公司和它的广告客户越能够从他们的广告投放当中获得更大的收益。

雅虎广告业务主管将这些收益归结为 SQL Server 2008 R2 分析服务多维数据集的使用，这为雅虎公司的广告客户提供了一个更为精准地细分目标网络用户市场的方法。

（2）提供关联度更高的广告数据

通过从新的 Microsoft 解决方案当中获得的增强的广告分析功能，雅虎公司可以提供关联度更高的广告数据。这些数据可以转化成为广告客户的收益和更好的性能，并最终为雅虎公司带来更高的收入。由于引入新的增强的 TAO 基础架构，雅虎公司现在可以为广告投放经理和广告客户提供关联度更高的数据。在实施新的解决方案之前，雅虎公司的广告投放经理和广告客户在衡量广告活动的收益方面效果较差。现在，通过引入 SQL Server 2008 R2 分析服务多维数据集和自定义的 Web 应用程序，以及和 Tableau 之间的相互作用，雅虎公司的广告投放经理广告客户获得了一个更为清晰地了解某个广告投放的效果及雅虎的网站如何为公司创造收入的方法。

总体而言，新的解决方案可以帮助雅虎公司更好地分析广告数据，为其带来更多的企业广告客户，并且能够帮助广告客户增加广告投入，最终帮助雅虎公司从中受益。

（3）更快地加载数据、处理更快速的查询

新的 TAO 基础架构所采用的分区设计对于加快把数据加载到多维数据集当中至关重要。分区是新的 Microsoft 解决方案成功的基础，因为它有助于加快从源当中的临时数据到分析多维数据集处理的吞吐量。分区的策略也有助于更快地查询时间。对于雅虎 TAO 用户而言，从 Tableau Desktop 客户端提交的查询结果返回的平均时间为 6 秒，而从公司定制的优化的应用程序提交的查询结果返回的平均时间为 2 秒。雅虎公司计划继续扩展这一解决方案，将来会有更多的数据和更多的新功能被添加到解决方案当中。

学习目标

1. 掌握 Microsoft SQL Server 2012 的安装、启动和停止方法。

2．掌握 SQL Server 2012 中表的基本知识，包括表的创建、修改和删除的方法，以及表中记录的添加、修改和删除的方法。

3．掌握 SQL 结构化查询语言的基本知识，包括单表查询、多表连接查询和子查询。

6.1 设计数据库

一个现实的电子商务网站必须维护商业往来所需要的相关数据，基本的数据如商品的名称、价格等，而且必须要利用数据库处理数据。作为新一代的数据平台产品，SQL Server 2012 不仅能够延续现有数据平台的强大能力，全面支持云技术与平台，并且能够快速构建相应的解决方案，实现私有云与公有云之间数据的扩展与应用的迁移。SQL Server 2012 提供对企业基础架构最高级别的支持，而且专门针对关键业务应用的多种功能与解决方案提供最高级别的可用性及性能。在业界领先的商业智能领域，SQL Server 2012 提供更多、更全面的功能，以满足不同人群对数据及信息的需求，包括支持来自不同网络环境的数据的交互和全面的自助分析等创新功能。针对大数据及数据仓库，SQL Server 2012 提供从数 TB 到数百 TB 的全面的端到端的解决方案。作为 Microsoft 的信息平台解决方案，SQL Server 2012 的发布可以帮助数以千计的企业用户突破性地快速实现各种数据体验，完全释放对企业的洞察力。

用 Microsoft SQL Server 2012 建立数据库是比较容易的，关键是建立数据库之前要对所处理的数据进行分析，进而设计出合理的数据库，以便数据的存放和应用系统的实现。进行数据库的设计工作，其主要任务如下：

1）确定数据库的目的。这是建立数据库的首要任务。创建者可以根据用户希望从数据库中得到的信息来确定用什么数据库保存表和用什么表保存字段，以及将要生成什么样的报表。可能的话，创建者最好能和现行系统的用户进行交流，共同讨论需要数据库解决的问题。

2）确定数据库中需要的表。表是创建其他数据库对象的基础，也是数据库应用程序处理数据的基本单位，数据库中的现实数据都是保存在单个的数据表中的。因此，创建者要精心设计表的结构，以便数据的存放和应用程序的实现。

3）确定表中的字段。必须明确的是，每个字段应直接与表的主题相关，并且表中的全部字段要包含需要的所有信息，其中必须含有能定义为主关键字的字段，即能唯一确定每条记录的字段。

4）确定表间的关系。每个表中存储了关于不同主题的信息，要将每个表中的相关信息组合起来，这就需要定义表间的关系。一个良好的数据库设计在很大程度上取决于该数据库中表间关系的定义。

5）优化表的设计。设计完表、字段及定义好表间的关系后，还要检查一下是否存在不足之处，以便及时做出修改。有时，对于刚设计完的空表，很难发现有什么问题，这就需要向表中添加一些数据，然后看它是否能获得所需要的结果。

6）向表中输入数据并创建其他数据库对象。如果表的设计符合要求，即可向表中输入数据，然后就可以基于此表创建其他所需要的对象（如视图、查询、报表等）。

数据库设计好后，就可以根据设计得到的结果，利用 Microsoft SQL Server 2012 将相关的分析结果转化为计算机中的数据库，以便商务网站的实现。下面介绍有关 Microsoft SQL Server 2012 维护数据库的基本知识。

6.2 安装 Microsoft SQL Server 2012 数据库

6.2.1 SQL Server 2012 的不同版本

为了更好地满足不同客户的需求，Microsoft 重新设计了 SQL Server 2012 产品家族，并将其分为 7 个新的版本：Enterprise Edition（企业版）、Standard（标准版）、Business Intelligence（商业智能版）、Web 版、Express with Advanced Services（精简版）、Express with Tools（开发者版本）、Express（简化版）。

各版本功能比较如表 6-1 所示。

表 6-1　SQL Server 2012 的各版本功能比较

SQL SERVER 2012 功能	企业版	商业智能版	标准版
支持最大内核数	OS Max*	16 Cores-数据库 OS Max-商业智能功能	16 Cores
基本的 OLTP 功能	√	√	√
可编程性 （T-SQL、Data Types、FileTable）	√	√	√
可管理性 （SQL Server Management Studio、基于策略的管理）	√	√	√
Basic Corporate BI （Reporting、Analytics、Multidimensional Semantic Model、Data Mining）	√	√	√
企业级商业智能 （报表、分析、多维商业智能语义模型）	√	√	√
自服务商业智能 （Alerting、Power View、PowerPivot for SharePoint Server）	√	√	
企业数据管理 （数据质量服务与主数据服务）	√	√	
In-Memory Tabular BI Semantic Model	√	√	
高级安全功能（高级审计、透明数据加密）	√		
数据仓库 （列存储、压缩）	√		
高可用性 （Always On）	Advanced	Basic**	Basic**

6.2.2 SQL Server 2012 安装准备

对于初学者来说，正确安装 SQL Server 2012 数据库是至关重要的。因为这一过程不仅要求根据实际的业务需求选择正确的数据库版本，还要求检测计算机软、硬件条件是否满足该版本的最低配置，以确保安装的有效性和可用性。

计划安装 SQL Server 2012 数据库时，必须确保计算机满足最低的硬件和软件需求；之外，一般还要适当考虑数据库未来的发展需求。在计算器不满足安装所要求的最低配置时，SQL Server 2012 数据库的安装程序将会给出提示信息。

1. 选择正确的 SQL Server 2012 数据库版本

SQL Server 2012 数据库包含多个版本，每个版本都针对不同的用户群体。因此，安装 SQL Server 2012 数据库软件时，确定安装版本是非常重要的。这是因为所选择的版本不仅决定了可安装的内容和组件，而且确定了 SQL Server 2012 安装所需要的软、硬件等环境要求。SQL Server 2012 数据库产品家族主要包括 7 个版本，用户可根据业务实际需求、应用类型及未来数据库的发展趋势选择并确定数据库版本。

2. 安装的硬件要求

计划安装 SQL Server 2012 数据库时，不仅要选择正确的 SQL Server 2012 数据库版本，而且要确保安装数据库的计算机满足 SQL Server 2012 的硬件的最小需求，并能够适应当前和未来数据库的发展需求。SQL Server 2012 不同的版本，其对处理器型号、速度及内存的需求是不同的。不同版本对硬件的需求如表 6-2 所示。

表 6-2　不同版本对硬件的需求

SQL Server 2012 版本	处理器型号	处理器速度	内存（RAM）
Enterprise Edition（企业版）Standard（标准版）、Business Intelligence（商业智能版）Web 版 Express with Advanced Services（精简版）、Express with Tools（开发者版本）Express（简化版）	x64 处理器：AMD Opteron、AMD Athlon 64、支持 Intel EM64T 的 Intel Xeon、支持 EM64T 的 Intel Pentium IV x86 处理器：Pentium III 兼容处理器或更快	最小值：x86 处理器：1.0 GHz x64 处理器：1.4 GHz 建议：2.0 GHz 或更快	最小值：Express 版本：512 MB 所有其他版本：1 GB 建议：Express 版本：1 GB 所有其他版本：至少 4 GB 并且应该随着数据库大小的增加而增加，以便确保最佳的性能

3. 安装的软件要求

针对 SQL Server 2012 的主要版本的操作系统要求如表 6-3 所示。

表 6-3　支持运行 **SQL Server 2012** 的各种操作系统

SQL Server 版本	32 位	64 位
SQL Server Enterprise	Windows Server 2008 R2 SP1 64 位 Datacenter Windows Server 2008 R2 SP1 64 位 Enterprise Windows Server 2008 R2 SP1 64 位 Standard Windows Server 2008 R2 SP1 64 位 Web Windows Server 2008 SP2 64 位 Datacenter Windows Server 2008 SP2 64 位 Enterprise Windows Server 2008 SP2 64 位 Standard Windows Server 2008 SP2 64 位 Web Windows Server 2008 SP2 32 位 Datacenter Windows Server 2008 SP2 32 位 Enterprise Windows Server 2008 SP2 32 位 Standard Windows Server 2008 SP2 32 位 Web	Windows Server 2008 R2 SP1 64 位 Datacenter Windows Server 2008 R2 SP1 64 位 Enterprise Windows Server 2008 R2 SP1 64 位 Standard Windows Server 2008 R2 SP1 64 位 Web Windows Server 2008 SP2 64 位 Datacenter Windows Server 2008 SP2 64 位 Enterprise Windows Server 2008 SP2 64 位 Standard Windows Server 2008 SP2 64 位 Web

SQL Server 版本	32 位	64 位
SQL Server 商业智能	Windows Server 2008 R2 SP1 64 位 Datacenter Windows Server 2008 R2 SP1 64 位 Enterprise Windows Server 2008 R2 SP1 64 位 Standard Windows Server 2008 R2 SP1 64 位 Web Windows Server 2008 SP2 64 位 Datacenter Windows Server 2008 SP2 64 位 Enterprise Windows Server 2008 SP2 64 位 Standard Windows Server 2008 SP2 64 位 Web Windows Server 2008 SP2 32 位 Datacenter Windows Server 2008 SP2 32 位 Enterprise Windows Server 2008 SP2 32 位 Standard Windows Server 2008 SP2 32 位 Web	Windows Server 2008 R2 SP1 64 位 Datacenter Windows Server 2008 R2 SP1 64 位 Enterprise Windows Server 2008 R2 SP1 64 位 Standard Windows Server 2008 R2 SP1 64 位 Web Windows Server 2008 SP2 64 位 Datacenter Windows Server 2008 SP2 64 位 Enterprise Windows Server 2008 SP2 64 位 Standard Windows Server 2008 SP2 64 位 Web
SQL Server Standard	Windows Server 2008 R2 SP1 64 位 Datacenter Windows Server 2008 R2 SP1 64 位 Enterprise Windows Server 2008 R2 SP1 64 位 Standard Windows Server 2008 R2 SP1 64 位 Foundation Windows Server 2008 R2 SP1 64 位 Web Windows 7 SP1 64 位 Ultimate Windows 7 SP1 64 位 Enterprise Windows 7 SP1 64 位 Professional Windows 7 SP1 32 位 Ultimate Windows 7 SP1 32 位 Enterprise Windows 7 SP1 32 位 Professional Windows Server 2008 SP2 64 位 Datacenter Windows Server 2008 SP2 64 位 Enterprise Windows Server 2008 SP2 64 位 Standard Windows Server 2008 SP2 64 位 Foundation Windows Server 2008 SP2 64 位 Web Windows Server 2008 SP2 32 位 Datacenter Windows Server 2008 SP2 32 位 Enterprise Windows Server 2008 SP2 32 位 Standard Windows Server 2008 SP2 32 位 Web Windows Vista SP2 64 位 Ultimate Windows Vista SP2 64 位 Enterprise Windows Vista SP2 64 位 Business Windows Vista SP2 32 位 Ultimate Windows Vista SP2 32 位 Enterprise Windows Vista SP2 32 位 Business	Windows Server 2008 R2 SP1 64 位 Datacenter Windows Server 2008 R2 SP1 64 位 Enterprise Windows Server 2008 R2 SP1 64 位 Standard Windows Server 2008 R2 SP1 64 位 Foundation Windows Server 2008 R2 SP1 64 位 Web Windows 7 SP1 64 位 Ultimate Windows 7 SP1 64 位 Enterprise Windows 7 SP1 64 位 Professional Windows Server 2008 SP2 64 位 Datacenter Windows Server 2008 SP2 64 位 Enterprise Windows Server 2008 SP2 64 位 Standard Windows Server 2008 SP2 64 位 Foundation Windows Server 2008 SP2 64 位 Web Windows Vista SP2 64 位 Ultimate Windows Vista SP2 64 位 Enterprise Windows Vista SP2 64 位 Business

4．安装的注意事项

准备安装 SQL Server 2012 前，用户还需要注意以下事项：

1）使用具有管理员权限的账户安装 SQL Server 2012。

2）安装 SQL Server 2012 的硬盘分区必须是未经压缩的硬盘分区。

3）安装时建议不要运行任何杀毒软件。

6.2.3 SQL Server 2012 的安装

Microsoft 公司在其官方网站上提供了各种版本的 SQL Server 软件，这里选择最新的 SQL Server 2012 简体中文评估版做介绍。其下载页面为：http://www.microsoft.com/zh-cn/download/ details.aspx?id=29066 这个试用版有 180 天的试用期限制。试用版默认为企业版，是最高级的版本，比其他版本具有更多的功能（如高级安全功能和数据仓库等），也具有更大的扩展性，能利用更多的内存和 CPU。

本次测试基于的运行环境是 Intel Xeon E31270 3.4Ghz，内存 4GB 的 PC 服务器，物理 CPU 个数是 1 个，1TB SAS 本地磁盘，采用一块 512M 缓存 RAID 卡，按 RAID5 方式组成磁盘阵列；操作系统采用 Windows Server 2008 R2 简体中文标准版，这是一个只有 x64 平台的版本，Microsoft 的 Windows 服务器版将来均只支持 x64。为了充分发挥操作系统和硬件的能力，SQL Server 2012 选用的安装文件也是 x64 版本。

1．软件和数据库的安装

（1）安装前的准备工作

首先，将下载的安装文件上传到待安装的 Windows 机器。如果是一个大的 EXE 文件，那么双击运行它，按照提示将实际安装文件解压缩到某个目录，在此目录下找到一个名为 Setup.exe 的文件，双击运行它即可进入安装界面。如果拥有 DVD 光盘，则运行光盘根目录上的 Setup.exe。如果下载的是一个包含多个平台的安装 DVD 镜像，则可以用虚拟光驱加载它，然后在虚拟光驱盘符根目录下找到 Setup.exe 并运行。需要注意的是，采用这种方式安装，测试过程中会报错，且原因不明，建议有条件的用户还是采用第一种方式。

其次，按照安装文档要求，SQL Server 2012 在 Windows Server 2008 R2 上安装需要先安装操作系统 SP1 补丁；若没有安装，安装程序会提示如下信息并中止安装。安装程序提示信息如图 6-1 所示。

图 6-1 安装程序提示信息

（2）安装 SQL Server 2012 数据库软件

SQL Server 评估版的安装过程比较直观，安装程序是图形界面。首先显示的是 SQL Server 安装中心的画面，此时单击左侧导航栏的"安装"，进入安装类型选择，如图 6-2 和图 6-3 所示。

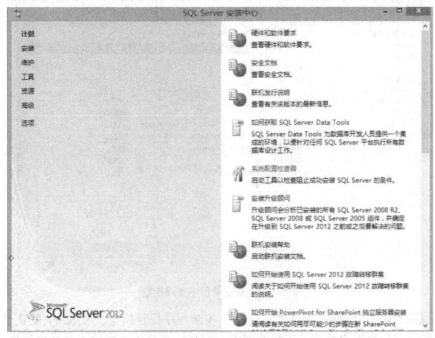

图 6-2　安装类型选择（1）

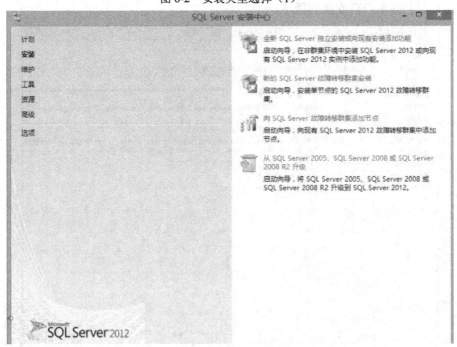

图 6-3　安装类型选择（2）

单击图 6-3 中的第 1 项"全新 SQL Server 独立安装或向现有安装添加功能"，系统开始检查安装程序支持规则，如图 6-4 所示。

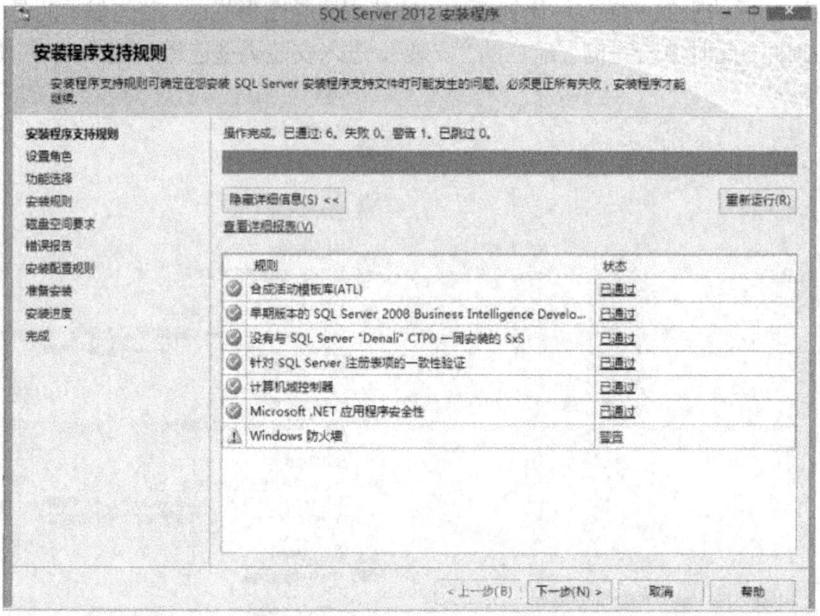

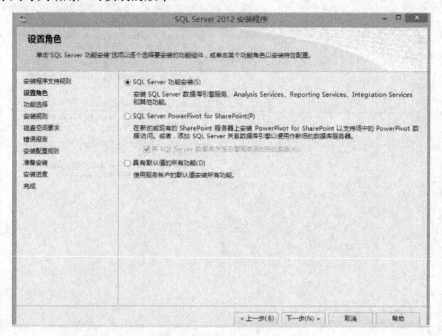

图 6-4　检查安装程序支持规则

支持规则检查通过以后，单击"下一步"，安装程序提示指定安装版本，默认是评估版，如图 6-5 所示。如果用户购买了正式的版本，则在第 2 个输入框输入产品序列号，安装程序根据序列号判断用户可安装的版本。

图 6-5　输入产品序列号

接受许可协议后，安装程序开始安装程序支持文件。如果从虚拟光驱安装，这一步容易出现错误，如图 6-6 所示。

图 6-6　安装程序出现错误

如果出现类似图 6-6 的错误，可以通过把安装文件复制到硬盘，继而从硬盘安进行装来解决此问题。

如果没有出错，下面的安装就比较顺利了，基本上都是单击"确定""下一步"等就可以了。

在"设置角色"这一步，选择安装角色的操作，如图 6-7 所示。

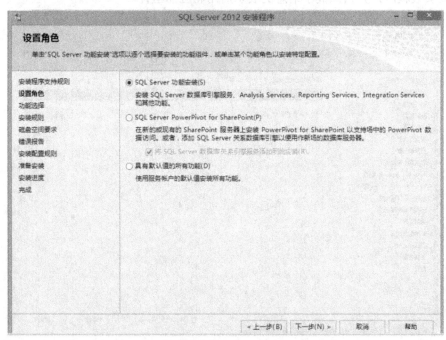

图 6-7　选择安装角色

在"功能选择"这一步，用户要选择安装的组件和安装路径。这里单击全选按钮以选择全部组件，并更改安装目录到硬盘空闲空间较多的逻辑盘下。如果系统盘有足够的空闲空间，也可以使用默认值。选择安装的组件和安装路径，如图 6-8 所示。

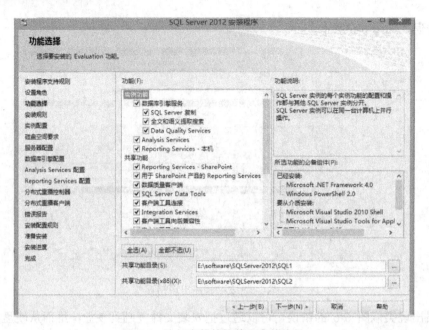

图 6-8　选择安装的组件和安装路径

在"安装规则"这一步，没有需要用户输入的信息，如图 6-9 所示。单击"下一步"按钮继续安装程序，并按照提示信息的要求启用相应的组件。

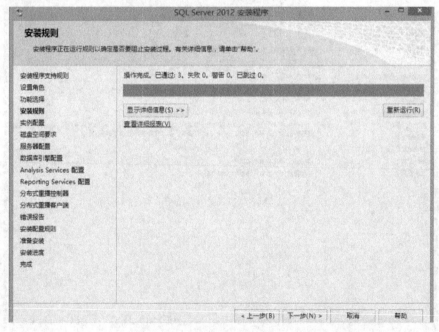

图 6-9　安装规则

在"实例配置"这一步使用默认的实例名 MSSQLSERVER，并根据需求更改实例根目录，如图 6-10 所示。

在"服务器配置"这一步，需要输入各种服务的用户名和口令。为了简单起见，这里的所有服务均采用默认的账户名，密码留空（见图6-11），然后单击"下一步"。

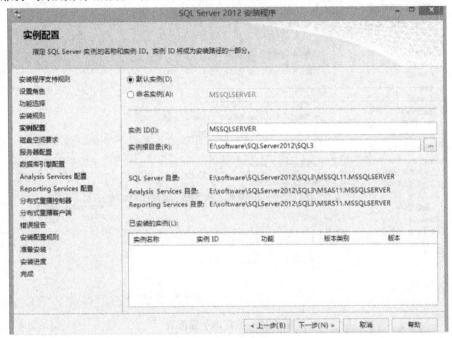

图6-10　实例配置

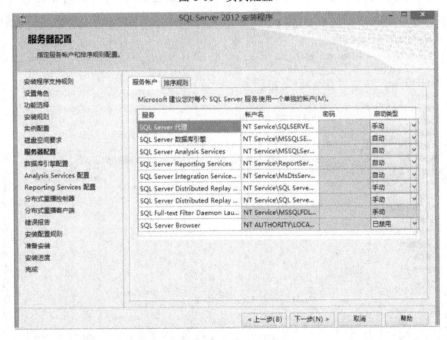

图6-11　服务器配置

在"数据库引擎配置"这一步，需要指定操作系统和数据库混合认证，输入用户 sa 的口令。口令应包括字母和数字符号，以满足复杂性的要求。这个口令在以后的测试过程中会用到。然后，单击"添加当前用户"按钮，指定数据库管理员。数据库引擎配置，如图6-12所示。

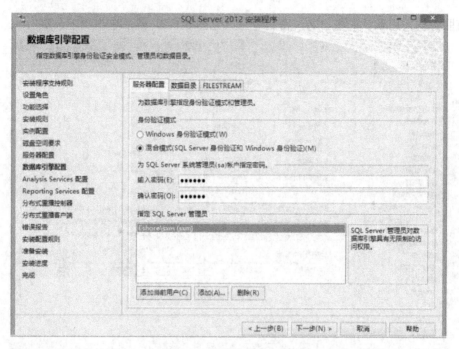

图 6-12　数据库引擎配置

在"分析服务配置"这一步，同样需要单击"添加当前用户"，如图 6-13 所示。

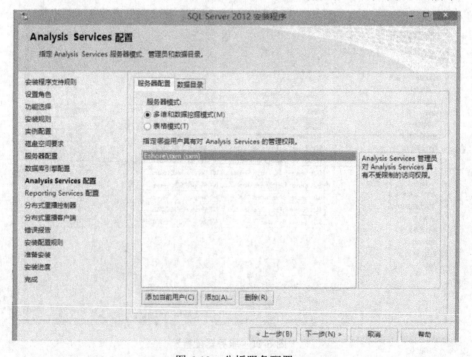

图 6-13　分析服务配置

在"报表服务配置"这一步，选择默认配置，如图 6-14 所示。

在"分布式重播控制器配置"这一步，同样需要单击"添加当前用户"，如图 6-15 所示。

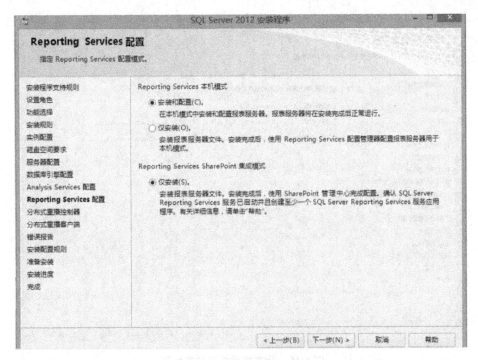

图 6-14　报表服务配置

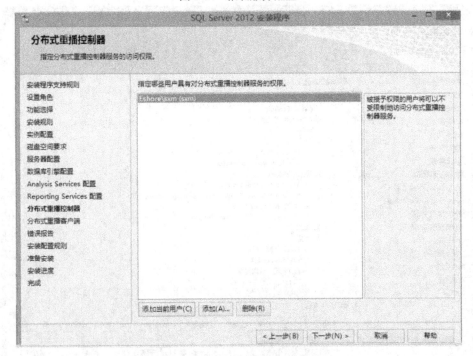

图 6-15　分布式重播控制器配置

在"分布式重播客户端配置"这一步，选择默认配置，如图 6-16 所示。

在"准备安装"这一步，安装程序给出了当前的配置选项和配置文件。这个配置文件可用于将来的静默安装，如图 6-17 所示。

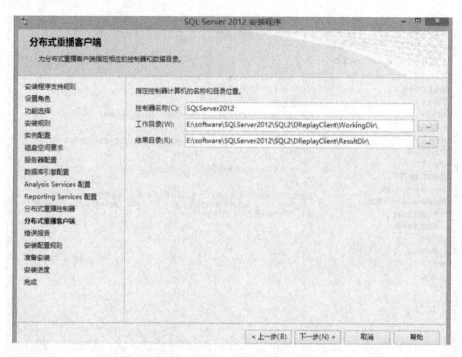

图 6-16　分布式重播客户端配置

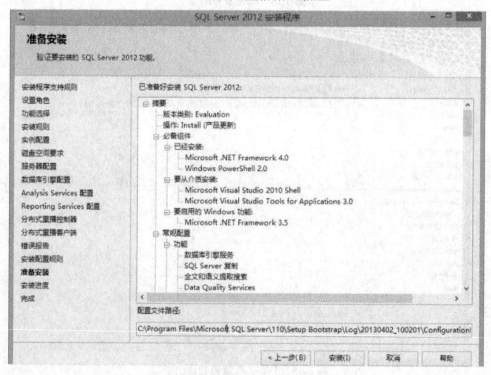

图 6-17　准备安装

单击"安装"按钮，系统将会自动完成剩下的安装步骤。接下来，只要等待安装程序提示安装成功信息即可，如图 6-18 所示。

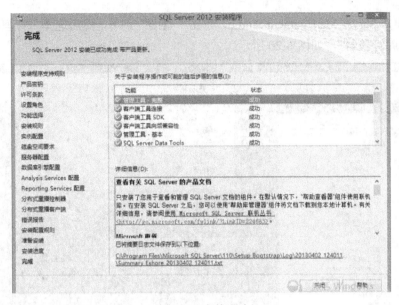

图 6-18　安装成功

（3）创建和访问数据库

软件安装完成后，系统会自动创建系统数据 master 和 tempdb 等，并将启动数据库服务系统，这意味着系统可以接受用户命令进行数据库的各项操作了。

运行 Management Studio，使用 Windows 身份认证就可以连接新安装的数据库了。

2．帮助文档的安装

SQL Server 2012 与早先版本的 SQL Server 不同，其安装介质中不包含产品文档，安装程序只是创建了联机帮助文档的查看器，真正的产品文档并没有被安装，而是只能在联网的状态下查看；若要在不联网的状态下查看，还得单独下载文档安装包。一般来说，软件产品的文档应该默认安装，Microsoft 这么做的目的不明，但确实给用户带来了麻烦。文档安装向导如图 6-19 所示。

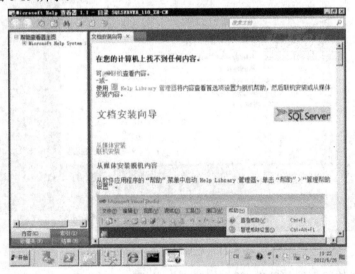

图 6-19　文档安装向导

启动 SQL Server Management Studio，单击"帮助"菜单，然后选择"管理帮助设置"，启动"帮助库管理器"，如图 6-20 所示。

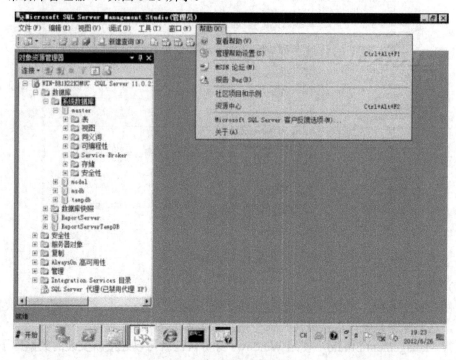

图 6-20　帮助库管理器

在"帮助库管理器"中，单击"选择联机或本地帮助"，如图 6-21 所示。

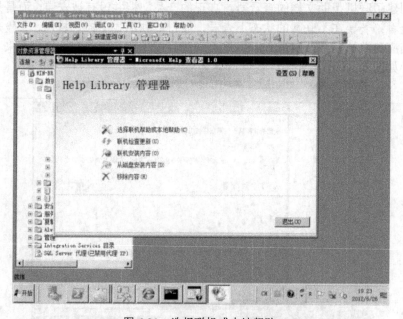

图 6-21　选择联机或本地帮助

选择"我要使用本地帮助"，单击"确定"，如图 6-22 所示。

图6-22 使用本地帮助

回到上一个页面，单击"联机安装内容"，等候"帮助管理器"下载文档目录，如图 6-23所示。

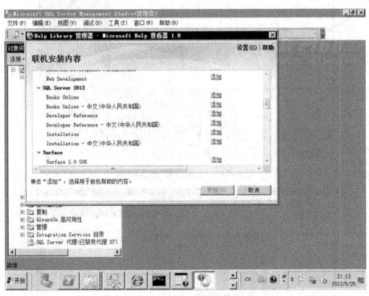

图6-23 联机安装内容

文档目录既包括 SQL Server 2012 的文档，也包括其他开发文档，如图6-24所示。我们只要在所有需要安装的文档右侧单击"添加"，再单击"更新"，就可以下载并安装文档了。

根据网络速度和选择的文档的大小，安装文档需要一段时间，请等候文档安装完毕；安装完毕后，单击"完成"按钮，如图6-25所示。

现在再打开"帮助查看器"，可以发现左侧导航栏已经显示了所选择安装的文档，如图6-26所示。

图 6-24　联机安装内容

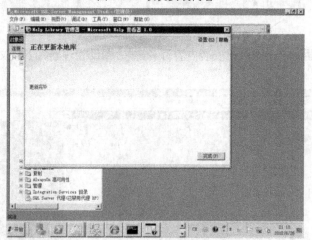

图 6-25　等候文档安装完毕

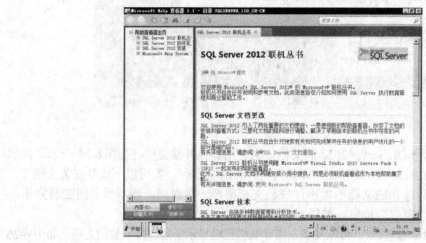

图 6-26　显示安装文档

至此，安装过程结束。

6.3　SQL Server 2012 服务器管理

对 SQL Server 2012 数据库服务器的配置与管理，是 SQL Server 2012 数据库的一般性操作。SQL Server 2012 提供了一系列的管理工具，以对其服务器进行配置和管理。下面介绍如何利用这些工具来完成对 SQL Server 2012 服务器的配置与管理。

6.3.1　使用配置管理器配置 SQL Server 服务

SQL Server 配置管理器是 SQL Server 2012 提供的一种配置工具。它用于管理与 SQL Server 相关联的服务、配置 SQL Server 使用的网络协议，以及从 SQL Server 客户机上管理网络连接。使用 SQL Server 配置管理器，可以启动、停止、暂停、恢复和重新启动服务，也可以更改服务使用的账户，还可以查看或更改服务器属性。

1．启动、停止、暂停和重新启动 SQL Server 服务

对 SQL Server 2012 服务的启动、停止、暂停、恢复和重新启动等基本操作，可以使用"SQL Server 配置管理器"来完成。

2．配置启动模式

服务器操作系统启动后，SQL Server 2012 服务进程会出现"自动"启动、"手动"启动或被"禁止"启动的选择。这些设置被称为 SQL Server 2012 服务的"启动模式"。

3．更改登录身份

为了保障系统安全，用户有时可能需要对运行 SQL Server 服务的权限进行定制。

4．SQL Server 2012 使用的网络协议

若要连接到 SQL Server 2012 数据库引擎，则必须启用网络协议。SQL Server 2012 数据库可一次通过多种协议为请求服务。客户端用单个协议连接到 SQL Server。如果客户端程序不知道 SQL Server 在侦听哪个协议，则可以配置客户端按顺序尝试多个协议。SQL Server 2012 使用的网络协议有以下几种：①Shared Memory 协议。②TCP/IP 协议。③Named Pipes 协议。④VIA 协议。⑤Named Pipes 与 TCP/IP 套接字协议。

5．配置服务器端网络协议

使用 SQL Server 配置管理器，可以配置服务器和客户端网络协议及连接选项。如果用户需要重新配置服务器连接，以使 SQL Server 侦听特定的网络协议、端口或者管道，则可以使用 SQL Server 配置管理器。

配置协议的具体步骤如下：

1）使用 SQL Server 配置管理器启用所要使用的协议。

2）为数据库引擎分配 TCP/IP 端口号。

3）查看用户使用何种协议进行操作。

6．配置客户端网络协议

用户可以根据需要管理的客户端网络协议，进行诸如启用或者禁用、设置协议的优先级等操作，以提供更加可靠的性能。

配置协议的具体步骤如下：

1）启用或禁用客户端协议。

2）创建别名。

6.3.2 连接与断开数据库服务器

SQL Server Management Studio 是 SQL Server 2012 数据库产品中最重要的组件。用户可以通过此工具完成对 SQL Server 2012 数据库的主要管理、开发与测试任务。下面介绍如何使用 SQL Server Management Studio 管理 SQL Server 2012 服务。

1．启动 SQL Server Management Studio

安装好 SQL Server 2012 数据库之后，即可打开 SQL Server Management Studio 管理工具。

2．添加服务器组与服务器

一般情况下，连接到服务器，首先要在 SQL Server Management Studio 工具中对服务器进行注册。注册类型包括数据库引擎、Analysis Services、Reporting Services、Integration Services 及 SQL Server Compact Edition。SQL Server Management Studio 记录并存储服务器连接信息，以供将来连接时使用。

3．连接到数据库服务器

除了通过先注册、再连接到数据库服务器的方式之外，用户还可以直接通过"连接到服务器"对话框连接到数据库服务器。

4．断开与数据库服务器的连接

用户可以随时断开对象资源管理器与服务器的连接。断开对象资源管理器与服务器的连接，不会断开其他 SQL Server Management Studio 组件（如 SQL 编辑器）与服务器的连接。其操作步骤如下：在"对象资源管理器"组件窗口中，右击服务器，然后单击"断开连接"命令；或者在"对象资源管理器"工具栏上单击"断开连接"按钮，即可断开与数据库服务器的连接。

6.4 建立和管理表

6.4.1 表的基本概念

表是数据库对象，用于存储实体集和实体间联系的数据。SQL Server 2012 的表主要由列和行构成。每一列用来保存对象的某一类属性。每一行用来保存一条记录，是数据对象的一个实例。

教务管理的选课数据库（EDUC）中的 Student 表如图 6-27 所示。

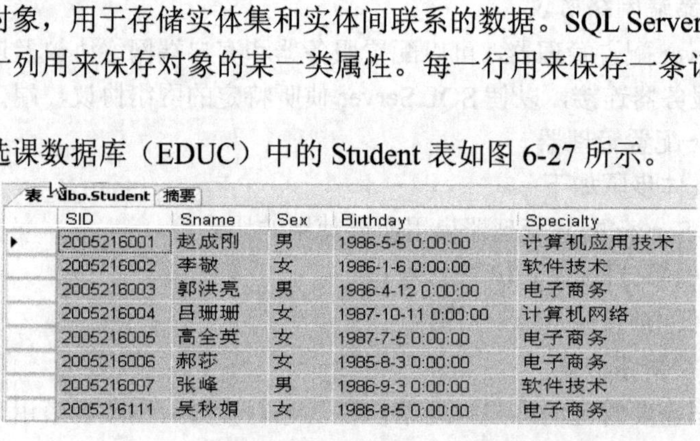

SID	Sname	Sex	Birthday	Specialty
2005216001	赵成刚	男	1986-5-5 0:00:00	计算机应用技术
2005216002	李敬	女	1986-1-6 0:00:00	软件技术
2005216003	郭洪亮	男	1986-4-12 0:00:00	电子商务
2005216004	吕珊珊	女	1987-10-11 0:00:00	计算机网络
2005216005	高全英	女	1987-7-5 0:00:00	电子商务
2005216006	郝莎	女	1985-8-3 0:00:00	电子商务
2005216007	张峰	男	1986-9-3 0:00:00	软件技术
2005216111	吴秋娟	女	1986-8-5 0:00:00	电子商务

图 6-27 教务管理数据库 EDUC 中的 Student 表

1. 表的类型

SQL Server 2012 除了提供了用户定义的标准表外，还提供了一些特殊用途的表，如分区表、临时表和系统表。

1）分区表。当表很大时，我们可以水平地把数据分割成一些单元，放在同一个数据库的多个文件组中。用户可以通过分区快速地访问和管理数据的某部分子集而不是整个数据表，从而便于管理大表和索引。

2）临时表。临时表包括局部临时表和全局临时表两类。局部临时表只对一个数据库实例的一次连接中的创建者是可见的。用户断开数据库的连接时，局部临时表就会被删除。全局临时表对所有的用户和连接都是可见的，并且只有当所有的用户都断开与临时表相关的表时，全局临时表才会被删除。

3）系统表。系统表用来保存一些服务器配置信息数据，如表 6-4 所示。用户不能直接查看和修改系统表，只有通过专门的管理员连接才能查看和修改。不同版本的数据库系统的系统表一般不同。升级数据库系统时，一些应用系统表的应用可能需要重新改写。

表 6-4　SQL Server 2012 中常用的数据类型

数据类型		系统数据类型	数据类型	系统数据类型
二进制		Image	字符	Char[（n）]
		Binary[（n）]		Varchar[（n）]
		Varbinary[（n）]		text
精确数字	精确整数	Bigint	Unicode	Nchar[（n）]
		Int		Nvarchar[（n）]
		Smallint		Ntext
		Tinyint	日期和时间	Datetime
	精确小数	Decimal[（p[，s]）]		Smalldatetime
		Numeric[（p[，s]）]		Money
	近似数字	Float[（n）]		Smallmoney
		Real	用户自定义	用户自行命名
特殊		Bit		
		Timestamp		
		uniqueidentifier		

2. 表的完整性体现

主键约束体现实体完整性，即主键各列不能为空且主键作为行的唯一标识系统表。

外键约束体现参照完整性。

默认值和规则等体现用户定义的完整性。

3. 表的设计

设计表时需要确定如下内容：

1）表中需要的列及每一列的类型（必要时还要有长度）。

2）列是否可以为空。

3）是否需要在列上使用约束、默认值和规则。

4）需要使用什么样的索引。

5）哪些列作为主键。

6.4.2 创建表

1．使用 SSMS 创建表

例如，在教务管理的选课数据库（EDUC）中创建学生表（Student）、课程表（Course）和选课表（SC）。其中，教务管理的选课数据模型为：

Student（SID，Sname，Sex，Birthday，Specialty）

PK:SID

Course（CID，Cname，Credit）

PK:CID

SC（SID，CID，Grade）

PK:SID，CID

FK:SID 和 CID

在"对象资源管理器"窗口，展开"数据库"下的 EDUC 节点，右击"表"节点，选择"新建表"命令，进入表设计器；在表设计器的第 1 列输入列名，第 2 列选择数据类型，第 3 列选择是否为空。

Student 表如图 6-28 所示。

Course 表如图 6-29 所示。

SC 表如图 6-30 所示。

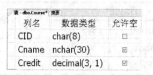
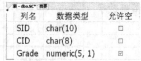

图 6-28　Student 表　　　　图 6-29　Course 表　　　　图 6-30　SC 表

（1）创建主键约束

单击选择一个列名，或用 SHIFT+单击选择连续的列名，或用 CTRL+单击选择不相邻的列名，然后单击右键快捷菜单或工具栏按钮"设置主键"进入创建页面。

例如，Student 表中的 SID、Course 中的 CID、SC 中的 SID 和 CID，其做法如下：

单击选择一个列名，或用 SHIFT+单击选择连续的列名，或用 CTRL+单击选择不相邻的列名，然后单击右键快捷菜单或工具栏按钮"设置主键"进入页面进行创建。

Course 表的主键建立示意图如图 6-31 所示。

图 6-31　Course 表的主键建立示意图

Student 表中的主键约束与 Course 表采用同样的方法进行设置。

（2）创建唯一性约束

例如：Student 表中的 Sname 的创建做法如下：

单击右键快捷菜单或工具栏按钮"索引/键"，在弹出的"索引/键"对话框中单击"添加"按钮添加新的主/唯一键或索引；在常规的"类型"右边选择"唯一键"，在"列"的右边单击省略号按钮，选择列名 Sname 和排序规律。

Student 表中的 Sname 创建示意图，如图 6-32 所示。

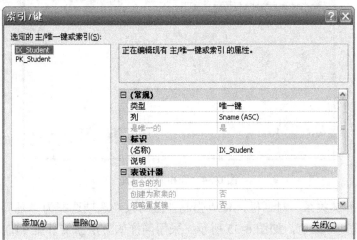

图 6-32　Student 表中的 Sname 创建示意图

（3）创建外键约束

例如，可以将 SC 表中的 SID 和 CID 设置为外码。其做法如下：

1）单击右键快捷菜单或工具栏的"关系"按钮，在弹出的"关系"对话框中单击"添加"按钮添加新的约束关系，如图 6-33 所示。

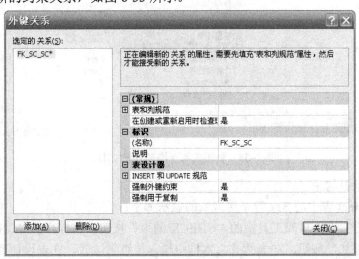

图 6-33　外键关系（添加约束关系）

2）单击"表和列规范"左边的"＋"号，再单击"表和列规范"内容框中右边的省略号按钮，从弹出的"表和列"对话框中进行外键约束的表和列的选择，单击"确定"。表和列的设置如图 6-34 所示。

图 6-34　表和列的设置

3）回到"外键关系"对话框，将"强制外键约束"选项选择为"是"，设置"更新规则"和"删除规则"的值，如图 6-35 所示。采用同样的方法添加外键 CID。

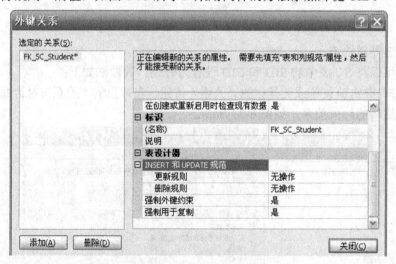

图 6-35　外键关系（添加外键 CID）

（4）创建检查约束

例如，Student 表中的 Sex 等于男或女的做法如下：

首先，单击右键菜单或工具栏的"CHECK 约束"按钮，在打开的"CHECK 约束"对话框中单击"添加"按钮，在表达式文本框中输入检查表达式，在表设计器中进行选项的设置，如图 6-36 所示。

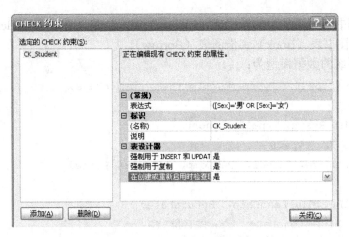

图 6-36　CHECK 约束

其次，保存表。关闭表设计器窗口，在弹出的保存对话框中单击"是"钮，如图 6-37 所示。输入表名，单击"确定"按钮，如图 6-38 所示。

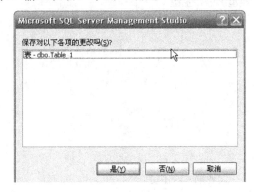

图 6-37　关闭表设计器窗口

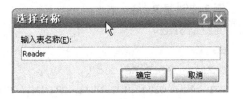

图 6-38　选择名称

2. 使用 T-SQL 语句创建表

格式：

CREATE TABLE 表名
（列名 1　　数据类型　　[列级完整性约束]，
列名 2　数据类型　　　[列级完整性约束]，
　　…
　　列名 n　类型　[约束]，
　　[表级完整性约束，…]）。

约束：实现表的完整性。

NULL/NOT NULL：空值/非空值约束。

DEFAULT 常量表达式：默认值约束。

UNIQUE：单值约束。

PRIMARY KEY：主键约束，等价非空、单值。

REFERENCES 父表名（主键）：外键约束。

CHECK（逻辑表达式）：检查约束。

例如， 在图书管理系统中的数据库（Library）中，创建读者表（Reader）、读者类型表（ReaderType）、图书表（Book）和借阅表（Borrow）。

图书管理系统的数据模型为：

ReaderType（TypeID，Typename，LimitNum，LimitDays）

　PK：TypeID

Reader （RID，Rname，TypeID，Lendnum）

　PK：RID　　FK：TypeID

Book（BID，Bname，Author，PubComp，PubDate，Price）

　PK：BID

Borrow （RID，BID，LendDate，ReturnDate）

　PK：RID，BID，LendDate　FK：RID 和 BID

例 1： 创建 ReaderType 表。

```
CREATE TABLE ReaderType
(
TypeID int NOT NULL primary key, --类型编号，主键
Typename char (8) NULL, --类型名称
LimitNum int NULL, --限借数量
LimitDays int NULL --借阅期限
)
```

例 2： 创建 Reader 表。

```
USE Library
GO
CREATE TABLE Reader (
RID char (10) NOT NULL PRIMARY KEY, --读者编号，主键
Rname char (8) NULL, --读者姓名
TypeID int NULL, --读者类型
Lendnum int NULL , --已借数量
FOREIGN KEY (TypeID) REFERENCES ReaderType (TypeID)
ON DELETE NO ACTION,    --外键，不级联删除)
```

例 3： 创建 Book 表

```
USE Library
GO
CREATE TABLE Book (
BID char (9) PRIMARY KEY, --图书编号，主键
Bname varchar (42) NULL, --图书书名
Author varchar (20) NULL, --作者
PubComp varchar (28) NULL, --出版社
PubDate datetime NULL, --出版日期
Price decimal (7, 2) NULL CHECK (Price>0)--定价，检查约束)
```

例 4： 创建 Borrow （RID， BID，LendDate， ReturnDate）表。

```
USE Library
```

```
GO
CREATE TABLE Borrow（
RID char（10） NOT NULL --读者编号外键
FOREIGN KEY REFERENCES Reader（RID） ON DELETE CASCADE,
/*删除主表记录时级联删除子表相应记录*/
BID char（9） NOT NULL --图书编号外键
FOREIGN KEY REFERENCES Book（BID） ON DELETE NO ACTION,
/*删除主表记录时不级联删除子表相应记录*/
LendDate datetime NOT NULL DEFAULT（getdate（）），/*借期，默认值为当前日期*/
ReturnDate datetime NULL, --还期
primary key（RID，BID，LendDate） ） --表级约束，主键
```

6.4.3　修改表

1. 使用 SSMS 修改表

在"对象资源管理器"窗口中，展开"数据库"节点、展开所选择的具体数据库节点、展开"表"节点，右键单击要修改的表，选择"修改"命令，进入"表设计器"即可进行表的定义的修改。

2. 使用 T-SQL 语句修改表

格式：

```
ALTER table 表名
（ALTER    COLUMN 列名  列定义,
 ADD    列名1  类型  约束,
 DROP   COLUMN 列名,
 …                                          关键字 COLUNM 不可省
 ADD  [CONSTRAINT   约束名 ] 约束,
 …                                      CONSTRAINT 可省
 ）
```

*列定义包括列的数据类型和完整性约束。

修改属性：

例如，把表 Book 中 PubComp 的类型 varchar（28）改为 varchar（30）。

```
USE Library
GO
ALTER TABLE Book
ALTER COLUMN PubComp varchar（30） NOT NULL
GO
```

添加或删除列：

例 1：为表 Reader 添加邮件地址。

```
USE Library
GO
ALTER TABLE Reader
```

```
ADD E-mail varchar（50）NULL CHECK（E-mail like '%@%'）
GO
```

例 2：为表 Reader 删除邮件地址。

```
USE Library
GO
ALTER TABLE Reader
DROP COLUMN E-mail
GO
```

说明：必须先删除其上的约束。

```
ALTER TABLE Reader
    DROP constraint CK__reader__E_mail__0AD2A005
```

```
ALTER TABLE Reader
DROP COLUMN E-mail
```

添加或删除约束：

例 3：为 Borrow 表添加主键约束（假设还没有创建）。

```
USE Library
GO
ALTER TABLE Borrow
ADD PRIMARY KEY（RID，BID，LendDate）
GO
```

例 4：为 Borrow 表删除主键约束。

```
USE Library
GO
ALTER TABLE Borrow
DROP  PRIMARY KEY （RID，BID，LendDate）
GO
```

6.4.4 删除表

1. 使用 SSMS 删除表

在"对象资源管理器"窗口中，展开"数据库"节点、展开所选择的具体数据库节点、展开"表"节点，右键单击要删除的表，选择"删除"命令或 DELETE 键即可删除表。

2. 使用 T-SQL 语句删除表

格式：

```
DROP TABLE 表名
```

例如，先随便在数据库 Library 中建一个表 Test，然后删除。

```
USE Library
GO
DROP TABLE Test
```

6.4.5　插入记录

1. 使用 SSMS 插入记录

在"对象资源管理器"窗口中，展开"数据库"节点、展开所选择的具体数据库节点、展开"表"节点，右键单击要插入记录的表，选择"打开表"命令，即可输入记录值。

例如，在表 ReaderType 中插入记录，如表 6-39 所示。

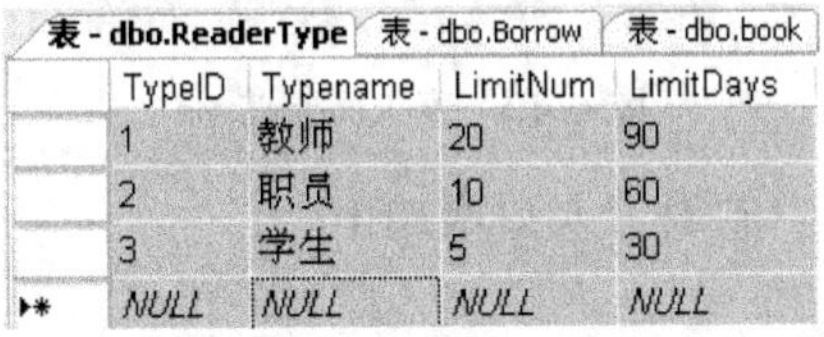

表 - dbo.ReaderType	表 - dbo.Borrow	表 - dbo.book	
TypeID	Typename	LimitNum	LimitDays
1	教师	20	90
2	职员	10	60
3	学生	5	30
▶* NULL	NULL	NULL	NULL

图 6-39　在表 ReaderType 插入记录

2. 使用 T-SQL 语句插入记录

格式：

INSERT　[INTO]（表名|视图名）[列名表]　VALUES（常量表）

例 1： 插入一行所有列的值——列名可省。

```
USE Library
GO
INSERT into Reader
VALUES ('2005216001', '赵成刚', 3, 2, 'zhchg@sina.com')
GO
```

例 2： 插入一行部分列——列名不可省。

```
USE Library
GO
INSERT into Reader（RID，Rname，TypeID）
VALUES ('2004060003', '李亚茜', 3)
GO
```

6.4.6　修改记录

1. 使用 SSMS 修改记录

在"对象资源管理器"窗口中，展开"数据库"节点、展开所选择的具体数据库节点、展开"表"节点，右键单击要修改记录的表，选择"打开表"命令，即可修改记录值。

2. 使用 T-SQL 语句修改记录

格式：

UPDATE 表名 SET 列名 1＝表达式，…… 列名 n＝表达式。

　　[where 逻辑表达式]

例 1： 把表 ReaderType 中学生的限借数量 5 本增加 2 本（见图 6-40）。

```
UPDATE ReaderType
SET LimitNum=LimitNum +2
```

```
WHERE Typename='学生'
GO
```

TypeID	Typename	LimitNum	LimitDays
1	教师	20	90
2	职员	10	60
3	学生	7	30
* NULL	NULL	NULL	NULL

图 6-40　表 ReaderType

例 2： 把表 ReaderType 中的限借天数增加 10 天。

```
UPDATE ReaderType
SET LimitDays=LimitDays +10
 GO
```

6.4.7　删除记录

1．使用 SSMS 删除记录

在"对象资源管理器"窗口中，展开"数据库"节点、展开所选择的具体数据库节点、展开"表"节点，右键单击要删除记录的表，选择"打开表"命令，再右击要删除的行，选择"删除"命令即可删除记录。

$\qquad$ OR　选定行—Del 键

2．使用 T-SQL 语句删除记录

格式：

```
DELETE 表名 [WHERE 逻辑表达式]
```

例 1： 删除 Borrow 表中 RID 为'2005216001'的读者的借书记录。

```
DELETE Reader
WHERE RID='2005216001'
GO
```

例 2： 删除 test 表中的所有记录。

```
USE Library
GO
DELETE test
```

6.5　结构化查询语言——SQL

6.5.1　结构化查询语言概述

SQL 的全称为 Structured Query Language（结构化查询语言）。它是数据库系统的通用语言，用户利用它可以用几乎同样的语句在不同的数据库系统上执行同样的操作。

SQL 语言集数据查询、数据操纵、数据定义和数据控制于一体，是一个综合的、功能强大又简单易学的语言。SQL 语言按照功能可以分为 4 大类。

1. 数据查询语言（Data Query Language，DQL）。DQL 用于按照指定的组合、条件表达式或排序检索已存在的数据库中的数据，但并不改变数据库中的数据。其命令动词有 SELECT。

2. 数据定义语言（Data Definition Language，DDL）。DDL 用于创建、修改或删除数据库中的各种对象，包括表、视图、索引等。其命令动词有 CREATE、DROP、ALTER，如表 6-5 所示。

表 6-5　数据定义语言

操作对象	操作方式		
	创建	修改	删除
表	CREATE TABLE	ALTER TABLE	DROP TABLE
视图	CREATE VIEW		DROP VIEW
索引	CREATE INDEX		DROP INDEX

3. 数据操纵语言（Data Manipulation Language，DML）。DML 用于对已经存在的数据库进行记录的插入、删除、修改等操作。其命令动词有 INSERT、UPADATE、DELETE。

4. 数据控制语言（Data Control Language，DCL）。DCL 用于授予或收回访问数据库的某种特权、控制数据操纵事务的发生时间及效果、对数据库进行监视等。其命令动词有 GRANT、REMOVE 等。

6.5.2　SELECT 查询

所谓查询，就是针对数据库中的数据，按指定的条件和特定的组合对数据表进行检索。

1. SELECT 语句格式

（1）SELECT 查询语句的基本格式

```
SELECT  <字段列表>
      FROM   〈表名〉
      [WHERE  〈查询条件〉]
```

其含义是，根据 WHERE 子句的查询条件，从 FROM 子句指定的表中找出满足条件的记录，再按 SELECT 语句中指定的字段次序，筛选出记录中的指定字段值。若不设置查询条件，则表示被查询的表中的所有记录都满足条件。

（2）SELECT 查询语句的完整格式

```
SELECT  [ALL|DISTINCT]<字段列表>
  [INTO   新表名]
FROM  <表名列表>
[WHERE  <查询条件>]
[GROUP BY  <字段名>[HAVING  <条件表达式>]]
[ORDER BY  <字段名>[ASC|DESC]]
```

参数说明：

1）ALL|DISTINCT。ALL 表示查询满足条件的所有行；DISTINCT 表示在查询的结果集中，消除重复的记录。

2）<字段列表>。字段列表由被查询的表中的字段或表达式组成，指明要查询的字段信息。

3）INTO 新表名。表示在查询的时候同时建立一个新的表，新表中存放的数据来源于查询的结果。

4）FROM <表名列表>。用来指出针对那些表进行查询操作。可以是单个表；也可以是多个表，表名与表名之间用逗号隔开。

5）WHERE <查询条件>。用于指定查询的条件。该项是可选项，即可以不设置查询条件，但也可以设置一个或多个查询条件。

6）GROUP BY <字段名>。用来对查询的结果按照指定的字段进行分组。

7）HAVING <条件表达式>。用来对分组后的查询结果再次设置筛选条件，最后的结果集中只包含满足条件的分组。条件表达式必须与 GROUP BY 子句一起使用。

8）ORDER BY <字段名>[ASC|DESC]。用来对查询的结果按照指定的字段进行排序，其中[ASC|DESC]用来指明排序的方式。ASC 为升序；DESC 为降序。

2. 整个 SELECT 语句的含义

根据 WHERE 子句的筛选条件，从 FROM 子句指定的表中找出满足条件的记录，再按SELECT 语句中指定的字段次序，筛选出记录中的字段值构造一个显示结果表。

如果有 GROUP BY 子句，则将结果按 group by 后面的"字段名"的值进行分组。该字段中值相等的元组为一个组。

如果 GROUP BY 子句带有短语 HAVING，则只有满足短语指定条件的分组才会被输出。

如果有 ORDER BY 子句，则结果表要按照 order by 后面的"字段名"的值进行升序或降序排列。

SELECT [ALL|DISTINCT]<目标列表达式>实现的是对表的投影操作，WHERE <条件表达式>中实现的是选择操作。

6.5.3 针对单表的查询

1. 查询指定的字段

用户往往需要了解表中部分字段信息或者全部字段信息，通过对 SELECT 语句中"字段列表"的控制即可满足用户的需求。

（1）查询部分字段

【例题】查询 student 表中学生的学号、姓名及家庭住址。

```
SELECT  student_id, student_name, address
FROM  student
```

（2）查询全部字段

方法 1：列举法。即把表中所有字段在 SELECT 子句中的"字段列表"中列举出来。

方法 2：通配符法。即使用通配符"*"代替表中所有的字段。

【例题】查询 student 表中所有学生的所有字段信息。

方法 1：列举法

```
SELECT  student_id,  student_name,  class_id,  sex,
```

```
                born_date,    address,    tel,    resume
FROM    student
```

方法2：通配符法

```
SELECT    *
FROM    student
```

2. 查询满足条件的记录

当用户只需要了解表中部分记录的信息时，就应该在查询的时候使用 WHERE 子句设置筛选条件，把满足筛选条件的记录查询出来。

设置查询条件的 SELECT 查询语句的基本格式是：

```
SELECT    <字段列表>
FROM    〈表名〉
WHERE    〈查询条件〉
```

查询条件可以是关系表达式、逻辑表达式和特殊表达式。

（1）关系表达式

用关系运算符号将两个表达式连接在一起的式子称为关系表达式。其返回值为逻辑真（TRUE）或逻辑假（FALSE）。关系表达式的格式为：

<表达式 1><关系运算符><表达式 2>

常用的关系运算符如表 6-6 所示。

表 6-6　常用关系运算符

运算符号	含义	运算符号	含义
=	等于	>	大于
<	小于	>=	大于或等于
<=	小于或等于	!=或<>	不等于

【例题】查询所有男学生的学号、姓名、性别和出生日期。

```
SELECT    student_id,  student_name,  sex,  born_date
FROM    student
WHERE    sex='男'
```

（2）逻辑表达式

用逻辑运算符号将两个表达式连接在一起的式子称为逻辑表达式。其返回值为逻辑真（TRUE）或逻辑假（FALSE）。逻辑表达式的格式为：

[<关系表达式 1>]<逻辑运算符><关系表达式 2>

常用的逻辑运算符如表 6-7 所示。

表 6-7　常用逻辑运算符

运算符号	含义
OR	逻辑或
AND	逻辑与
NOT	逻辑否

1）逻辑与运算——AND。所有条件都成立时，返回结果才为真。

【例题】查询所有 1989 年以后出生的所有女学生的基本信息。

```
SELECT  *
FROM  student
WHERE  born_date>'1989-12-31'  AND  sex='女'
```

2）逻辑否运算——NOT。所有条件都不成立时，返回结果为真。

【例题】查询课程表中非公共课的课程信息。

```
SELECT  *
FROM  course
WHERE  NOT （c_type ='公共课'）
```

3）逻辑或运算——OR。所有条件中只要有一个条件成立，返回结果即为真。

【例题】查询学生表中来自广州市的学生或来自其他地方的女学生的学号、姓名、班级编号、家庭住址和备注信息。

```
SELECT student_id, student_name, class_id, address, resume
FROM  student
WHERE  address='广州市'  OR  sex='女'
```

（3）特殊表达式

特殊表达式在比较运算中具有一些特殊的作用。常用的特殊运算符号如表 6-8 所示。

表 6-8　常用特殊运算符

运算符号	含义
%	通配符，包含 0 个或多个字符的任意字符串
—	通配符，表示任意单个字符
[]	指定范围或集合中的任意单个字符
BETWEEN...AND	定义一个区间范围
IS [NOT] NULL	检测字段值为空或不为空
LIKE	字符匹配操作符
[NOT] IN	检查一个字段值属于或不属于一个集合
EXISTS	检查某一字段是否存在值

1）字符匹配操作符——LIKE。LIKE 关键字的作用是用于指出一个字符串是否与指定的字符串相匹配。其运算对象可以是 char、text、datetime 等数据类型，返回逻辑值。LIKE 表达式的格式为：

字符表达式 1　[NOT] LIKE　字符表达式 2

若省略 NOT，则表示字符表达式 1 与字符表达式 2 相匹配时才返回逻辑真。

若选择 NOT，则表示字符表达式 1 与字符表达式 2 不匹配时才返回逻辑真。

【例题】查询姓刘的学生的基本情况。

```
SELECT  *
FROM  student
WHERE  student_name  LIKE  '刘%'
```

【例题】查询所有姓张和姓刘学生的基本情况。

```
SELECT  *
FROM  student
WHERE  student_name  LIKE  '[张，刘]%'
```

说明：使用通配符"%"或"_"时，只能用字符匹配操作符LIKE，不能使用'='运算符。

2）区间控制运算符——BETWEEN...AND。判断所指定的值是否在给定的区间，返回逻辑值。其表达式的格式为：

表达式　[NOT]　BETWEEN　表达式1　AND　表达式2

"表达式1"是区间的下限，"表达式2"是区间的上限。

若省略NOT，则表示表达式的值在指定的区间内即返回逻辑真。

若选择NOT，则表示表达式的值不在指定的区间内即返回逻辑真。

【例题】查询出1990年1月1日至1991年12月31日出生的学生的学号、姓名、出生日期。

```
SELECT  student_id, student_name，born_date
FROM  student
WHERE  born_date  BETWEEN  '1990-1-1' AND '1991-12-31'
```

3）空值判断运算符——IS　NULL。IS NULL用来测试字段值是否为空值，返回逻辑值，其表达式的格式为：

表达式　IS [NOT] NULL

若省略NOT，则表示表达式的值为空时即返回逻辑真。

若选择NOT，则表示表达式的值不为空时即返回逻辑真。

【例题】查询备注内容为空的学生的学号、姓名与备注。

```
SELECT  student_id, student_name，resume
FROM    student
WHERE   resume  is null
```

4）集合判断运算符——IN。判断表达式的值是否属于某一个给定的集合。返回逻辑值，IN表达式的格式为：

表达式　[NOT]　IN （表达式1 [, ...n]）

若省略NOT，则表示表达式的值属于给定的集合时即返回逻辑真。

若选择NOT，则表示表达式的值不属于给定的集合时即返回逻辑真。

【例题】查询来自长沙和广州市学生的姓名、班级编号和来的城市。

```
SELECT  student_name, class_id，address
FROM    student
WHERE   address  in （'长沙市'，'广州市'）
```

6.5.4　对查询结果进行编辑

1. 对查询的字段进行说明

在SELECT语句中，可以在一个字段的前面加上一个单引号字符串，以对后面的字段起说明作用。

【例题】查询学生表中学生的姓名和来自的城市，并分别用中文对其进行说明。

```
SELECT  '姓名'，  student_name, '城市'，  address
```

```
FROM  student
```

2. 对查询的字段使用别名

为了能让人更容易地了解字段的内容，可以为字段指定别名，并将其显示在结果集中。指定别名的方法有 3 种：

方法一：字段名　AS　别名。

方法二：字段名　别名。

方法三：别名=字段名。

【例题】查询学生表中的学生的 student_name 和 born_date 信息，并用中文"姓名"和"出生日期"显示字段名。

```
SELECT  student_name AS 姓名,  born_date  AS  出生日期
FROM student
```

3. 显示表达式的值

SELECT 子句后面可以是字段名，也可以是表达式。

【例题】查询学生表中所有女学生的姓名和年龄。

```
SELECT  student_name ,
        year (getdate ()) -year (born_date)  年龄
FROM  student
WHERE  sex='女'
```

4. 消除结果集中重复的记录

SELECT 子句中有一个可选项——ALL|DISTINCT。其中，DISTINCT 的作用就是用来消除结果集中重复的记录，内容相同的记录只显示一条。

【例题】查询学生表中学生所来自的城市。

```
SELECT  DINSTINCT  address
FROM  student
```

5. 返回指定的行数

查询语句中还可以指定表中返回的行数，格式如下：

```
SELECT  [TOP  n]  字段列表
FROM  <表名>
```

其中，TOP　n 用于指定查询结果返回的行数。其返回的结果一定是从上往下的 n 行信息。

【例题】查询学生表中前 3 位学生的学号和姓名。

```
SELECT  TOP 3 student_id, student_name, class_id
FROM student
```

6. 聚合函数

SQL SERVER 提供的聚合函数，用来完成一定的统计功能，能对集合中的一组数据进行计算，并返回单个计算结果。它常与 SELECT 和 GROUP　BY 子句一起使用。常用的聚合函数如表 6-9 所示。

表 6-9　常用的聚合函数

函数	功能	含义说明
COUNT	统计	统计满足条件的记录数

函数	功能	含义说明
MAX	求最大值	求某一集合中的最大值
MIN	求最小值	求某一集合中的最小值
AVG	求平均值	计算某一数值集合中的平均值
SUM	求和	计算某一数值集合中的总和

（1）MAX 和 MIN 函数

MAX 和 MIN 函数分别用于查找指定集合中的最大值和最小值。其语法格式为：

$$\text{MAX / MIN ([ALL | DISTINCT] 表达式)}$$

其中，ALL 表示对所有值进行聚合函数运算；DISTINCT 表示如果有多个重复的值，则这些重复值只计算一次，默认为 ALL。表达式可以是涉及一个列或多个列的算术表达式。

【例题】查找成绩表中 1001 号课程的最高分和最低分。

```
SELECT   max（grade）'最高分'，  min（grade）'最低分'
FROM   score
WHERE   course_id='1001'
```

（2）SUM 函数

该函数用于计算查询到的数据值的总和。其语法格式为：

$$\text{SUM ([ALL | DISTINCT] 表达式)}$$

【例题】计算学号为 0801101 的学生的总成绩。

```
SELECT   sum（grade）'总分'
FROM   score
WHERE   student_id='0801101'
```

（3）AVG 函数

AVG 函数用于计算查询结果的平均值。其语法格式为：

$$\text{AVG ([ALL | DISTINCT] 表达式)}$$

【例题】计算学号为 0801101 的学生的平均成绩。

```
SELECT   AVG（grade）'平均分'
FROM   score
WHERE   student_id='0801101'
```

（4）COUNT 函数

COUNT 函数用于统计查询结果集中记录的数目。其语法格式为：

$$\text{COUNT ([ALL | DISTINCT] 表达式)}$$

如果 COUNT 函数使用字段名作为参数，则只统计内容不为空的行的数目。

如果执行 COUNT（*），即使用"*"作为参数，则统计所有行（包括空值的行）的数目。

【例题】统计学生表中学生的总数。

```
SELECT   COUNT（student_id）'学生总数'
FROM   student
```

7. 对查询结果进行分组和筛选

GROUP BY 子句将查询结果表按某一列或多列值分组，值相等的为一组。它一般与 SQL 的聚合函数一起使用，用来对分组后的每一组数据分别进行统计。

格式：

```
SELECT  <[字段列表]，[聚合函数（字段名）]>
FROM  <表名>
GROUP  BY <字段列表>
[HAVING <条件表达式>]
```

【例题】统计各个班学生的总人数。

```
SELECT class_id , count（student_id）
FROM  student
GROUP BY class_id
```

【例题】统计成绩表中每个学生的总分和平均分。

```
SELECT  student_id ，sum（grade）'总分'， avg（grade）'平均分'
FROM  score
GROUP BY  student_id
```

若分组后还要求按一定的条件对这些分组进行筛选，最终只输出满足指定条件的分组，则用 HAVING 短语指定筛选条件。

【例题】在上一例题中，只输出总分大于 150 的学生的学号、总分和平均分。

```
SELECT  student_id,  sum（grade）'总分'，
                     avg（grade）'平均分'
FROM  grade
GROUP BY  student_id
HAVING  sum（grade）>150
```

8. 对查询结果集进行排序

在 SELECT 查询语句中，使用 ORDER BY 子句对查询输出结果进行排序。

排序的方式有两种：ASC（升序）和 DESC（降序）。

【例题】统计成绩表中每个学生的总分和平均分，把查询结果按总分的降序排列输出。

```
SELECT  student_id ， sum（grade）'总分'， avg（grade）'平均分'
FROM  grade
GROUP BY  student_id
ORDER BY  总分 DESC
```

9. 把查询结果插入新的表中

运用 INTO 子句，可以创建一个新表并将查询结果插入到新表中。

【例题】查询学生表中学生的学号、姓名和班级编号，并把查询结果插入到新表 student_class 中；然后针对 student_class 表进行查询操作，验证新表 student_class 是否建立成功且被插入了记录。

```
SELECT  student_id, student_name, class_id
INTO  student_class
FROM  student
```

说明：新表所包含的字段和数据类型与 SELECT 语句的字段列表一致。如果要创建临时表，则只要在表名前加上"#或##"即可。

思考与练习

一、简答题

1．如何选择适合自己学习或工作的 SQL Server 2012 版本？

2．在 SQL Server 2012 中如何使用 T-SQL 建立、删除表？请详细说明。

3．SQL 语言按照功能如何分类？请简要介绍。

4．如果只想查看两个连接的表中互相匹配的行，那么应使用什么类型的连接？请说明原因。

二、选择题

1．下面（　　　）系统不适用 SQL Server 2012 标准版。

A．Windows Server 2008 R2 SP1　　　　B．Windows Vista SP2

C．Windows 7 SP1　　　　　　　　　　D．Windows XP Professional Edition SP2

2．适合中小型企业的数据管理和分析平台的 SQL Server 2012 版本是（　　　）。

A．企业版　　　　　B．标准版　　　　　C．简易版　　　　　D．开发版

3．建立数据表的 SQL 语句是（　　　）。

A．CREATE TABLE　　　　　　　　B．ALTER DATABASE

C．CREATE DATABASE　　　　　　D．ALTER TABLE

4．SQL Server 2012 中查询表的命令是（　　　）。

A．USE　　　　　B．SELECT　　　　　C．UPDATE　　　　　D．DROP

5．查询员工工资信息时，结果按工资降序排列，正确的排序方式是（　　　）。

A．ORDER BY 工资　　　　　　　　B．ORDER BY 工资 DESC

C．ORDER BY 工资 ASC　　　　　　D．ORDER BY 工资 DISTINCT

三、实训题

1．自己安装 SQL Server 2012 标准版并注册一个名称为 sql2012 的服务器，采用 SQL Server 2012 身份验证模式。登录成功后连接到 master 数据库，同时采用不同方式启动、暂停和停止 SQL Server 服务。

2．下列命令实现 stud_info 与 stud_grade 等值内连接，请完善其命令；命令实现 teacher_info 与 lesson_info 左外连接，请完善其命令。

第 7 章

Discuz! X2.5 动态网站创建基础

Discuz! X2.5 论坛软件系统

1. 概述

Crossday Discuz! Board（Discuz!）是康盛创想（Comsenz）（北京）科技有限公司推出的一套通用的社区论坛软件系统。自 2001 年 6 月面世以来，Discuz! 已拥有 5 年以上的应用历史和 30 多万个网站用户案例，是全球成熟度最高、覆盖率最大的论坛软件系统之一。目前最新的版本 X2.5 已于 2012 年 4 月 7 日推出。2010 年 8 月 23 日，腾讯和康盛创想联合宣布，康盛创想成为腾讯的全资子公司。

2. 环境需求

Discuz! 可以运行于装有 PHP 4.0.6 及以上、Zend Optimizer 2.1.0 及以上、MySQL 3.23 及以上或 PostgreSQL 7.1 及以上的 Linux/Unix/Windows 等各种操作系统环境，是真正的跨平台应用软件。Discuz!在安全模式下也能完好运行。

3. 功能介绍

Discuz! X2.5 已发布了正式版及云平台升级版。Discuz! X2.5 正式版新增 200 多项功能，系统架构全新打造，涉及万行代码重构，显著特点是平台化与模块化。Discuz! X2.5 专注于论坛本身，把日志、相册、记录、导读、广播、云服务等系统组件以模块化的形式与平台挂接，每一个模块下的功能均设置了开启与关闭选项，供站长自主选择。与 Discuz! X2.0 相比，Discuz! X2.5 新增了以下几个功能。

（1）支持自动升级

之前，Discuz!每次发布新版本时，官方论坛的安装使用区就会出现大量升级求助帖。虽然有的资深站长对版本升级轻车熟路，但是对于那些新手站长和不懂技术的站长来说，很容易出现文件上传错误或权限设置错误，升级总是失败。Discuz! X2.5 特别推出了自动升级功能，支持站长单击后自动升级完毕。Discuz! 官方发布新版本程序时，站长登录系统后台就会看到一个提示信息，旁边有个"自动升级"的链接，单击即可进入自动升级流程。

（2）"@功能"会员互动

"@功能"的设计理念是，促进网站会员之间的交流，让会员和内容快速地互动起来。

对于网站来说，"@功能"能够促进会员互动，增加网站的会员活跃度及网站人气；对于网站会员来说，他们可通过"@功能"让会员好友第一时间关注自己的话题，从而提高会员积极性。此外，会员和版主还能通过"@功能"应用到网站活动与网站管理之中。例如，会员发布新闻时，可以方便地联系管理人员及时地给予置顶或加精；会员分享生活点滴时，可以及时地让好友参与到话题讨论中来；版主发布活动时，可以通过"@功能"号召他们参与其中。

"@功能"的具体使用方法是，在用户组权限中设置"@功能"的使用权限：首先可以设置该用户组是否可使用"@功能"，其次可以设置@用户的数量。

（3）支持在线裁切图片

推送图片时，可以选择帖子里的任意图片作为推送的图片，同时可以对其进行大小裁切，一步完成。

（4）新门户系统深度优化

新门户系统主要从内容推送、图片裁切、模块管理等角度进行了深度优化，拟帮助站长和编辑更加省时省力地运维网站，提高网站运营管理效率。

1）模块标识直接显示在 DIY 页面中，方便对号入座。一般情况下，一个门户网站的频道页包含 20～40 个栏目模块不足为奇，而且编辑更新某一个模块内容时需要花很多时间去查找相应的模块。例如，某网站编辑小 S 要更新首页婚嫁区域精品推荐的内容，S 就要把首页众多的模块一个一个点开，然后通过查看模块的标识来确认要更新的模块，这样找出这个模块很是费时。为了省去编辑不断查找模块的烦琐操作，Discuz!X2.5 对模块进行了编号，即编辑通过数字可快速查找到需要更新和修改的模块。

2）对模块内数据进行状态标识，数据状态清晰可见。编辑在查看某个模块内的某一条数据状态时，往往感觉困难重重。因为模块内数据很多，更新比较频繁，而且一个模块要经过多人操作，因此极大地增加了识别的难度，这无疑成了影响编辑工作效率的一个软肋。为了减轻编辑的痛苦，Discuz! X2.5 对每一条数据的来源都做了状态标识，编辑可以一目了然地查看每一条数据的状态。

3）模块编辑有数字提示，从此不必再数数。很多网站编辑在处理数据或推送数据时，为了达到更美观的显示效果，往往严格控制标题显示字数，或者按模块设置标题字数的要求进行处理。这样，编辑就要一个字一个字地去数，看是否满足长度。为了减轻编辑数数的痛苦，Discuz! X2.5 新增加了处理数据时对标题及描述字数的实时提示，避免了数数的尴尬。实时提示功能将提示当前正在输入的字数，超过模块规定字数时也会提示已超过多少（编辑模块数据及推送内容时都有显示）。

学习目标

1. 了解网站三要素的组成。

2. 了解国际国内知名域名注册商；掌握网站域名注册的流程；掌握网站虚拟主机的购买流程。

3. 掌握 LeapFTP 的各种功能的设置和使用。

4. 掌握 Discuz! X2.5 动态网站创建的流程。

7.1　网站建设基础理论

7.1.1　建站主题

在第 2 章的网站前期规划的内容里，我们详细介绍了如何确定网站主题。不管是出于何种目的做网站，一定要先认真想好建站的主题。首先，进行深入细致的市场调查，以确定网站的定位，明确网站的服务领域、网站服务的对象及网站将提供哪些服务等。根据需求分析，确定网站的规模、主要功能及形式，估计网站访问量。其次，进行目标分析，制定网站的短期目标和长期目标。如果建站只是出于单纯的兴趣爱好，那么这个问题应该很简单。网站的主题无定则，只要是你感兴趣的，任何内容都可以，但主题必须鲜明，而且在主题范围内，内容要做到大而全、精而深。

7.1.2　网站三要素

一个网站必须具备域名、空间、程序 3 个要素。这被称为网站的三要素。三者的标准概念是非常难以理解的，这里通过一个比喻帮助大家理解：假如想去百货大楼买东西，百货大楼的地址就是域名，百货大楼的房子就是空间，百货大楼里面的货架等可以理解为程序。我们访问一个网站，其实就是访问一个程序，域名会把我们带到这个程序位于网络上的所在地；这个所在地就是空间，空间其实就是服务器上的一个文件夹。

1．域名

域名（Domain Name）是由一串用点分隔的名字所组成的 Internet 上某一台计算机或计算机组的名称，用于在数据传输时标识计算机的电子方位（有时也指地理位置。地理上的域名，指代有行政自主权的一个地方区域）。世界上第一个注册的域名是在 1985 年 1 月注册的。域名是一个企业网站的标记符。网络营销成功与否，与网站的域名有着不可分割的关系。域名具有唯一性，域名的资源越来越少。由于域名具备资源性的特点，因此也有升值潜力。别看注册时的域名不值钱，但是好域名一旦被成功注册，它的价值就是几万、几十万、数百万甚至更多。经典的域名总是被那些有头脑的人首先获得。选一个适合自己公司的域名，是网站建设的前提，是做好网络宣传的前提。

2．空间

网站空间也称虚拟主机空间，具体地说，就是服务商提供的服务器上的磁盘空间。通常，企业做网站都不会自己架服务器，而是选择以虚拟主机空间作为放置网站内容的网站空间。网站空间指能存放网站文件和资料的容量，包括文字、文档、数据库、网站的页面、图片等文件。无论是对于中小企业还是对于个人用户，拥有自己的网站已不再是一件难事，投资几百元就可以很容易地通过向网站托管服务商租用虚拟主机，用这种方式建立网站。企业建设网站是为了结合传统经营方式进行广泛的营销，因此在选择空间的时候不能只计较价格或者服务商提供的空间大小，其实稳定是基础、高速是前提、安全是关键。选择网站空间除了对服务商的技术性要求较高以外，对服务器的放置地点、宽带及接入方式也有着严格的要求，而专业的 IDC 机房宽带都能达到百兆、千兆，且能实现双线或者多线接入。这样的空间环境才能保障网站的打开速度快、安全性好、稳定性高，才能保证南北互联互通。

（1）网站空间按空间形式分类

1）虚拟空间。90%以上的企业网站都会采用这种形式，原因主要是空间提供商能够提供专业的技术支持和空间维护，且成本低廉——一般企业网站空间成本可以控制在 100～1000 元/年。

2）合租空间。中型网站可以采用这种形式，一般是几个或者几十个人合租一台服务器。

3）独立主机。安全性能要求极高及网站访问速度要求极高的企业网站可以采用这种形式，但其成本较高。

（2）网站空间按程序语言分类

1）ASP 虚拟主机。这种空间支持 ASP+ACCESS，成本较低，安全性能较低。

2）PHP 虚拟主机。这种空间支持 PHP，一般会赠送 MYSQL 数据库（PHP 程序需要 MYSQL 数据库才能执行），成本较低，高效稳定。

3）虚拟主机。这种空间支持 ASP\ASP+ACCESS，一般需要购买 MSSQL 数据库。

4）JSP 虚拟主机。这种空间支持 JSP，需要 MYSQL 数据库的支持。

5）静态空间。静态空间支持 HTML 静态页面，不支持 ASPPHASP.NT\JSP。

6）全能空间。全能空间一般支持 ASP\PHP。

选择网站空间时，一般要选择使用程序语言要求的专业虚拟主机。

（3）网站空间按空间线路分类

1）电信主机。指接入光纤即电信网络的网站空间。

2）网通主机。指接入光纤即网通网络的网站空间。

3）铁通主机。指接入光纤即铁通网络的网站空间。

4）双线主机。指能实现电信和网通网络自动切换的网络空间。

5）多线主机。指能实现多种接入线路自行切换的网络空间。

从稳定和速度的角度考虑，选择网络空间时建议选择电信主机。

3．程序

顾名思义，程序即程序人员为网站制定的网站程序代码。本教材中制作网站的程序是 Discuz! X2.5。

7.1.3　域名注册

一个公司或企业只有通过域名注册，才能在 Internet 上确立自己的一席之位。域名是企业在网上的一个注册标准，是企业的标志之一，也是企业的一种无形资产。任何一个用户只要知道某个企业的域名，即可随时随地访问该企业的网站。一个好记而又实用的域名往往能给企业带来相当好的效益，因而网站实际运行前的第一步就是注册一个合适的域名。

选择国际域名时，26 个英文字母、10 个阿拉伯数字及中横杠"－"可以用于域名，但域名不能以中横杠"－"开头或结尾；字母的大小写没有区别。一个域名最长可以包含 67 个字符（包括后缀），但每个层次最长不能超过 26 个字母。注册国际域名不需要任何条件，任何单位或个人均可申请。国内域名曾经要求只有单位才能注册，目前尽管没有完全放开这一规定，但由于不再需要提交任何书面证明材料（政府机构域名除外），实际上相当于为个人注册域名提供了便利条件。

注册国内域名时，除了字符和字符数量符合基本要求之外，还有下列限制条件：不得反对宪法所确定的基本原则；不得危害国家安全、泄露国家秘密、颠覆国家政权、破坏国家统一；不得损害国家荣誉和利益；不得煽动民族仇恨、民族歧视，不得破坏民族团结；不得破坏国家宗教政策，不得宣扬邪教和封建迷信；不得散布谣言、扰乱社会秩序、破坏社会稳定；不得散布淫秽、色情、赌博、暴力、凶杀、恐怖情形或者教唆犯罪；不得侮辱或者诽谤他人，不得侵害他人合法权益；不得含有法律、行政法规禁止的其他内容。

1. 选择域名注册服务商

用户在域名注册时，首先要选择域名注册服务商。服务商可以是顶级域名注册商，也可以是其代理服务商。目前，经过 ICANN（the Internet Corporation for Assigned Names and Numbers，是互联网名称与数字地址分配机构，是一个非营利性的国际组织，成立于 1988 年 10 月）认证的主要的国内顶级国际域名注册商共 10 家（见表 7-1）；每家注册商都有不同数量的代理商；每家代理商所提供的服务内容大体类似，但服务水平和服务方式会有一定的差异。通过顶级域名注册商直接注册域名，通常可以完全自助完成、自行管理，因为整个过程是完全电子商务化的。如果对互联网应用比较熟悉，采用这种方式注册域名比较方便；如果是初次接触这个领域，与本地的代理服务商联系可以得到更多帮助。

表 7-1　ICANN 授权的 10 家中国顶级域名注册商及其授权域名注册范围

ICANN 授权的中国顶级域名注册商及其授权域名注册范围		
公司名称	网　址	授权范围
Bizcn.com, Inc. （商务中国）	http://www.bizcn.com	.biz, .com, .info, .net, .org
Eastern Communications Company Limited （东方通信域名注册中心）	http://reg.eastcom.com	.com, .net, .org
HiChina Web Solutions (Hong Kong) Limited （中国万网）	http://www.net.cn	.biz, .com, .info, .name, .net, .org
Inter China Network Software (Beijing) Co., Ltd. （三七二一公司）	http://www.3721.com	.biz, .com, .info, .net, .org
Beijing Innovative Linkage Technology Ltd. （新网互联）	http://www.dns.com.cn	.biz, .com, .info, .net, .org
OnlineNIC, Inc. （中国频道）	http://www.onlinenic.com	.biz, .com, .info, .name, .net, .org
Todaynic.com, Inc （时代互联）	http://www.todaynic.com	.biz, .com, .info, .name, .net, .org
Xin Net Technology Corporation （新网）	http://www.xinnet.com	.biz, .com, .info, .name, .net, .org
Ename Co.,Ltd. （易名中国）	http://www.ename.net/	.biz, .com, .info, .name, .net, .org
West Co.,Ltd. （西部数码）	http://www.west263.com/	.biz, .com, .info, .name, .net, .org

无论是选择自行注册还是请求代理商代理注册，都应注意尽量选择有实力的注册商或代理商，以免一些注册商或代理商因业务转移或关闭而造成不必要的麻烦。

2. 选择网络域名

域名除了映射对应的 IP 地址外，其本身还有一定的标识意义。一个好的网站域名不仅能标识一个网站及相关的企业，而且便于人们记忆，有利于快速地宣传和推广这个网站。一般来说，一个网站申请到一个好的域名，就意味着有了一个成功的开端。具体确定域名时应遵循的一般原则如下：

1）简短、切题、易记。选择一个恰当的域名是网站成功的重要因素。域名是用户访问网站时的指路牌，一个简短易记、反应网站性质的响亮域名往往会给客户留下深刻的印象。

2）与企业密切相关。一个好的企业网站域名最好能与该企业的名称、企业产品的注册商标及平时所做的宣传相一致，通常可采用本企业的中英文名称缩写、企业产品的注册商标或与企业广告语一致的中英文内容。例如，IBM 公司网站的域名即www.ibm.com。

此外，企业可以适当地多注册一些相近的域名，分别指向同一企业的不同网站或同一网站的不同部分。这种做法还可以预防一些不法分子抢注相近域名的情况发生。

3．域名查询

Internet 上的每一个网站都有一个唯一的域名，并且遵循"先申请先注册，不受理域名预留"的原则。通常，进行域名注册时，域名注册机构首先会在 Internet 上查找是否已经存在与企业要注册的域名相同的域名；如果存在相同域名，将不予注册，此时企业必须更换一个域名。企业注册域名前也可以自己在上网查询看是否存在相同域名。查询国际、国内域名的网址分别如下：

查询国际域名: http://rs.internic.net/cgi-bin/whois。

查询国内域名：http://www.cnnic.net.cn/cgi-bin/domainqc。

4．域名注册

域名一般分为国际域名和国内域名两种。国内企业也可以注册国际域名，以便更好地将自己的网站推向世界。

国际域名（如.com、.net 等)最好通过 ICANN 认证的域名注册服务商或 NetworkSolutions 公司的代理商进行注册。国内域名（.cn）注册的权威机构有中国互联网络信息中心（CNNIC）、中国万网（http://www.net.cn/）等。

注册域名可以在上述机构或授权代理公司的网站上进行。注册时需要填写准确、详细的资料；资料通过审核之后，则可按照网站上的具体填写步骤操作，并交纳一定的注册费用。

我们以北京亿诚（http://www.cnyicheng.com/dmeshw/）为例，介绍域名的购买和注册的一般流程。

（1）申请一个会员

注册会员共有 3 个步骤：

第 1 步，单击网站上方的"注册"按钮，如图 7-1 所示。

图 7-1　会员注册

第 2 步，填写资料，如图 7-2 所示。

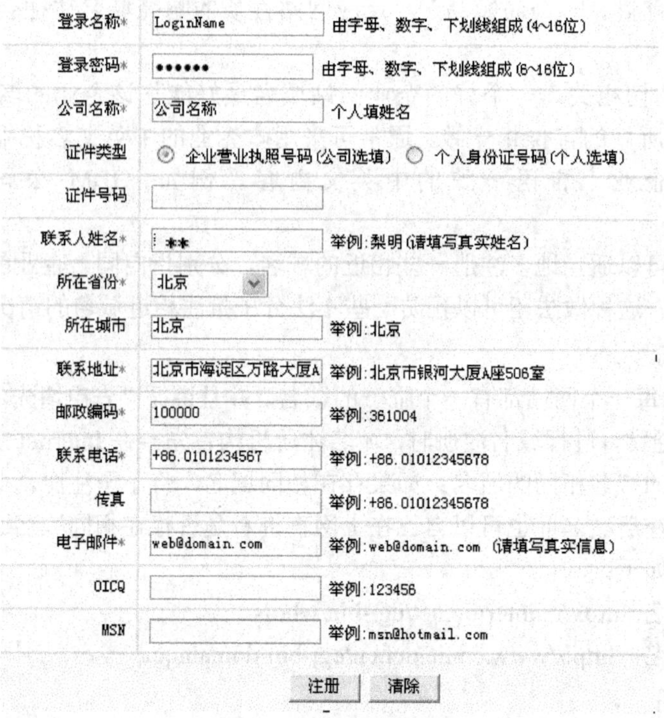

图 7-2 填写会员资料

第 3 步，确认信息提交，注册成功，如图 7-3 所示。

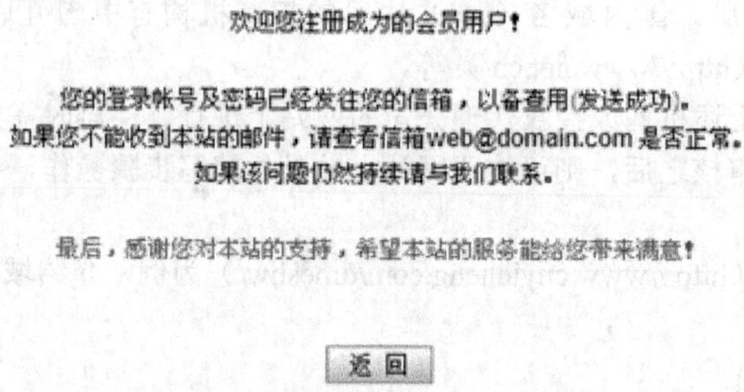

图 7-3 注册成功

单击"返回"按钮，页面将自动跳到会员中心。

（2）办理汇款

单击（单击此处进入在线支付）进行在线支付操作，如图 7-4 所示。如果没有开通网上支付功能，则可到银行办理汇款。

（3）进行域名查询

1）单击网站左上角的"域名注册"按钮（见图 7-5），进入域名查询页面。

图 7-4　在线支付页面

图 7-5　进入域名查询页面

2）输入需要查询的域名。例如，若域名为 12345.com，那么请输入 12345，然后选择顶级域名".com"，如图 7-6 所示。

图 7-6　输入查询域名

3）单击"查询"按钮，即显示查询结果，如图 7-7 所示。

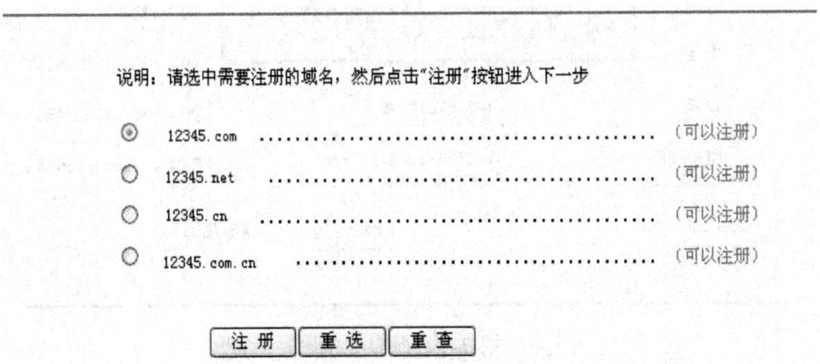

说明：请选中需要注册的域名，然后点击"注册"按钮进入下一步

◉　12345.com ....　（可以注册）

○　12345.net ....　（可以注册）

○　12345.cn ....　（可以注册）

○　12345.com.cn ....　（可以注册）

注　册　　重　选　　重　查

图 7-7　显示查询结果

（4）注册域名

选择需要的域名，然后单击"注册"按钮进入资料填写页面，如图 7-8 所示。

请完整如实填写以下信息！！	
要注册的域名：	12345 . com
注册年限：	90元/年
管理密码：	由6-20位字母数字和下划线组成
注册方式：	○ 正式注册（如果您已经办理汇款，请选择此项） ◉ 只交订单（如果您还没有办理汇款，请选择此项）
域名服务器1(DNS)：	ns1.4everdns.com ＊ 建议按默认设置
域名服务器1IP：	218.5.77.19 ＊ 建议按默认设置
域名服务器2(DNS)：	ns2.4everdns.com ＊ 建议按默认设置
域名服务器IP：	61.151.252.250 ＊ 建议按默认设置
中文注册信息（填写中文）	
域名所有者：	亿城 ＊ 注意1：此项关系到所有权，注册成功后不可更改。 注意2：.cn域名需要填写公司名，否则将有可能注册不成功。
姓：	＊ 如：张
名：	＊ 如：三
国家代码：	中国 ＊
选择省份：	北京 ＊ 如：北京
城市：	＊ 如：北京
地址：	北京崇文区 ＊ 如：北京市XXX区XX路XXX大厦X层X室

图 7-8　资料填写页面

资料填写完成后，单击"确认注册"按钮，再次单击"确定"按钮，如图 7-9 所示。

图 7-9　确认注册

此时将看到申请提交的结果，注册成功，如图 7-10 所示。

域名种类:	英文国际顶级域名（domcom）
您的域名:	12345.com
管理密码:	123456
管理地址:	http://admin.cnyicheng.com 【注册会员可以在本系统
购买方式:	正式注册
购买期限:	1 年
购买结果:	注册成功!
付款方式:	点击此处查看付款方式 【在线支付】

图 7-10　注册结果信息

7.1.4　购买虚拟主机

虚拟主机也叫网站空间，它把一台运行在互联网上的服务器划分成多个"虚拟"的服务器。每一个虚拟主机都具有独立的域名和完整的 Internet 服务（支持 WWW、FTP、E-mail 等）功能。

虚拟主机极大地促进了网络技术的应用和普及，同时虚拟主机的租用服务也成了网络时代新的经济形式。虚拟主机的租用类似于房屋租用，相对于购买独立服务器，网站建设的费用大大降低，为普及中小型网站提供了极大的便利。

购买虚拟主机的时候会有 FTP 的账号密码，使用 FTP 软件连接虚拟主机，就可以将做好的网站上传至服务器。比较常用的 FTP 工具有 FLASHFXP、CUTEFTP、LeapFTP 及其他的一些工具。

这里，我们以时代互联的虚拟主机订购为例对其服务流程进行简单介绍。

1）已经申请过域名的用户，可以直接登录控制中心订购虚拟主机，如图 7-11 所示。

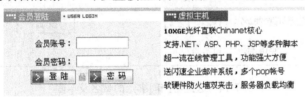

图 7-11　登录控制中心

2）进入控制中心后，单击进入"产品订购"页面，选择想要购买的空间型号，如图 7-12 所示。

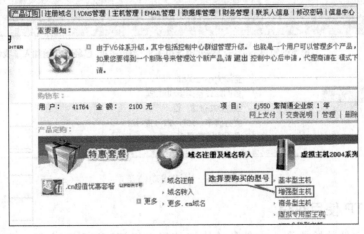

图 7-12　选择要购买的空间型号

3）选择想要的型号，单击"现在购买"按钮，如图 7-13 所示。

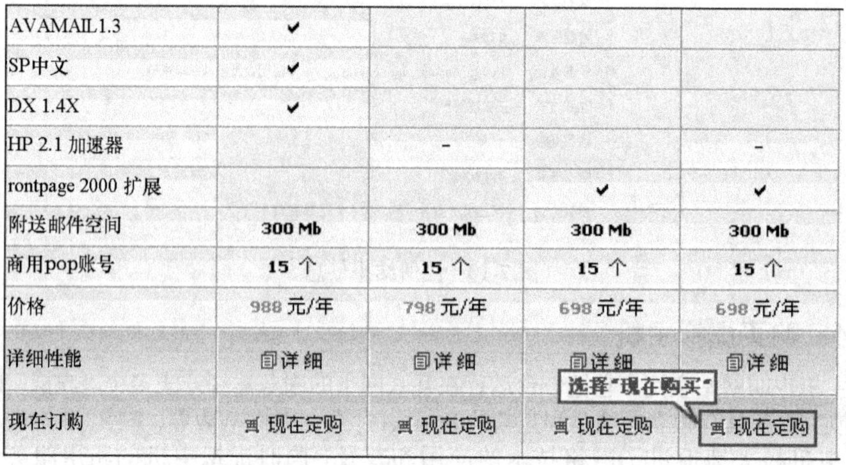

AVAMAIL 1.3	✔			
SP中文	✔			
DX 1.4X	✔			
HP 2.1 加速器	-		-	-
rontpage 2000 扩展			✔	✔
附送邮件空间	300 Mb	300 Mb	300 Mb	300 Mb
商用pop账号	15 个	15 个	15 个	15 个
价格	988 元/年	798 元/年	698 元/年	698 元/年
详细性能	▤详细	▤详细	▤详细	▤详细
现在订购	▤ 现在定购	▤ 现在定购	▤ 现在定购	▤ 现在定购

选择"现在购买"

图 7-13　选择"现在购买"

4）选定与空间绑定的域名及年限，单击"确定"按钮（如果还未申请域名，则须先申请域名），如图 7-14 所示。

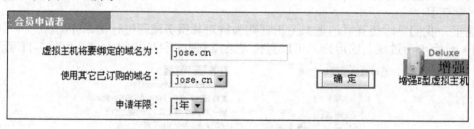

图 7-14　选定与空间绑定的域名及年限

申请成功后，页面会自动进入另一页，那里将会显示所申请的类型及具体配置，如图 7-15 所示。

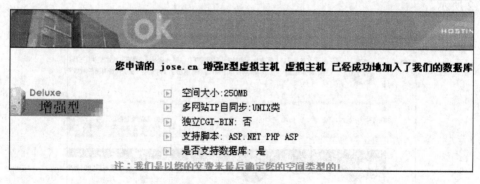

图 7-15　申请成功信息

7.1.5　FTP 使用教程

FTP 又称文件传输协议。文件传输协议使得主机间可以共享文件。FTP 是英文 File

Transfer Protocol 的缩写，即文件传输协议的意思。FTP 是 TCP/IP 协议组中的协议之一。该协议是 Internet 文件传送的基础。它由一系列规格说明文档组成，使得用户可以通过 FTP 功能登录到远程计算机，从其他计算机系统下载需要的文件或将自己的文件上传到网络上。

下面我们以 LeapFTP 为例，介绍 FTP 的使用流程。LeapFTP 与 FlashFXP 、 CuteFTP 堪称 FTP 三剑客。FlashFXP 传输速度比较快，但有时对于一些教育网的 FTP 站点却无法连接；LeapFTP 传输速度稳定，能够连接绝大多数 FTP 站点（包括一些教育网站点）；虽然 CuteFTP 相对来说比较庞大，但其自带了许多免费的 FTP 站点，资源丰富。

1．下载安装

下载地址：http://www.xdowns.com/tag/LeapFtp.html。

软件下载后为一个.exe 格式的文件，无须安装，可以直接双击运行。

2．界面预览

LeapFTP 主界面默认显示了本地目录、远程目录、队列及状态 4 大窗口，如图 7-16 所示。

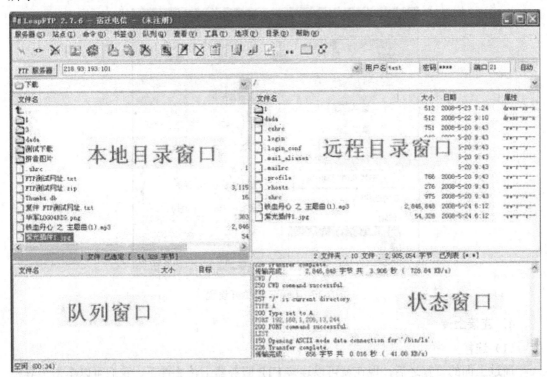

图 7-16　LeapFtp 主界面

3．站点设置

要使用 FTP 工具上传（下载）文件，首先必须设定好 FTP 服务器的网址（IP 地址）、授权访问的用户名及密码。

通过菜单【站点】/【站点管理器】或者 F4 键对要连接的远程 FTP 服务器进行具体的设置，步骤如下：

1）单击"添加站点"按钮，输入站点的名称（它只是对 FTP 站点的一个说明）。

2）按照界面所示，首先去掉匿名选项（匿名的意思就是不需要用户名和密码，可以直接访问 FTP 服务器，但很多 FTP 服务器都禁止匿名访问），然后分别输入 IP 地址（FTP 服务器所拥有的 IP）、用户名和密码（如果你不知道，可以询问提供 FTP 服务的运营商或管理员）。另外，对于端口号，在没有特别要求的情况下就使用默认的端口号（21），不必再进行改变。

3）设置远程及本地路径。远程路径其实就是连上 FTP 服务器后默认打开的目录；而本地路径就是每次进入 FTP 软件后默认显示的本地文件目录（如果不太清楚或者感觉麻烦，也可以先不设置远程及本地路径，系统将会使用自己的默认路径）。

以上这些参数都设置好之后，便可使用 FTP 进行文件上传下载了。LeapFTP 偏好设置。如图 7-17 所示。

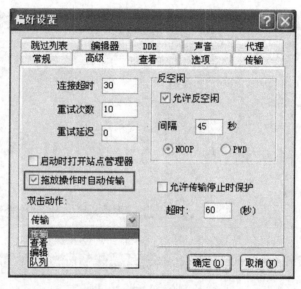

图 7-17　LeapFTP 偏好设置

4．连接上传

（1）连接

通过上面的设置之后，现在就可以连接 FTP 服务器上传文件了。我们可以单击工具栏下方的 `FTP 服务器` 按钮，选择要连接的 FTP 服务器就可以了。连接之后，便可选择目录或文件进行上传下载了。

（2）上传下载

我们不仅可以传输单个文件，还可以传输多个文件甚至整个目录。LeapFTP 主要提供了 5 种方法传输文件的方法：

1）选中所要传输的文件或目录，直接拖曳到目的主机中就可以了。

2）选中所要传输的文件或目录后，单击鼠标右键选择"传输"就可以了。

3）双击想要传输的文件就可以了（但要先在选项中进行设置）。

4）选中所要传输的文件或目录后，执行菜单【命令】/【上传】就可以了。

5）将选中的文件或文件夹拖放到队列窗口中，然后通过单击鼠标右键所出现的菜单命令进行传输。使用传输队列最大的好处是可以随时加入或删除传输的文件，并且对于需要经常更新的内容，允许你把它们放到队列中保存下来，每次传输文件时可以通过菜单【队列】/【载入队列】调出之前保存的队列进行文件传输。不过要注意的是，不同文件上传到不同目录时，必须先将该目录打开之后再添加要上传的文件到队列之中。使用队列窗口传输文件如图7-18所示。

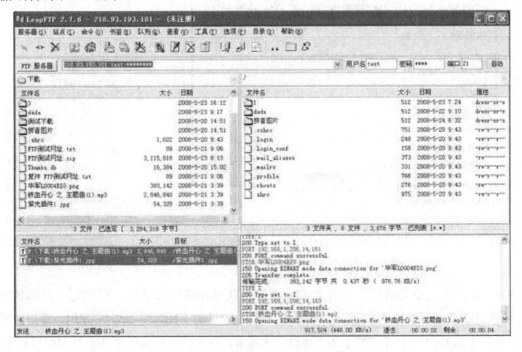

图7-18 使用队列窗口传输文件

5. 其他功能及设置

1）快速连接。快速连接就是不需要通过站点设置，直接输入 IP 地址、用户名及密码进行连接。它适合用在需要临时性连接的站点，并且快速连接信息会被保存，如果下次还想使用，就可以直接选择进行连接，非常方便。在快速连接工具栏输入相关信息，单击"连接"按钮，就可以实现快速连接了，如图7-19所示。

图7-19 在快速连接工具栏输入信息

2）站点导入。站点导入就是将之前版本的站点信息或其他 FTP 软件的站点信息导入进来，而不需要再进行重复的设置。最新的 LeapFTP3.1.0 共支持自身的 4 种格式文件的导入，同时支持导出成 4 种文件格式，这给用户节省了时间，也减少了麻烦。通过菜单【站点】/【站点管理器】或 F4 键单击"导入"按钮，就可以进行站点导入及导出，如图 7-20 所示。

3）队列管理。队列管理就是对所传输的文件及目录进行的一些功能设置，包括队列的保存、载入、清除、恢复和传输等。队列管理可以说是比较重要的功能。单击菜单中的"队列"按钮，我们就可以进行队列的相关操作，如图 7-21 所示。

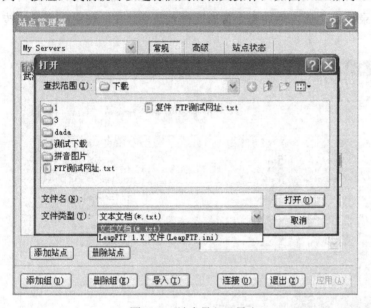

图 7-20 站点导入及导出　　　　　　　　　　　　图 7-21 队列管理

4）文件名大小写转换。文件名大小写转换就是在传输文件时，强制把要传输的文件名按照需要进行大小写的改变。这对于大小写敏感的 UNIX 系统非常有用。通过菜单【选项】/【偏好设置】/【常规】的"传输"选项卡，我们就可以实现文件名的大小写转换，如图 7-22 所示。

5）断点续传。断点续传功能可以说是每个 FTP 软件必备的功能，也可以说是最基本和最重要的功能。它的实质就是，传输文件过程中，由于各种原因使得传输过程发生异常并产生中断，在系统恢复正常后，FTP 软件能够在之前发生中断的位置继续传输文件，直到数据传送完毕为止。通过菜单【站点】/【站点管理器或 F4 键】的"高级"选项卡，我们就可以设置断点续传，如图 7-23 所示。

6）跳过列表。跳过列表功能就是将符合条件的待传输文件及目录进行传输。通过菜单【选项】/【偏好设置】/【常规】的"跳过列表"选项卡，我们就可以对传输的文件进行过滤选择，如图 7-24 所示。

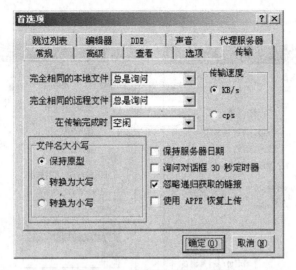

图 7-22 文件名大小写转换

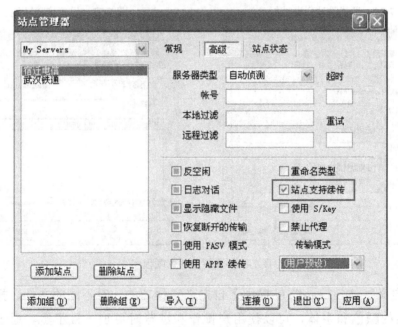

图 7-23 设置断点续传功能

7）快速拖放。快速拖放功能是大多数 FTP 软件都支持的功能，它的主要作用就是方便用户操作。通过菜单【选项】/【偏好设置】/【常规】的"高级"选项卡，我们就可以设置拖放的响应结果，如图 7-25 所示。

8）文件关联。许多用户在使用 FTP 软件传输文件的时候，突然发现了一些并错误想要修改，但是如果要在调用的相关软件打开，又比较麻烦，所以很多 FTP 软件就通过文件关联来让用户直接调用相关编辑软件打开要修改的文件，方便了用户的操作。通过菜单【选项】/【偏好设置】/【常规】的"常规"及"编辑器"选项卡，我们就可以设置文件关联程序，如图 7-26 所示。

图 7-24 设置跳过列表功能

图 7-25 设置拖放功能

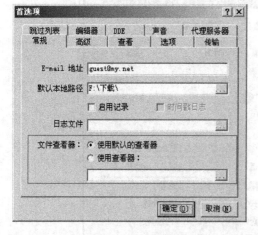

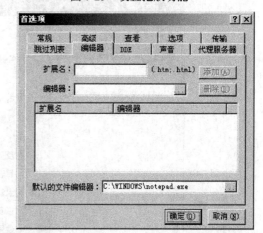

图 7-26 设置文件关联程序

9）自定义字体。LeapFTP 提供了自定义字体功能。对不同的文件、操作和状态等使用不同的颜色和字体，可以使用户操作和浏览时更加一目了然。通过菜单【选项】/【偏好设置】/【常规】的"查看"选项卡，我们就可以自定义字体了，如图 7-27 所示。

10）反空闲（闲置保护）。所谓反空闲或闲置保护功能，就是让计算机在空闲状态下每隔一段时间向 FTP 服务器发送一段特定指令，以便让 FTP 服务器知道自己还是活动的，从而避免 FTP 服务器断开对自己的连接。通过菜单【选项】/【偏好设置】/【常规】的"高级"选项卡，我们就可以设置相关的参数，如图 7-28 所示。

11）远程管理。简单地说，远程管理就是在远程 FTP 服务器上也可以自由地进行新建、删除、打开文件或目录等操作。这都是方便性的体现。

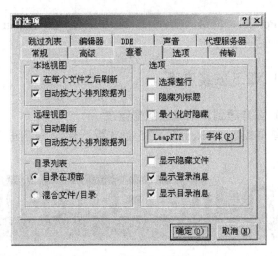

图7-27　自定义字体设置

12）分组管理。分组管理就是将多个不同的 FTP 服务器放在同一个组（相当于目录）中，这样可以更加方便用户的管理。新建站点的时候，我们可以先建组，然后建立新的站点并保存在组中。遗憾的是，FTP 不支持将先建的站点放置到后建的组中。

13）文件存在处理。文件存在处理就是传输文件过程中，对于遇到相同文件名的文件或目录所做的处理。对此 LeapFTP 提供了 4 种方法。通过菜单【选项】/【偏好设置】/【常规】的"传输"选项卡，我们就可以进行相关的设置，如图7-29所示。这是最常用的一种方法。

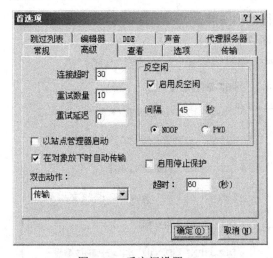

图7-28　反空闲设置

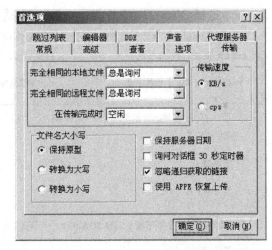

图7-29　文件存在处理设置

7.2　动态网站建站流程

Discuz!是腾讯旗下 Comsenz (北京康盛新创科技有限责任公司)公司推出的以社区为基础的专业建站平台，用于帮助网站实现一站式服务。具体来说，就是让论坛（BBS）、个人空间（SNS）、门户（Portal）、群组（Group）、应用开放平台（Open Platform）充分融合为一体，帮助网站实现一站式服务。

7.2.1　Discuz！X2.5 安装流程

1. 下载 Discuz！官方版到本地或者服务器上

首先在 Discuz！首页找到"Discuz！X2.5 正式版下载"，单击进入下载界面，如图 7-30 所示。

图 7-30　Discuz！X2.5 下载页面

2. 选择 Discuz！X2.5 简体 GBK 版并进行本地安装

选择 Discuz！X2.5 简体 GBK 版的操作如图 7-31 所示。

图 7-31　Discuz！X2.5 简体 GBK 版

安装之后得到压缩版 Discuz！X2.5_SC_GBK.zip，然后解压缩，则会出现 3 个文件夹（见图 7-32）：readme 文件夹中注明了 Discuz！X2.5 社区软件需要的环境，以及 Discuz！需要 PHP+MySQL 的环境支持；upload 文件夹中所有的文件必须上传到主机根目录下，进行安装；utility 文件夹中包含建站使用的工具，如网站需要升级的时候就会用到其中的update.php、网站需要搬家时就会用到 restore.php。

图 7-32　解压后的 3 个文件

3．将 upload 文件夹中的文件上传到主机根目录

步骤如下：

1）将 upload 文件夹中的文件压缩成一个 rar 格式的压缩包。

2）打开"FTP 使用教程"一节中要求下载的 FTP 工具，单击"连接"，选择主机。

3）上传 upload 目录中的文件到服务器。

4）设置目录属性（windows 服务器可忽略这一步）。以下这些目录需要可读写权限：./config；./data 含子目录。

5）执行安装脚本 /install/。请在浏览器中运行 install 程序，即访问 http://您的域名/论坛目录/install/。

6）参照页面提示，进行安装，直至安装完毕。

7）进行 Discuz！远程服务器安装。

7.2.2　Discuz！X2.5 模板安装

安装 discuz！X2.5 软件后，如果觉得官方的默认模板简单，也可以换一个自己更喜欢的模板。

首先去除网站默认版本号，一般网站最下角都会有版本号，如何把网站版本号去除。最简单的方法是，右键单击网站的某个空白处，选择"查看网页源代码"，则会出现一个代码页，然后按照图 7-33 所示的操作找到版本号。

```
1  <!DOCTYPE html PUBLIC "-//W3C//DTD XHTML 1.0 Transitional//EN" "http://www.w3.org/TR/xhtml
2  <html xmlns="http://www.w3.org/1999/xhtml">
3  <head>
4  <meta http-equiv="Content-Type" content="text/html; charset=gbk" />
5
6  <title>发表帖子 - 网站建设学习 -  草根站长网 -  草根站长学习交流论坛！</title>
7
8
9  <meta name="keywords" content="" />
10 <meta name="description" content=" 草根站长网" />
11 <meta name="generator" content="Discuz! X2.5" />
```

图 7-33　在网页源代码中去除版本号

在网站后台 upload/ template/default/common/footer.htm 中第 76 行找到代码：

```
<div id="frt">
<p>Powered by <strong><a href="http://www.discuz.net"
target="_blank">Discuz!</a></strong>
```

```
<em>$_G['setting']['version']</em><!--{if !empty($_G['setting']['boardlicense
d'])}--> <a href="http://license.comsenz.com/?pid=1&host=$_SERVER[HTTP_HOST]"
target="_blank">Licensed</a><!--{/if}--></p>
<p>© 2001-2012 <a href="http://www.comsenz.com" target="_blank">Comsenz
Inc.</a></p>
</div>
```

修改为：
```
<div id="frt">
<p>Powered by <strong><a href="你的网站域名"
target="_blank">$_G['setting']['bbname']</a></strong>
<em>$_G['setting']['version']</em><!--{if !empty($_G['setting']['boardlicense
d'])}--> <a href="http://license.comsenz.com/?pid=1&host=$_SERVER[HTTP_HOST]"
target="_blank">Licensed</a><!--{/if}--></p>
<p>© 2001-2012 <a href="http://www.comsenz.com" target="_blank">Comsenz
Inc.</a></p>
</div>
```

这样就可以去除网站底部 discuz! 版本号。

记住，这里找的有两种，一种是 discuz! 版本号，另一种是编码。编码一般是 GBK（汉字内码扩展规范是国家技术监督局 1995 年为中文 Windows 95 制定的新的汉字内码规范）或者 UTF-8（8-bif Unicode Transformation Fomat，是一种针对 Unicode 的可变长度字符编码，由 Ken Thompson 于 1992 年创建）。如果安装的模板与版本号不同，则可能会造成网站错位或者出现不可估量的错误，那么后果会很严重。所以，安装之前，先要进入后台，单击"应用/应用中心/模板"，在兼容版本里面，选择自己的版本号。如果安装的只是论坛，那么在后面只选择论坛的话，就会好找得多，否则门户、论坛什么都有，很难选择。然后，我们会看到下方出现与网站相对应的很多好看的模板，逐一打开，选择自己喜欢的模板，直接点"安装应用"，就可以把模板安装到我们的网站内。选择模板的操作如图 7-34 所示。最后，根据模板的说明，做好模板要求做的步骤，一个完整的 discuz! 模板就这样安装好了。这是最简单的一种安装方法。

图 7-34　选择 discuz! 模板

下载到本机的模板，无法在线安装。一般情况下，我们下载下来的模板是一个压缩包。需要解压。解压后，如果文件名称是 template，那么就用 FTP 工具直接把这个文件上传到根目录并覆盖之前的文件就可以了。如果下载的文件名称不是 template，那么请用 FTP 工具把整个文件夹上传到网站程序的 template 文件夹里面（一般你下载的模板，都有安装方法），上传好后直接进入后台，单击"界面——风格管理"进行相关设置。模板风格设置如图 7-35 所示。

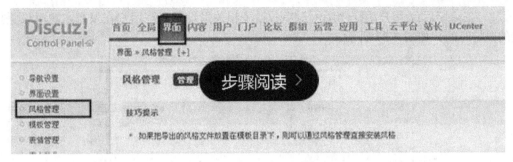

图 7-35　模板风格设置

官方一般默认的是"默认风格"，那么所显示的另一个模板就是刚才上传的了。此时，只需要在刚才上传的模板显示的"默认"那里选择它，然后单击"提交"即可。一般而言，下载下来的模板，都会有 DIY 文件，这就需要我们将其导入。导入方法很简单，即找到下载下来的 DIY 文件，其一般格式是.xml 结尾的，再在网站首页的右上角，将鼠标放在那个DIY 字样上，就会出现"简洁模式"和"高级模式"选项，这时选择"高级模式"。导入DIY 文件的高级模式如图 7-36 所示。

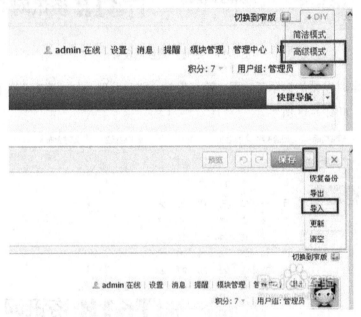

图 7-36　导入 DIY 文件的高级模式

这里需要特别注意的是，不管用什么方法安装模板，安装完毕后，请到后台—工具—更新缓存，更新一下网站缓存，这样新安装的模板才能更好地生效。

7.2.3　Discuz！X2.5 网站个性化设计

1．Discuz！X2.5 及以上版本定时发帖设置方法

Discuz！X2.5 及以上版本，在论坛板块发帖时，添加了一个定时发帖的功能。可是，有的站长不知道在哪里启用该功能。这里介绍一下如何在后台开启定时发帖功能。

1）在论坛后台/用户/用户组/论坛相关/帖子相关里设置允许用户在发布主题时设置指定的发帖时间，如图 7-37 所示。

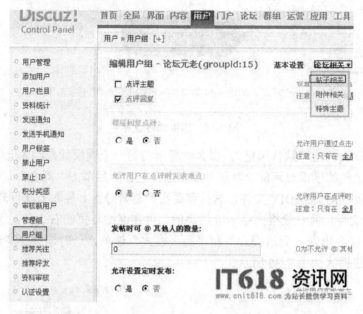

图 7-37　定时发帖权限设置

2）设置了定时发帖的权限后，再去论坛发帖，则会发现"在线编辑"框下多了一个"定时发布"选项，如图 7-38 所示。

图 7-38　定时发布选项设置

3）设置需要的日期和时间，单击"确定"按钮，定时发帖就设置好了。

2．修改论坛标题字数限制为 80 的方法

一些用户发布帖子的时候，标题要是超过了 80 个字符，超出的部分就会被剪切掉，特别是一些用户发送一些英文或其他语言的文章时标题甚至会超过 180 个字符，而论坛的编码是 UTF-8 格式，即一个字占 3 个字节，所以标题最长也就是 26 个汉字，很多用户想修改这个 80 个字符的限制。

想修改这个字数限制，则要修改下面 5 个部分：

1）修改数据库。

2）修改 JS 验证字符数文件。

3）修改模板中写死的字符限制数。

4）修改函数验证文件。

5）修改语言包文件。

现在，我们以把标题字符限制 80 个修改为 120 个为例子，描述一下修改方法。

（1）数据库修改

修改数据库标题字段的长度为 120 个字符，方法是运行下面的 sql 语句（注意修改你的表的前缀）。

代码如下：

```
ALTER TABLE `pre_forum_post` CHANGE `subject` `subject` VARCHAR(120) NOT NULL;
ALTER TABLE `pre_forum_rsscache` CHANGE `subject` `subject` char(120) NOT NULL;
ALTER TABLE `pre_forum_thread` CHANGE `subject` `subject` char(120) NOT NULL;
```

（2）修改 JS 验证字符数

首先，找到文件 static/js/forum_post.js 的 74～80 行的代码并进行修改。

74～80 行的代码如下：

```
if(($('postsubmit').name != 'replysubmit' && !($('postsubmit').name == 'editsubmit
' && !isfirstpost) && theform.subject.value == "") || !sortid && !special &&
trim(message) == "") {
showError('抱歉，您尚未输入标题或内容');
return false;
} else if(mb_strlen(theform.subject.value) > 80) {
showError('您的标题超过 80 个字符的限制');
return false;
}
```

修改为如下代码：

```
if(($('postsubmit').name != 'replysubmit' && !($('postsubmit').name == 'editsubmit
' && !isfirstpost) && theform.subject.value == "") || !sortid && !special &&
trim(message) == "") {
showError('抱歉，您尚未输入标题或内容');
return false;
} else if(mb_strlen(theform.subject.value) > 120) {
showError('您的标题超过 120 个字符的限制');
return false;
}
```

其次，找到文件 sitatic/js/forum.js 的 209～215 行的代码并进行修改。

209～215 行的代码如下：

```
if(theform.message.value == '' && theform.subject.value == '') {
s = '抱歉，您尚未输入标题或内容';
```

```
theform.message.focus();
} else if(mb_strlen(theform.subject.value) > 80) {
s = '您的标题超过 80 个字符的限制';
theform.subject.focus();
}
```

修改为如下代码：

```
if(theform.message.value == '' && theform.subject.value == '') {
s = '抱歉，您尚未输入标题或内容';
theform.message.focus();
} else if(mb_strlen(theform.subject.value) > 120) {
s = '您的标题超过 120 个字符的限制';
theform.subject.focus();
}
```

（3）修改模板中写死的字符限制数

首先，找到文件 template/default/forum/post_editor_extra.htm 的 25～31 行的代码并进行修改。

25～31 行的代码如下：

```
<!--{if $_G[gp_action] != 'reply'}-->
<span><input type="text" name="subject" id="subject" class="px" value="$postinfo
[subject]" {if $_G[gp_action] == 'newthread'}onblur="if($('tags')){relatekw('-1','
-1'{if
$_G['group']['allowposttag']},function(){extraCheck(4)}{/if});doane();}"{/if}
style="width: 25em" tabindex="1" /></span>
<!--{else}-->
<span id="subjecthide" class="z">RE: $thread[subject] [<a href="Javascript:;">{lang
modify}</a>]</span>
<span id="subjectbox" style="display:none"><input type="text" name="subject"
id="subject" class="px" value="" style="width: 25em" /></span>
<!--{/if}-->
<span id="subjectchk"{if $_G[gp_action] == 'reply'} style="display:none"{/if}>{lang
comment_message1} <strong id="checklen">80</strong> {lang comment_message2}</span>
```

修改为如下代码：

```
<!--{if $_G[gp_action] != 'reply'}-->
<span><input type="text" name="subject" id="subject" class="px" value="$postinfo
[subject]" {if $_G[gp_action] == 'newthread'}onblur="if($('tags')){relatekw('-1
','-1'{if
$_G['group']['allowposttag']},function(){extraCheck(4)}{/if});doane();}"{/if}
style="width: 25em" tabindex="1" /></span>
<!--{else}-->
<span id="subjecthide" class="z">RE: $thread[subject] [<a href="Javascript:;">{lang
modify}</a>]</span>
```

```
<span id="subjectbox" style="display:none"><input type="text" name="subject"
id="subject" class="px" value="" style="width: 25em" /></span>
<!--{/if}-->
<span id="subjectchk"{if $_G[gp_action] == 'reply'} style="display:none"{/if}>{lang
comment_message1} <strong id="checklen">120</strong> {lang comment_message2}</span>
```

其次，找到文件 template/default/forum/forumdisplay_fastpost.htm 的 31～32 行的代码。

31～32 行的代码如下：

```
<input type="text" id="subject" name="subject" class="px" value="" tabindex="11"
style="width: 25em" />
<span>{lang comment_message1} <strong id="checklen">80</strong> {lang comment_
message2}</span>
```

修改为如下代码：

```
<input type="text" id="subject" name="subject" class="px" value="" tabindex="11"
style="width: 25em" />
<span>{lang comment_message1} <strong id="checklen">120</strong> {lang comment_
message2}</span>
```

（4）修改函数验证提示

找到文件 source/function/function_post.php 的 346～348 行的代码。

346～348 行的代码如下：

```
if(dstrlen($subject) > 80) {
return 'post_subject_toolong';
}
```

修改为如下代码：

```
if(dstrlen($subject) > 120) {
return 'post_subject_toolong';
}
```

（5）修改语言包提示

找到语言包提示文字，打开 source/language/lang_messege.php 并找到 985 行，将其改为如下代码：

```
'post_subject_toolong' => '抱歉，您的标题超过 120 个字符修改标题长度'
```

3. Discuz! x2.5 论坛板块发表帖子的顶部、底部与右侧工具功能介绍

（1）顶部工具

帖子顶部工具如图 7-39 所示。

图 7-39　帖子顶部工具

1）编辑功能，包括字体类型、字体大小、字体颜色、超链接、对齐等。这是最常用的功能，也是初级功能。编辑功能如图 7-40 所示。

图 7-40　部工具编辑功能

2）插入多媒体功能，包括插入表情、图片、附件、音乐、视频、flash、呼叫朋友等，丰富了帖子的内容。插入多媒体功能如图 7-41 所示。

图 7-41　顶部工具插入多媒体功能

3）高级功能，包括帖子部分内容免费与可见、代码内容、word 内容、引用内容、自动下载远程图片等功能。其中，"添加免费信息"（见图 7-42）与"添加隐藏内容"（见图 7-43）非常重要，前者要和底部工具的"售价"联合使用。

图 7-42　添加免费信息

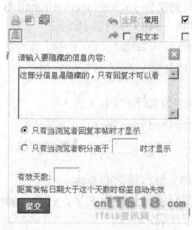

图 7-43　添加隐藏内容

（2）底部工具

底部工具里的"售价"可以与顶部工具里的"添加免费信息"搭配使用。比如，你的大部分信息是免费的，只有联系方式是要收费的，就可以用此功能。"售价"设置如图 7-44 所示。

图 7-44　"售价"设置

"回帖奖励"就是回帖子的会员可以得到积分，有次数与中奖率的限制功能。这个工具可以提高回复的积极性。"回帖奖励"设置如图 7-45 所示。

图 7-45 "回帖奖励"设置

7.3　动态网站站点测试

电子商务网站是一个系统，涉及许多网页的开发，一般由多个开发人员协同完成。发布前的测试工作更为重要。如果不重视这一环节，草率地将网站发布到 Internet 上，结果很可能会遇到许多意想不到的问题，即使可以补救，却往往会带来不少的损失，因此一定要重视网站测试阶段的工作。

7.3.1　兼容性测试

如果要很好地获取系统服务，就需要测试每一个操作系统、浏览器、视频设备及 modem 速度。之所以要进行这样的测试，主要基于下面 3 个原因：

1）一些网页设计工具（如 Frontpage、Dreamweaver 等）所见即所得的网页制作界面所显示的页面效果和浏览器显示的效果有一定的出入。

2）不同的浏览器对同一页面显示的效果有出入。

3）不同操作系统的浏览器对同一页面的浏览效果有出入。

进行兼容件测试，我们有以下几点建议：

1）最好使用几种 Web 浏览器测试网页，最典型的是 Internet Explorer 和 Netscape，至少要保证自己的网页能在这两种浏览器中正常运行。其他的浏览器还有 Opera、Mosaic 等，有必要的话也应该用来进行测试。

2）尽量不要使用最新版本的浏览器进行网页测试，最好使用大众比较常用的浏览器版本。例如，现在有了 IE8.0，还有了 Netscape 6.0，但考虑到大多数网络用户使用的还是 IE 7.0 或 Netscape 5.0，所以测试时应该以这两种浏览器为主，当然也要适当兼顾高版本和低版本的浏览器，但它们毕竟是少数。这样做是因为随着浏览器版本的提高，其功能也越来越强，许多高版本中能体现的效果则不一定能在低版本浏览器中体现出来。

3）尽量在多种操作系统中测试网页。由于操作系统的不同，网页在浏览器中的表现也不一样，这一点在 Linux 和 Windows 之间体现得尤为突出。例如，在 Windows 中，浏览器都是标准的 800×600 或 640×480，但在 Linux 中，由于 X—Windows 的特殊性，浏览器一般没有固定的长宽比，窗口形状趋向于正方形，而且表单控件形状和 Windows 中的更是有天壤之别。所以，我们在制作网页时要照顾到大多数浏览器的效果，并且使页面在众多浏览器中尽量保持一致的效果。

兼容性测试的具体内容包括：字体大小；表格的间距；表单的外观；层的效果是否正常表现；其他内容。

7.3.2 链接测试

链接测试主要是看网页中是否有超级链接掉链的情况，包括页面、图像、CGI 程序等。如果图像掉链，则页面中图像的位置是一个空框；如果页面或者 CGI 程序掉链，则服务器会返回一个"404 Not Found"的响应状态。为了发现类似的问题，在发布 Web 站点之前，我们应该确认所有文本和图形都放在正确的位置，且所有的链接都能操作正确。测试 Web 站点的一种方法是检查内部和外部的链接，以确认目标文件是否存在。有时，一个目标文件被删除了，链接就被破坏了。

大多数网页开发工具都提供了链接测试的功能，我们不妨以 Frontpage 2000 为例来说明链接测试这一问题。Frontpage 检查链接时，将检查链接所描述的位置是否存在相应的目标文件，具体方法如下：

1）在视图栏，单击"超链接状态"按钮；"超链接状态视图"打开后，Frontpage 将检查所有内部和外部的链接，并在状态列显示它们的状态。

2）在 Vicw 菜单，单击 Show A11 Hyperlinks（显示所有超级链接）。每条链接前面有一个黄色的圈。链接被检查后，它的颜色会变为红色或绿色。红色说明是一条断链，绿色说明链接正常。

产生掉链的原因一般有以下几个：

1）文件名大小写不正确。有些操作系统对于文件名是区分大小写的，而开发人员在设计网页的时候忽视了这一点可能造成掉链。另外，设计人员在输入超级链接的目标文件名时出现输入的错误也可能会引发这一问题。

2）文件的路径不对。在某些网站设计工具（如 Frontpae）中制作超级链接或嵌入图片时，如果所引用的文档不在当前文件夹中，系统将使用绝对路径将其记录在 HTML 文档中，而在 FrontPage 的普通视图中，用户无法看到相对路径和绝对路径的区别，只能到 HTNL 文档中检查，而且在本机使用浏览器测试中无法看出，因此很容易被忽视。当网页真正被上传到服务器时，这个错误就可能暴露出来。

7.3.3 常规性测试

常规性检查中除了以上两项测试外还包括以下几项测试：

1）代码检查。即检查原代码中的错误语句和标记。

2）拼写检查。即检查 HTML 文档中的拼写错误。

3）用户界面测试。即主要测试站点地图（Site map)、导航条（Navigational bar)、内容、颜色/背景、图像、表格、回绕（Wrap-around）等。

4）简单测试。即检查每个表格与 CGI 程序是否正确连接，是否能够正确地发送用户请求。

5）数据校验测试。即检查非法数据或者错误数据输入后，系统能否正常工作。

6）Cookies 测试。即一般来讲，浏览器的 Cookies 当中保存了用户的部分信息，如记录用户注册时的用户名、口令等。Cookies 测试的目的是检查 Cookies 内容是否正确、是否安全。

7）接口测试。即主要检查本地系统能否正确地调用外部服务接口，如检查能否和 CA 接口进行通信等。进行接口测试时，需要注意的是，当接口发生错误时，系统能够进行有效的错误处理。

8）负荷强度测试。即检验系统能否处理大数据的并发用户。可访问性对于用户是很重要的。如果用户得到"系统忙"的信息，那么无论系统的服务内容多么优秀，用户都会难以接受。

7.4 动态网站试运行

一个网站建设完毕并进行了发布后，网站的建设者才会松一口气。然而，这并不意味着网站工作的结束，而是网站工作的开始。也就是说，网站建设绝不是一劳永逸的事，最重要的并不是建设的过程，而是建成之后投入运行过程的网站维护与管理工作。国内不少企业投资建了网站，网页一经发布就以为可以坐等收益，而且指望网站马上可以发挥巨大的作用，取得神奇的效果。可是过了几个月，市场、客户一点反应都没有，网站成了中看不中用的东西，所有投资及建站的努力似乎都白费了，于是就开始抱怨网站一点作用都没有。事实上，企业网站是否能够产生应有的效益，很大程度上依赖于网站的丰富程度、网页的制作效果和网页的更新程度。一个内容丰富、日新月异的网站才会受到欢迎。

所以，企业在网站运作后还要做一些主要的维护管理工作，对整个网站和机房制定严格的管理规定，把一切人为安全因素的影响降到最低。对网站和数据的后期维护往往是大家容易忽视的问题，现在的许多网站长时间不进行更新，这不仅不能吸引新客户，还会失去老客户。所以，企业必须在网站建设之初就制定相关的维护规定，确保实现预定的目标。网站试运行存在的网络管理问题包括以下几个。

（1）重建设，轻管理

"重建设，轻管理"几乎是 IT 系统建设的通病。现在，大家都可以看到信息化能够给企业带来效益、提升企业的竞争能力，企业也舍得在 IT 系统的建设上进行投入，但却对网络管理和系统维护往往不够重视，或者说缺乏管理意识。有些实力较强的企业，自己投资建设网站和 Internet，投资数百万甚至上千万元购置各种品牌的交换器、路由器、服务器、桌面系统等，建设初期一切都利用得很好，可是当系统建立并试运行后，却很少再投入资金进行相应的维护，使网络未发挥应有的作用。

聘请专业技术人员建设好功能强大的网站后，一旦发现访问量较少，也就不再进行更新，网站的访问量渐渐趋于零，这样所有的投资都浪费了。真正意义上的网站是一种动态的网站，交互性很强，而且其运作具有延续性的特点。这和普通的基础设备投入是完全不同的，它所取得的利润和效益均来自功能和科学的管理，而不是硬件设备本身。所以，网站建成后必须有相应的管理制度和专门的维护人员。

（2）网管的职责仅仅停留在保证网络连通上

有的网络管理员认为，自己的工作职责就是保证服务器的正常工作，保证网络是"Ping"通的、服务是可用的、别人可以正常地访问公司的网页，而对于到底有多少个用户正在访问网站，甚至防火墙内部有多少台机器在网上，却只能用"大概"这样的词。他们可以这样解释："因为业务增长很快，差不多每天都有变化，现在联在网上的机器大概是……"公司业务在发展，而且业务差不多都被搬到了网上，但网络管理还只是停留在保证网络连通、服务可用的层次上，这样会使效益更加不好，因为不科学地维护会在无形中丧失无数的客户。

所以，在一个由网络支撑的业务系统中，仅仅保证网络连通是远远不够的。在一个网络化的办公环境里，缺少一台机器可能意味着有人无法工作，突然增加一个 IP 节点则可能是非授权的接入者。显然，仅仅保证网络的"连通"是无法应对这种情况的，更不用说通过网络管理体现业务规则了。

可见，网站管理之重要性被忽视是非常不应该的。网站是企业的对外窗口，它应该为企业的发展发挥应有的作用。此外，为网站设置专门管理员的必要性及网站管理员的职责权限问题也应提到议事日程上来。

思考与练习

一、简答题

1．网站三要素是什么？

2．什么叫域名？

3．什么叫网站空间？

4．什么叫 FTP？

5．什么叫 Discuz！建站程序？

二、选择题

1．世界上第一个注册的域名是（　　）注册的。

A．1984 年　　　　B．1983 年　　　　C．1985 年　　　D．1986 年

2．网站空间按照空间形式可以分成（　　）。

A．虚拟空间　　　B．合租空间　　　C．独立主机　　　D．服务器空间

3．确定域名时应遵循的一般原则是（　　）。

A．晦涩难懂，不能让人猜出来　　　　　B．简短、切题、易记

C．与企业相关　　　　　　　　　　　　D．与企业无关

4．比较常用的 FTP 工具有（　　　）。

A．FLASHFXP　　　　B．CUTEFTP　　　　C．LeapFtp　　　　D．8UFTP

5．下载的 Discuz! X2.5_SC_GBK.zip 解压缩之后有 3 个文件夹，它们分别是（　　　）。

A．readme　　　　　　B．upload　　　　　C．utility　　　　　D．template

三、实训题

1．了解一些国际、国内主要的域名注册服务商的情况（如万网、新网、易名中国等），查询其所提供的域名服务项目及业务流程。通过网络了解国内域名注册服务市场的大致情况，说说选择服务商进行域名注册应考虑哪些因素（如价格、DNS 解析速度及稳定性等）。

2．论坛首页是用户访问 Discuz! X2.5 论坛时所进入到的第一个页面。它汇集了论坛分区、板块、子板块等核心元素，展示了论坛帖子和会员汇总信息、论坛公告、论坛热点、在线会员、友情链接等丰富信息，同时包含了首页右边栏和 DIY 等灵活的扩展区域。下面介绍一下首页中的各个元素。

（1）论坛板块

论坛分区的目的是将内容相近的板块归类，使论坛的结构清晰。管理员可以在后台添加并设置分区的样式。分区下的板块默认竖排显示，当然也可在后台设置为横排显示。论坛板块的划分，细化了内容的分类，使用户能够明确地定位到自己需要或是感兴趣的地方。首页的论坛板块显示板块的名称、简介、图标，以让用户了解该板块的定位；显示主题数、帖数、新主题数、最新主题与其发布时间和作者，以让用户清晰地看到当日新帖的数量及此板块最新的帖子。板块的图标、名称、简介等在后台"论坛/板块管理/板块编辑"下都可以进行个性化设置。

（2）论坛热点

用户回复、点评、评论、收藏、分享主题会给主题增加热度值。若论坛首页设置显示论坛热点，则将在此聚合显示 7 天内的热点主题。此功能可以让用户清晰地看到大家近几天所讨论的热点内容，方便用户查看并及时参与到话题中。论坛热帖功能需要在后台"界面→界面设置→论坛首页"下开启，并可以设置热点显示数量、论坛热点天数等参数；若不开启则不显示此项。

（3）在线会员

显示当前在线的会员，可以通过在线列表图标区分会员的身份。若在后台"界面/界面设置/论坛首页"下设置缩略显示在线列表，在线列表将只显示在线用户数，不显示详情，此时会员可手动打开在线用户列表（若最大在线用户超过 500 人，系统将自动缩略显示在线列表）。

（4）首页边栏

首页边栏显示在页面右侧区域，若站长想要在此展示一些信息，则可以在后台"界面/

界面设置/论坛首页"下开启该功能；开启后可以通过 DIY 功能添加合适的模块以聚合所需的内容，并达到个性化展示的目的。

（5）扩展元素

系统在论坛首页还预留了两处可供 DIY 区域，供站长打造个性化元素。顶部 DIY 区域位置醒目，站长可以充分利用此区域来展示一些吸引用户或者需要推广的内容。

请同学们在 Discuz! X2.5 论坛首页设置和使用以上各功能。

第8章
电子商务网站网络营销和 SEO 优化

赶驴网事件营销

1. 赶驴网凭公关稿蹿红

"赶集啦!我有一只小毛驴,我从来也不骑。"这句广告词对于经常出行的人来说恐怕不会陌生。姚晨代言的 15 秒钟的赶集网广告片同时在中央电视台、地铁和公交移动电视等媒体上循环播放,开展"地毯式"的营销轰炸。令人没想到的是,赶集网的竞争对手百姓网注册了一个"山寨"的赶驴网,借了一把赶集网的风。

赶驴网不仅做了一个类似于赶集网的网站标识,还提出类似于赶集网"赶集网,啥都有"的口号——"赶驴网,啥没有?","山寨"度相当惊人。此外,诸如《2 亿广告费炒红赶驴网》等文章一夜之间在网上广为传播,内容大多称百姓网成功地实施了四两拨千斤战略,仅花费 200 元注册了赶驴网的域名"ganlvwang",就坐享赶集网数亿元的广告效果,流量大幅攀升。

2. 赶集网用公关反击

舆论似乎并不同情被"山寨"的赶集网。相反,网上出现"赶集网就知道砸钱"和"广告创意存在缺陷"等质疑声。对此,赶集网迅速发起公关反击。

名人的议论无疑对本次"驴子事件"起到了扩大效应。创新工场李开复在微博上出了一道题:"考考大家:赶集网首页下方有个'赶驴网'的友情链接,但点开后才发现是链接到赶集网的,即又回到了原页。为什么?"其实,这不过是赶集网为了防止赶驴网分走流量而做的反击。此外,赶集网还迅速购买了"赶驴"的关键词搜索。

广告创意人叶茂中在微博中表示:"因为赶集网广告片'小毛驴篇'大获成功,赶集网投资人即今日资本总裁徐新今天送给我一台最新款'苹果'表示庆贺。"业内人士称,这一做法有明显的危机公关痕迹。

赶集网 CEO 杨浩涌说:"'赶驴网'的搜索流量占不到整个搜索流量的千分之一。作为企业,我们更应该关注产品的用户体验和公司长期发展战略,而不是一些小技巧。小技巧带来了几百个用户,但伤害了品牌。说得再过分一些,即使抢注了开心网的域名,那又能怎样?过上几年,有谁还记得这个赶驴网?"

学习目标

1. 掌握网络营销的定义和基本职能。
2. 掌握几种常见的网络推广方式。
3. 掌握 SEO 工作内容和 SEO 技术人员建站要领。

8.1 网络营销概述

8.1.1 网络营销的概念

网络营销是随着互联网进入商业应用而逐渐诞生的，尤其是万维网（WWW）、电子邮件（E-mail）、搜索引擎等得到广泛应用之后，网络营销的价值才越来越明显。E-mail 虽然早在 1971 年就已经诞生，但在互联网普及应用之前，它并没有被应用于营销领域；到了 1993 年，基于互联网的搜索引擎才出现；1994 年 10 月，网络广告诞生；1995 年 7 月，目前全球最大的网上商店亚马逊成立。1994 年对于网络营销的发展被认为是重要的一年，因为网络广告诞生的同时，基于互联网的知名搜索引擎 Yahoo!、Webcrawler、Infoseek、Lycos 等也相继于 1994 年诞生。另外，由于曾经发生了第一起利用互联网赚钱的"律师事件"，这促使人们对于 E-mail 营销开始进行深入思考，也直接促成了网络营销概念的形成。从这些事实来看，我们可以认为网络营销诞生于 1994 年。

网络营销是企业整体营销战略的一个组成部分，是为实现最终产品销售、提升品牌形象而进行的活动。因此，无论传统企业还是基于互联网开展业务的企业，也无论是否发生电子化交易，企业都需要网络营销。但网络营销本身并不是一个完整的商业交易过程，它只为促成交易提供支持，因此网络营销主要发挥信息传递作用。

理解这一定义，我们应该注意以下两点。

（1）网络营销建立在传统营销理论基础之上

因为网络营销是企业整体营销战略的一个组成部分，它不可能脱离一般营销环境而独立存在。网络营销理论是传统营销理论在 Internet 环境中的应用和发展。传统营销的 4P 理论，即产品（product）、价格（price）、渠道（place）和促销（Promotion）之营销组合理论，以及现代营销的 4C 理论，即顾客（consumer）、成本（cost）、便利（convenience）、沟通（communication）组合理论，都是网络营销的基石。同时，在网络环境下，时空的概念、市场的性质和内涵、消费者行为方式都在发生着深刻的变化，它们引发了企业经营理念、营销运作模式、市场竞争形态甚至整个商品流通领域的变化。网络营销是基于计算机网络的环境下开展的营销活动，其营销方法又有自己的特点，使得信息传递更便利、更充分、更有效率。

（2）网络营销不等同于网上销售

网络营销是为实现产品销售目的而进行的一项基本活动，但网络营销本身并不等于网上销售。网络营销的目的并不仅仅是为了促进网上销售，还体现在企业品牌价值的提升、增加顾客的忠诚度、拓展对外信息发布的渠道、改善对顾客的服务等方面。同时，网上销售的推广手段也不仅仅靠网络营销，往往还要采取许多传统的方式，如传统媒体广告、发布新闻、印发宣传册等。

8.1.2　网络营销的基本职能

网络营销的基本职能表现在 8 个方面：网络品牌、网站推广、信息发布、销售促进、网上销售、顾客服务、顾客关系和网上调研。它们也是网络营销的主要内容。

1．网络品牌

网络营销的重要任务之一就是在互联网上建立并推广企业的品牌，以及让企业的网下品牌在网上得以延伸和拓展。网络营销为企业利用互联网建立品牌形象提供了有利的条件，无论是大型企业还是中小企业，它们都可以用适合自己企业的方式展现品牌形象。网络品牌建设以企业网站建设为基础，通过一系列的推广措施，实现顾客和公众对企业的认知和认可。网络品牌价值是网络营销效果的表现形式之一，企业可以通过网络品牌的价值转化实现持久的顾客忠诚和更多的直接收益。

2．网站推广

获得必要的访问量是网络营销取得成效的基础，尤其对于中小企业而言，由于经营资源的限制，发布新闻、投放广告、开展大规模促销活动等宣传机会比较少，因此通过互联网手段进行网站推广的意义显得更为重要，这也是中小企业对于网络营销更为热衷的主要原因。即使对于大型企业，网站推广也是非常必要的。事实上，许多大型企业虽然有较高的知名度，但网站访问量也不高。因此，网站推广是网络营销最基本的职能之一，也是网络营销的基础工作。

3．信息发布

网络营销的基本思想就是通过各种互联网手段，将企业营销信息以高效的手段向目标用户、合作伙伴、公众等群体进行传递，因此信息发布就成为网络营销的基本职能之一。互联网为企业发布信息创造了优越的条件，不仅可以将信息发布在企业网站上，还可以利用各种网络营销工具和网络服务商的信息发布渠道向更大的范围传播信息。

4．销售促进

市场营销的基本目的是为最终增加销售提供支持，网络营销也不例外。各种网络营销方法大都直接或间接具有促进销售的效果，同时还有许多针对性的网上促销手段。这些促销方法并不限于对网上销售的支持。事实上，网络营销对于促进网下销售同样很有价值，这也就是为什么一些没有开展网上销售业务的企业同样有必要开展网络营销的原因。

5．网上销售

网上销售是企业销售渠道在网上的延伸。一个具备网上交易功能的企业网站本身就是一个网上交易场所。网上销售渠道建设并不限于企业网站本身，还包括建立在专业电子商务平台上的网上商店，以及与其他电子商务网站不同形式的合作等。因此，网上销售并不仅仅只有大型企业才能开展，不同规模的企业都有可能拥有适合自己需要的在线销售渠道。

6．顾客服务

互联网提供了更加方便的在线顾客服务手段，即从形式最简单的 FAQ（常见问题解答）到电子邮件、邮件列表，再到在线论坛和各种即时信息服务等。在线顾客服务具有成本低、效率高的优点，在提高顾客服务水平、降低顾客服务费用方面具有显著作用，同时直接影响网络营销的效果，因此在线顾客服务成为网络营销的基本组成内容。

7．顾客关系

顾客关系对于开发顾客的长期价值具有至关重要的作用，以顾客关系为核心的营销方式已经成为企业创造和保持竞争优势的重要策略。网络营销为建立顾客关系、提高顾客满意度和顾客忠诚度提供了更为有效的手段。通过网络营销的交互性和良好的顾客服务手段增进顾客关系已经成为网络营销取得长期效果的必要条件。

8．网上调研

网上市场调研具有调查周期短、成本低的特点。网上调研不仅为制定网络营销策略提供支持，也是整个市场研究活动的辅助手段之一。合理利用网上市场调研手段对于市场营销策略的制定具有重要价值。网上市场调研与网络营销的其他职能具有同等地位。网上市场调研既可以依靠其他职能的支持而开展，也可以相对独立地进行；网上调研的结果反过来又可以为其他职能的更好发挥提供支持。

开展网络营销的意义就在于充分发挥各种职能，让网上经营的整体效益最大化，因此仅仅由于某些方面效果欠佳就否认网络营销的作用是不合适的。网络营销的职能是通过各种网络营销方法来实现的，其各个职能之间并非是相互独立的，同一个职能可能需要多种网络营销方法的共同作用，而同一种网络营销方法也可能适用于多个网络营销职能。

8.1.3　网络营销的基本工具

1．网络营销主要的基本工具

在现阶段的网络营销活动中，主要的网络营销基本工具包括企业网站、搜索引擎、电子邮件、即时通信、浏览器工具条等客户端专用软件、电子书、博客、RSS 等。借助这些手段，企业才可以实现营销信息的发布、传递、与用户之间的交互，以及实现销售营销的有利环境。

（1）企业网站

企业网站是一个综合性的网络营销工具。在所有的网络营销工具中，企业网站是最基本、最重要的一个。若没有企业网站，许多网络营销方法将无用武之地，企业网络营销的功能也会大打折扣。因此，企业网站是网络营销的基础。这里从营销的角度分析企业网站的类型与功能。

企业网站主要是为外界了解企业本身、树立良好企业形象并适当提供一定服务的网站。根据企业建站的目的、网站的功能及主要目标群体的不同，企业网站大致分为两类：信息发布型网站和网上销售型网站。

1）信息发布型网站。信息发布型网站属于企业网站的初级形式，不需要太复杂的技术。这种类型的网站将网站作为企业基本信息的一种载体，主要功能定位于企业信息发布，包括公司新闻、产品信息、采购信息、招聘信息等用户、销售商和供应商所关心的内容，多用于产品和品牌推广，以及与用户之间进行沟通。这种网站本身并不具备完善的网上订单跟踪处理功能。这种类型的网站因其建设和维护比较简单，资金投入也较少，初步解决了企业开展网络营销的基本需要，因此它在开展实质性电子商务之前是中小企业网站的主流形式，一些大型企业网站初期通常也属于这种形式。只有具备开展电子商务的条件时，企业才逐步将在线销售、客户关系管理、供应链管理等环节纳入电子商务流程中去。其实，这些基本功能和信息也是所有网站必不可少的基本内容，即使一个功能完善的电子商务网站，一般也离不开这些基本信息，因此信息发布型网站是各种网站的基本形态。

互联网作为一种有效的沟通渠道，许多企业都在利用互联网提供技术支持服务与售后服务。我们将这类售后服务型网站也列入信息发布型网站之中。

2）网上销售型网站。网上销售型网站以订单为中心，以实现交易为目的。这类网站一般具有在线交易、支付、订单管理、用户管理、商品配送等功能，一般说来比信息发布型网站更复杂。这种类型的网站的经营重点与信息发布型的也有一定的差异，除了一般的网络营销目的之外，获得直接的销售收入也是其主要目的之一；而信息发布型网站由于不具备直接在线销售的功能，因此主要的目的在于企业品牌推广、产品促销等方面。例如，DELL公司的网站就具有在线销售功能，如图8-1所示。

图 8-1　戴尔官网的购物车页面

建设一个企业网站，不是为了赶时髦，也不是标榜自己企业的实力，而在于让网站真正发挥作用，并成为有效的网络营销工具和网上销售渠道。

网站的功能主要表现在8个方面：品牌形象树立、产品/服务展示、信息发布、顾客服务、顾客关系维护、网上调查、网上联盟、网上销售。

1）品牌形象树立。网站的形象代表着企业的网上品牌形象。人们在网上了解一个企业的主要方式就是访问该公司的网站，网站建设的专业化程度直接影响企业的网络品牌形象，同时对网站的其他功能产生直接影响。

2）产品/服务展示。顾客访问网站的主要目的是对公司的产品和服务进行深入的了解，企业网站的主要价值也就在于灵活地向用户展示产品说明及图片，甚至多媒体信息。即使一个功能简单的网站，至少也相当于一本可以随时更新的产品宣传资料。

3）信息发布。网站是一个信息载体，在法律许可的范围内，可以发布一切有利于企业形象、顾客服务及促进销售的企业新闻、产品信息、各种促销信息、招标信息、合作信息、人员招聘信息等。因此，拥有一个网站就相当于拥有一个强有力的宣传工具。

4）顾客服务。通过网站可以为顾客提供各种在线服务和帮助信息，如常见问题解答（FAQ）、在线填写寻求帮助的表单、通过聊天实时回答顾客的咨询等。

5）顾客关系。通过网络社区等方式吸引顾客参与企业活动，不仅可以开展顾客服务，同时有助于增进顾客关系。

6）网上调查。通过网站上的在线调查表，企业可以获得用户的反馈信息，用于产品调查、消费者行为调查、品牌形象调查等，所以网上调查是获得第一手市场资料的有效的调查工具。

7）网上联盟。为了获得更好的网上推广效果，企业需要与供应商、经销商、客户网站及其他内容互补或相关的企业建立合作关系，而没有网站，合作就无从谈起。

8）网上销售。建立网站及开展网络营销活动的目的之一是增加销售，一个功能完善的网站本身就可以完成订单确认、网上支付等电子商务功能，即网站本身就是一个销售渠道。

（2）搜索引擎

搜索引擎是常用的互联网服务之一。搜索引擎的基本功能是为用户查询信息提供方便。随着互联网上信息量的爆炸式增长，如何寻找有价值的信息显得日益重要，于是搜索引擎应运而生。由于搜索引擎成为上网用户常用的信息检索工具，这种可以为用户提供发现信息的机会的搜索引擎也就理所当然地成了网络营销的基本手段之一。

通过搜索引擎，当输入关键词并单击确认后，即刻可以反馈出相关的信息。但是，同一关键词在不同的搜索引擎中得到的结果是不同的，不仅反馈的信息数量不同，排列位置也会有一定差异。搜索引擎按工作原理可分为 3 类：纯技术型的全文检索搜索引擎、分类目录搜索引擎和多元搜索引擎。

1）全文检索搜索引擎。这种搜索引擎的原理是通过蜘蛛程序（Spider 程序）到各个网站收集、存储信息，并建立索引数据库供用户查询。需要说明的是，这些信息并不是搜索引擎即时从互联网上检索得到的。通常所说的搜索引擎，其实是一个收集了大量网站／网页资料并按照一定规则建立索引的在线数据库，用户查询时检索程序就根据事先建立的数据库索引进行查找，并将查找的结果按一定次序反馈给用户。百度和谷歌的搜索引擎就属于这种类型。这种搜索引擎的工作原理如图 8-2 所示。

2）分类目录搜索引擎。这种搜索引擎并不采集网站的任何信息，而是利用各网站向"搜索引擎"提交网站信息时填写的关键词和网站描述等资料，并对这些资料进行人工审核编辑，如果符合网站登录的条件，则输入数据库以供查询。Yahoo 是分类目录搜索引擎的典型代表，国内的搜狐、新浪等搜索引擎也是从分类目录发展起来的。分类目录搜索引擎虽然有搜索功能，但严格意义上不能称为真正的搜索引擎，而只是按目录分类的网站链接列表而已，用户完全可以按照分类目录找到所需要的信息。该类搜索引擎因为加入了人的智能，所以信息准确、导航质量高；其缺点是需要人工介入、维护量大、信息量少、信息更新不及时。国内具有代表性的新浪分类目录搜索引擎如图 8-3 所示。

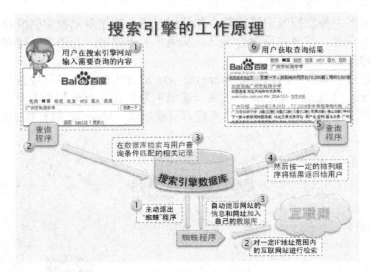

图 8-2　全文检索搜索引擎工作原理

图 8-3　新浪分类目录搜索引擎

3）多元搜索引擎。多元搜索引擎是一种起检索中介作用的搜索引擎。多元搜索引擎本身没有存放网页信息的数据库。当用户查询一个关键词时，它把查询请求转换成其他数个搜索引擎能够接受的命令格式，并行地或者有选择性地访问这些搜索引擎并查询这个关键词，处理这些搜索引擎返回的结果，然后再反馈给用户。多元搜索引擎是在基本搜索引擎的基础上演变而来的，但又不同于传统的搜索引擎模式。

多元搜索引擎并不像全文搜索引擎那样拥有自己的索引数据库，而是当用户提交搜索申请时，通过对多个独立搜索引擎的整合和调用，然后按照多元搜索引擎自己设计的规则将搜索结果进行取舍、排序并反馈给客户。从用户的角度讲，利用多元搜索引擎，可以同时获得多个资源搜索引擎的结果。

美国专业搜索引擎咨询网站 search engine watch 评出的最佳多元搜索引擎咨询网站有 Dogpile、vivisimo、Mamma 等。国内的多元搜索引擎目前还处于起步阶段，目前只有少数的网站开始涉足，还没有优秀品牌的多元搜索引擎出现。Mamma 的首页如图 8-4 所示。

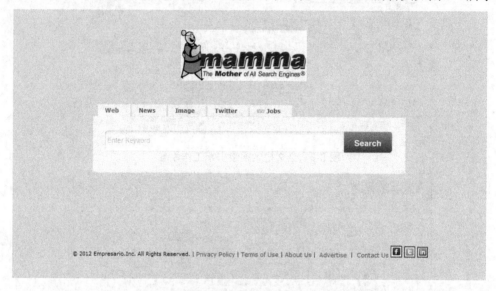

图 8-4　Mamma 首页

搜索引擎作为一种营销工具，它的网络营销目标可以被大致分为 4 个层次，如图 8-5 所示。

图 8-5　搜索引擎的网络营销目标层次

1）被主要搜索引擎/分类目录收录。网站建设完成并发布到互联网上并不意味着可以达到搜索引擎营销的目的。无论网站设计多么精美，如果不能被搜索引擎收录，用户便无法通过搜索引擎发现这些网站中的信息，当然就不能实现网络营销信息传递的目的。因此，让尽可能多的网页被搜索引擎收录是网络营销的基本任务之一。

2）在主要搜索引擎中获得好的排名。让网站/网页仅仅被搜索引擎收录是不够的，还需要让企业信息在主要的搜索引擎中获得好的排名，这就是搜索引擎优化所期望的结果。因为搜索引擎收录的信息通常有很多，用户输入某个关键词进行检索时会反馈大量的结果，如果企业信息出现的位置靠后，被用户发现的机会就大大降低，营销效果也就无法保证。

3）提高用户对检索结果的单击率。通过对搜索引擎检索结果的观察可以发现，并非所有的检索结果都含有丰富的信息。用户通常并不能单击浏览检索结果中的所有信息，而是需要对搜索结果进行判断，从中筛选一些相关性最强、最能引起关注的信息进行单击，以便进入相应网页之后获得更为完整的信息。

4）将浏览者转化为顾客。用户通过单击搜索结果而进入网站/网页，是搜索引擎营销产生效果的基本表现形式，而用户进一步的行为才能决定搜索引擎营销是否可以最终获得收益。在网站上，用户可能会进一步了解某个产品的详细介绍，或者成为注册用户，这样用户才可能从浏览者转化为顾客。

（3）电子邮件

电子邮件是最常用的互联网服务之一。电子邮件不仅是一种个人交流工具，同时日益与企业经营活动密不可分。因此，电子邮件已经成为有效的网络营销信息传递工具之一，在网络营销中发挥着极其重要的作用。电子邮件在网络营销中的作用体现在以下几个方面：

1）企业品牌形象维护。在商务活动中，发件人的电子邮件地址对于企业形象和用户信任具有重要影响。企业尽量不要使用免费邮件，否则会大大降低企业的形象。电子邮件地址本身代表了企业的品牌形象，因此通过电子邮件传递营销信息时，信息源的设置与信息的传递应与企业品牌相适应。

2）在线顾客服务。在企业网站公布的联系方式及在线帮助工具信息中，电子邮件地址都是必不可少的一项内容，因此电子邮件是在线客服的重要工具之一。在线顾客服务除了一般的回复公开咨询之外，常见的形式还有自动回复、常见问题解答、重要信息提醒等。

3）会员通信与电子刊物订阅。用户可以自愿成为企业会员通信与电子刊物的订阅者。这种邮件列表为企业提供了通过电子邮件向用户传递有价值信息的基础条件，它已经成为企业开展顾客服务、增强竞争优势的工具之一。

4）电子邮件广告发送。电子邮件是网民最经常使用的网络工具之一。电子邮件广告具有针对性强、费用低廉的特点，且广告内容不受限制。其针对性强的特点，可以让企业针对某一具体用户或某一特定用户群发送特定的广告，这是其他网络广告方式所不能及的。实践证明，电子邮件是最具效果的广告形式。在正确应用的前提下，其回应率远远高于其他所有类型的广告。最近一次电子邮件广告活动的统计数据显示，60%的上网用户在邮件发送的首月内阅读了该邮件，其中超过30%的用户通过单击邮件里的链接到达目标页面。

5）网站推广。电子邮件在网站推广活动中也发挥着不可忽视的作用。同搜索引擎、资源合作、网络广告等一样，电子邮件也是网络营销中最常见的网站推广手段。电子邮件同时是网站推广方法中病毒性营销的主要载体。

6）产品/服务推广。产品/服务推广是许可电子邮件营销的基本功能之一，无论是通过企业内部的邮件列表还是通过邮件服务商的用户电子邮件地址资源投放电子邮件广告，都是将产品促销信息通过合理设计并作为邮件内容向目标用户发送，从而达到产品推广的目的。

7）收集市场信息。市场营销策略的制定离不开各种市场信息的收集，而利用电子邮件可以获得许多有价值的第一手调查资料。

8）在线市场调查。利用电子邮件进行在线调查是网络市场调研中的常用方法之一。这种方法具有问卷投放和回收周期短、成本低廉、调查活动较为隐蔽等优点。

2．其他网络营销工具简介

除了前面已经介绍的企业网站、搜索引擎和电子邮件之外，在网络营销实践中常会用到的其他网络营销工具还包括电子书、即时信息、博客（BLOG）、微博、在线百科等。这些工具既可以独立使用，也可以与企业网站等其他网络营销工具结合使用。

（1）电子书

电子书（Electronic Book，E-Book）是一种作为传统印刷品替代技术的数字化出版方式。电子书的内容需要借助一定的设备才能阅读，如专用的电子书阅读器、个人电脑、PDA等。作为一种信息载体，电子书在网络营销中已经有许多成功应用的例子，因而成为一种常用的网络营销工具。电子书主要用于网站推广、产品推广、顾客服务等方面。

电子书的信息传递过程如下：

第1步，根据一定的营销目的，编写潜在用户感兴趣的书籍内容，并在书中合理地插入产品促销信息或者网站推广信息。

第2步，将书籍内容制作成某种或某几种格式的电子书。目前常见的电子书格式包括PDF、CHM、EXE等。每种格式的电子书均有相应的制作软件。

第3步，将电子书上传到网站上供用户下载。网站可以是自己的网站，也可以是一些提供公共服务的网站。如果自己的网站用户数量有限且希望扩大用户下载数量，则可以采用一定的方法吸引用户下载，也可以采用一定的激励手段鼓励用户向更多的人转发或传递下载电子书的信息。

第4步，用户在阅读电子书的过程中发现企业的促销信息，产生兴趣后来到企业网站或者通过其他方式与企业取得联系，从而达到网站/产品推广的目的。

（2）即时通信工具

IM是Instant Messaging的缩写，译为即时通信或者实时传讯，是一种基于互联网的即时交流消息的业务。目前国内常见的IM工具包括腾讯QQ、MSN、淘宝旺旺、飞信、新浪UC等。IM推广是指以各种IM工具为平台，通过文字、图片等形式进行宣传推广的活动。上面提到的众多IM工具里，腾讯QQ的市场占有率最高，所以平时做IM推广的时候基本上都以QQ平台推广为主。

即时通信工具在网络营销中的应用主要体现在以下几个方面：

1）实时交流，增进顾客关系。快速、高效是即时信息的特点。如果存在信息传递障碍，可以及时发现，而不是像电子邮件那样需要等待几个小时甚至几天才能收到被退回的消息。目前，即时信息已经部分取代了电子邮件的个人信息交流功能。与此同时，即时信息已经成为继电子邮件和搜索引擎之后的又一最常用的互联网服务。即时信息的实时交流功能在建立和改善顾客关系方面具有明显效果，尤其是一个网站内部的即时信息应用已经成为企业与顾客之间增强交流的有效方式。

2）在线顾客服务。随着顾客对在线咨询要求的提高，他们已经不再满足于通过电子邮件提问几个小时甚至几天后才收到回复的状况，许多顾客希望得到即时回复，而即时通信工具正好具有这种实时为顾客服务的功能。研究表明，实时的即时通信服务对于网上销售中提升订单成功率有很大帮助。如果使用即时信息合理地开展顾客服务，顾客放弃购物车的比例可以降低20%。顾客放弃购物车是网上销售的一种常见现象。与顾客在超市的购买不同，网上购物时放弃购物车的比例很高，这是因为在顾客需要询问时销售商无法给出解答造成的。

3）网络广告媒体。由于拥有众多的用户群体，即时通信工具已经成为主要的在线广告媒体之一，并且与一般基于网页发布的网络广告相比具有独到的优势，如便于实现用户定位、可以同时向大量在线用户传递信息等。例如，国内用户所熟知的在线聊天工具 QQ 就有多种广告形式。

4）病毒性营销信息传播工具。与电子书等网络营销工具一样，即时信息也可以作为一种病毒性营销信息的传播工具。例如，一些有趣的笑话、加点的情感故事、节日祝福、Flash等都可以成为这些病毒性营销的载体，而即时信息则成为这些信息的传播工具。

（3）博客与微博

博客在有些地方也称网志或者网络日志。博客以名词形式出现时，通常指在网络上发表博客文章的人或者文章内容；博客作为动词出现时，则指写博客文章。博客是继 E-mail、BBS、QQ 之后出现的第 4 种网络交流方式，目前十分受大家的欢迎，成为网络时代的个人"读者文摘"。博客不仅被用于发布个人的网络日志，也成为企业发布信息的工具，因而是一种比较新型的网络营销工具。

微博是微博客（MicroBlog）的简称，即一句话博客。它是一种通过关注机制分享简短实时信息的广播式的社交网络平台。用户可以通过 WEB、WAP 等各种客户端组建个人社区，以 140 字左右的文字更新信息，并实现即时分享。微博作为营销平台，每一个听众（粉丝）都是潜在营销对象，企业可以通过更新自己的微型博客向网友传播企业信息和产品信息，树立良好的企业形象和产品形象。每天更新内容就可以跟大家交流互动，或者发布大家感兴趣的话题，这样就能达到营销的目的，这就是新兴的微博营销。最早、最著名的微博是 2007 年建立的美国 twitter（一家美国社交网络及微博服务的网站，是全球互联网上访问量最大的十个网站之一）。国内著名的微博网站有新浪微博、腾讯微博等。

（4）开放式在线百科平台

开放式在线百科平台已经成为众多企业新的网络营销工具之一，同时也是 web2.0 推广的主要形式之一。百科平台之所以得到企业的重视，主要原因在于百科平台首先具有免费性、开放性，人人可以参与编辑和创建词条。同时，百科词条具有公正性，人人可以监督修改。最为重要的是，百科平台对搜索引擎具有友好性，可以提高企业在搜索引擎中的可见度。基于以上原因，百科平台已经成为企业的一种"廉价"的网络推广工具。

8.2 常见网络推广方式

随着网络科技发展的日新月异，网络推广手段也层出不穷。下面我们就对当前企业实际应用较多的几种网络推广方式做简单介绍。

8.2.1 搜索引擎推广

CNNIC 第 33 次网络状况统计报告显示，国内用户了解网站最主要的途径是搜索引擎，占所有途径的 70%以上，位列所有途径之首。因此，搜索引擎已成为电子商务网站推广的最为重要的方式之一。通过在搜索引擎上进行有效的推广，企业的网站就有更多机会被潜在用户发现、了解，这对于企业吸引客户、扩大市场具有非同寻常的意义。搜索引擎推广的主要方式有登录搜索引擎、搜索引擎优化和搜索引擎关键词广告3种。

（1）搜索引擎登录

大部分搜索引擎都提供了搜索引擎登录入口，用户可根据相关要求输入网站地址等信息，搜索引擎将会收录该网址。这也是用户主动要求搜索引擎收录网站地址的方法之一。我们只要找到登录入口，并对网站信息进行输入，就有机会被免费收录。我们可以分别去各种搜索引擎站点手工完成并递交表单，也可以通过专门的搜索引擎递交软件完成递交工作[如站长工具（几个主要的搜索引擎登录入口汇总如图8-6所示。http://tool.lusongsong.com/addurl.html）]。

入口　网站 搜索引擎登录	中文搜索引擎登录	成功收录时间
百度 http://www.baidu.com/search/url_submit.html		1周左右
雅虎中国 http://cn.yahoo.com/docs/info/suggest.html		时间不定
谷歌 http://www.google.com/addurl.html		1个月内
一搜 http://www.yisou.com/search_submit.html?source=yisou_www_hp		1个月内
搜狐/搜狗 http://db.sohu.com/regurl/regform.asp?Step=REGFORM&class=		10天内
新浪 http://bizsite.sina.com.cn/newbizsite/docc/index-2jifu-10.htm		注：针对非商业性网站

图8-6　几个主要的搜索引擎登录入口

（2）搜索引擎优化

搜索引擎优化即SEO（Search Engine Optimization，SEO），指为了提升网站/网页在搜索引擎搜索结果中的收录数量和排序位置，为了从搜索引擎中获取更多的免费流量和高质量用户，针对搜索引擎的检索特点和排序规律，合理调整并优化网站设计和建设方法，使其符合搜索引擎的检索规则的网站建设及网站运营行为，从而使搜索引擎收录尽可能多的网页，并在搜索引擎自然检索结果中排名靠前，最终达到网站推广的目的。

SEO又分为站外SEO和站内SEO两种。站内SEO优化包括网站结构设计优化、网站代码优化和内部链接优化、网站内容优化、网站用户体验优化等内容。站外SEO优化包括网站外部链接优化、网站的链接建设优化、网站的外部数据分析优化等内容。

（3）搜索引擎关键词广告

关键词广告指广告主根据自己的产品或服务的内容、特点等，确定相关的关键词，撰写广告内容并自主定价投放的广告。当用户搜索到广告主投放的关键词时，相应的广告就会展示出来（关键词有多个用户购买时，根据竞价排名原则展示），并在用户单击后按照广告主对该关键词的出价收费，无单击不收费。这里列出了百度关键词广告的3种展现形式，如图8-7所示。

竞价排名的基本特点是按点击付费。如果推广信息出现在搜索结果中（一般是靠前的位置），但没有被用户点击，则不收取推广费。竞价排名是一种按效果付费的网络推广方式。它用少量的投入就可以给企业带来大量的潜在客户，有效地提升企业的销售额和品牌知名度。

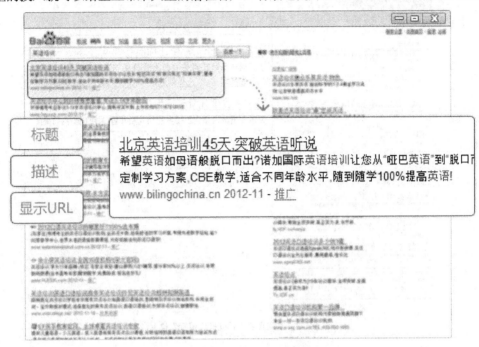

形式1：左侧"百度推广链接"位置

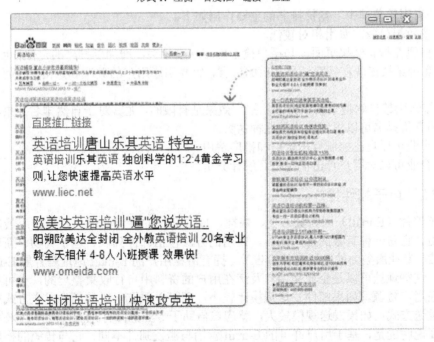

形式2：右侧"百度推广链接"位置

图8-7　百度关键词广告的3种展现形式

形式 3：左侧底纹"百度推广链接"位置

图 8-7　百度关键词广告的 3 种展现形式（续）

在搜索引擎营销中，竞价排名的主要作用如下：

1）按效果付费，费用相对较低。

2）出现在搜索结果页面，与用户检索内容高度相关，增加了推广的定位程度。

3）竞价结果出现在搜索结果靠前的位置，容易引起用户的关注和点击，因而效果比较显著。

4）搜索引擎自然搜索结果排名的推广效果是有限的，尤其对于自然排名效果不好的网站，采用竞价排名可以很好地弥补这种劣势。

5）企业可以自己控制点击价格和推广费用。

6）企业可以对用户点击情况进行统计分析。

8.2.2　电子邮件推广

电子邮件（E-mail）因为其方便、快捷、成本低廉的特点而成为目前使用最广泛的互联网应用。它是一种有效的推广工具，常用的方法包括邮件列表、电子刊物、新闻邮件、会员通信、专业服务商的电子邮件广告等。拥有潜在用户的 E-mail 地址是开展 E-mail 营销的前提。这些地址可以是企业从用户及潜在用户的资料中自行收集整理的，也可以是第三方的潜在用户资源。如果邮件发送规模比较小，则可以采取一般的邮件发送方式或邮件群发软件发送方式；如果发送规模较大，就应该借助于专业的邮件列表发行平台来发送。

需要说明的是，基于用户许可的 E-mail 营销与滥发邮件不同，它与传统的推广方式或未经许可的 E-mail 营销相比具有明显的优势。它是在用户事先许可的前提下，通过电子邮件的方式向目标用户提供有价值信息，同时附带一定数量的商业广告信息的推广方式。未经用户许可的电子邮件，通常被归为垃圾邮件范畴。垃圾邮件不但使得用户反感，而且对企业本身形象也具有负面影响。许可 E-mail 营销根据客户的业务情况，进行目标受众数据的筛选，设计策划有针对性的 E-mail 方案，达到推广品牌、产品或服务的目的。这样既可以减少广告对用户的骚扰、增加潜在客户定位的准确度，又可以增强与客户的关系、提高品牌忠诚度。

E-mail 推广需要注意以下几个问题。

（1）确定目标顾客群

首先考虑是建立自己的邮件列表，还是利用第三方提供的邮件列表进行服务。两种方式都可以实现 E-mail 推广的目的，但各有优缺点。利用第三方提供的邮件列表服务，费用较高，很难了解潜在客户的资料，事先很难判断定位的程度，还可能受到发送时间、发送频率等因素的制约。用户资料是重要资产和营销资源，因而许多企业都希望拥有自己的用户资料，并将建立自己的邮件列表作为一项重要的策略。

（2）制订发送方案

尽可能与专业人员一起确定目标市场，找出潜在的用户，确定发送的频率。发送 E-mail 联系的频率应该与顾客的预期和需要相结合。这种频率预期因时、因地、因产品而异，从每小时更新到每季度的促销信息。有人认为发送频率越高，收件人的印象就越深，这其实是一种错误的认识。因为过于频繁的邮件"轰炸"会让人厌烦。研究表明，同样内容的邮件，每个月发送 2～3 次为宜。

（3）主题明确

邮件的主题是收件人最早看到的信息，邮件内容是否能引人注意，主题起到相当重要的作用。邮件主题应言简意赅，以便收件人决定是否继续阅读。

（4）内容简洁

电子邮件应力求用最简单的内容表达诉求点，必要时可以给出一个关于详细内容的链接（URL）。如果收件人感兴趣，则会主动点击链接的内容；否则内容再多也没有价值，只能引起收件人的反感。同时，要用通俗易懂的语言介绍产品能为客户带来什么好处，特别是产品与竞争对手的产品有什么不同，这些不同或许体现在功能上，或许在服务上，总之必须与众不同。另外，表达内容时不要夸夸其谈，要注意客户有什么感觉，即内容一定要以客户为中心，让客户感到你在实实在在地为他们着想。

（5）格式清楚

虽然电子邮件没有统一的格式，但它毕竟是一封邮件，而作为一封商业函件，它应该参考普通商务信件的格式，包括对收件人的称呼、邮件正文、发件人签名等因素。邮件要能够方便顾客阅读。有些发件人为图省事，会将一个甚至多个不同格式的文件作为附件插入邮件内容，给收件人带来很大麻烦。所以，邮件最好采用纯文本格式的文档，把内容尽量安排在邮件的正文部分，除非必须插入图片、声音等资料。

（6）收集反馈信息，及时回复

发邮件可以选择群发，也可针对某些顾客进行单独发送。开展营销活动应该获得特定计划的总体反应率（如点击率和转化率）并跟踪顾客的反应，从而将顾客过去的反应行为作为将来的细分依据。接到业务问询时，应及时做出回复，最好在 24 小时以内回复。回复的时间拖得越长，对企业形象损害越大。需要注意的是，应该养成一天查收信件数次的习惯，并做到及时回复。这样不仅表示重视客户的问询，也显示了工作的高效。在对潜在顾客的问询做出及时回复之后，还应该在两三天内跟踪问询 2～3 次。很多人一天会收到大量的电子邮件，你的回复很有可能被忽略了或者不小心被删掉。跟踪联系意在确认对方是否收到了你的回复，同时给对方受重视的感觉，还传达出你希望赢得这笔业务的诚意。

（7）及时更新邮件列表

企业应将从顾客那里得到的信息进行整理，更新邮件列表，创建一个与产品和服务相关的客户数据库，改善"信噪比"（又称"讯噪比"，是指一个电子设备或电子系统中信号与噪声的比例），增加回应率，同时了解许可的水平。客户许可的水平有一定的连续性，每封发送的邮件中都应该包含允许加入或退出营销关系的信息，没有必要用某些条件限制顾客退出营销关系。企业可以通过这些信息加深个性化服务，增强顾客的忠诚度。

8.2.3 信息发布推广

信息发布推广是指将有关的网站推广信息发布在潜在用户可能访问的其他网站上，利用用户在这些网站获取信息的机会实现网站推广的目的。适用于这些信息发布的网站包括在线黄页、分类广告、论坛、博客网站、供求信息平台、行业网站、微信公众号等。信息发布是免费的网站推广的常用方法之一，在互联网发展早期经常为人们所采用。不过，随着网上信息量爆炸式的增长，这种依靠免费信息发布的方式所能发挥的作用日益降低。同时，由于更多、更有效的网站推广方法的出现，信息发布在网站推广常用方法中的重要程度也有明显的下降，仅仅依靠大量发送免费信息方式的作用也越来越不明显。因此，免费信息发布需要更有针对性、更具专业性，而不是一味强调多发。下面简单介绍一下其中的论坛推广和微信推广。

1．论坛推广

（1）论坛推广的概念与特点

论坛推广就是利用论坛这种网络交流的平台，通过文字、图片、视频等方式发布企业的产品和服务的信息，从而让目标客户更加深刻地了解企业的产品和服务，最终达到宣传企业品牌和加深市场认知度的目的的网络营销活动。论坛推广可以帮助企业培育客户忠诚度，及时有效地进行双向信息沟通。千挑网在网易论坛发的推广贴如图 8-8 所示。

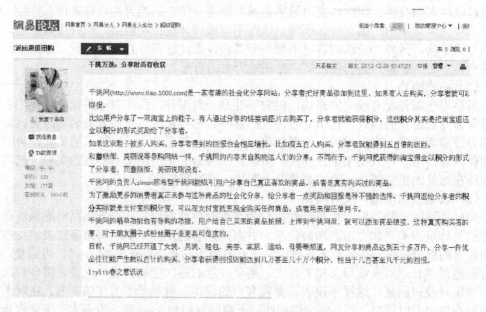

图 8-8　千挑网在网易论坛发的推广贴

论坛推广具有以下特点：

1）论坛具有高人气的特点，企业可以利用这个特点有效地为企业提供营销传播服务。而由于论坛话题的开放性，几乎企业所有的营销诉求都可以通过论坛传播得到有效的实现。

2）论坛活动具有强大的聚合能力。

3）事件炒作通过炮制网民感兴趣的活动，能够将客户的品牌、产品、活动内容植入传播内容，并展开持续的传播效应，引发新闻事件，导致传播的连锁反应。

4）运用搜索引擎内容编辑技术，不仅能使内容在论坛上有好的表现，也能在主流搜索引擎上快速找到发布的帖子。

（2）论坛推广的方法

首先，找准企业网站的目标论坛。论坛发帖不是在哪个论坛都可以，选择论坛要看论坛是否集中了大量的企业潜在客户、人气是否相对比较旺、是否具备个人签名功能、是否提供链接功能，并且发帖后是否能够做修改，这些特点都关系到论坛推广的成功与否。否则，无论你的文章写得多精彩，如果放在一个冷清的论坛上，就算给你放在最显眼的位置也没有人去看。不同的文章主题所选择的论坛是不一样的。例如，把卖衣服的文章发到军事论坛就没有人看了，而阿里巴巴商人社区就更适合了。

目标论坛不一定越多越好，企业要量力而行，视自身的人力、物力而定。选择目标论坛最关键的是用户群要精准。行业相关性的论坛，其外链的质量相对更高一些。

其次，选择的帖子内容要存在争议性。发帖时要注意选择具备争议性的内容，一面倒的帖子不会让帖子受众产生回复和点击的兴趣。只有话题有争议、有看点，有热点，才会引发关注和点击。当然，也不要一味地为了争议而争议，争议要与自己的产品和网站相关，否则再热的话题也不能给网站增加半点流量。

下面的阅读材料是一个论坛推广成功的案例。

安琪酵母股份有限公司是国内最大的酵母生产企业。在人们的常识中，酵母是蒸馒头和做面包用的必需品，很少直接食用。而安琪酵母公司却开发出酵母的很多保健功能，并生产出可以直接食用的酵母粉。

要推广酵母粉这种人们完全陌生的食品，安琪公司首选了论坛进行推广。于是，公司开始在新浪、搜狐、TOM等有影响力的社区论坛里制造话题。它之所以这样做，是因为在论坛里，单纯的广告帖永远是版主的"眼中钉"，也会招来网友的反感，而制造话题比较让人能够接受。

2008年6月，当时有很多关于婆媳关系的影视剧正在热播，婆媳关系的关注度也很高。因此，公司策划了"一个馒头引发的婆媳大战"事件。

事件以第一人称讲述了南方的媳妇和北方的婆婆关于馒头发生争执的故事。

帖子贴出来后，引发了不少的讨论，其中就涉及酵母的应用。这时，由专业人士把话题的方向引入到酵母的其他功能上去，让人们知道酵母不仅能蒸馒头，还可以直接食用，并有很多的保健美容功能（如减肥）。由于当时正值6月，正是减肥旺季，而减肥又是女人永远的关注点。于是，论坛上的讨论，让这些关注婆媳关系的主妇们同时记住了酵母的一个重要功效——减肥。为了让帖子引起更多的关注，公司选择有权威的网站，利用它们的公信力把帖子推到了好的位置。

公司当时就选了新浪女性频道中关注度比较高的美容频道，把相关的帖子细化到减肥沙龙板块等。有了好的论坛和好的位置，酵母马上引发了更多普通网民的关注。

除了论坛营销，安琪酵母又在新浪、新华网等主要网站发布新闻，而这些新闻又被网民转到论坛里作为谈资。这样，产品的可信度就大大提高了。

在接下来的两个月里，安琪酵母公司的电话量陡增。消费者在百度上输入"安琪酵母"这个关键词，页面的相关搜索里就会显示"安琪即食酵母粉"、"安琪酵母粉"等10个相关搜索。可见，安琪酵母获得了较高的品牌知名度和关注度。

我们由此可以看出，选择好目标顾客群常去的论坛，使用能吸引大家关注的话题展开论坛或者社区营销，是论坛推广取得成功的关键。论坛营销不失为品牌推广的一个好法子。它通过在有影响力的论坛制造话题、利用网友的争论及企业有意识的引导，把产品的特性和功能诉求详细地告知潜在的消费者，激发他们进行关注和购买。

通过安琪酵母在网上推广成功的案例，我们可以得出一个结论：论坛营销的真正价值还在于互动，真正好的网络传播一定是网友自动顶帖或者转帖率高的传播。那些发一个帖子，找无数 ID 自己顶帖和转帖的做法效果并不好，原因是普通网民的参与度差，广告的到达率也就低了许多。

2. 微信推广

微信推广主要体现在以安卓系统、苹果系统的手机或者平板电脑中的移动客户端进行的区域定位营销推广。商家通过微信公众平台，结合微信会员营销系统，展示商家微官网、微会员、微推送、微支付、微活动、微 CRM、微统计、微库存、微提成、微提醒等，已经形成了一种主流的线上线下微信互动营销推广方式。

微信推广具有以下特点。

（1）点对点精准营销

微信拥有庞大的用户群，它借助移动终端、天然的社交和位置定位等优势，使每个信息都可以推送，能够让每个个体都有机会接收到这个信息，继而帮助商家实现点对点精准化营销。

（2）形式灵活多样

1）漂流瓶。用户可以发布语音或者文字信息，然后投入大海，如果其他用户"捞"到则可以展开对话。招商银行的"爱心漂流瓶"用户互动活动就是一个典型案例。

2）位置签名。商家可以利用"用户签名档"这个免费的广告位为自己做宣传，附近的微信用户就能看到商家的信息。例如，饿的神、K5 便利店等就采用了微信签名栏的营销方式。K5 便利店运用微信签名栏对新店进行推广的方式如图 8-9 所示。

图 8-9　K5 便利店微信签名栏对新店的推广

3）二维码。用户可以通过扫描识别二维码身份来添加朋友、关注企业账号；企业则可以设定自己品牌的二维码，用折扣和优惠来吸引用户关注，开拓O2O的营销模式。

4）开放平台。通过微信开放平台，应用开发者可以接入第三方应用，还可以将应用的Logo放入微信附件栏，使用户可以方便地在会话中调用第三方应用进行内容选择与分享。例如，美丽说的用户可以将自己在美丽说中的内容分享到微信中，使一件美丽说的商品得到不断的传播，进而实现口碑营销。

5）公众平台。在微信公众平台上，每个人都可以用一个QQ号码，打造自己的微信公众账号，并在微信平台上实现和特定群体的文字、图片、语音的全方位沟通和互动。

（3）强关系的机遇

微信的点对点产品形态注定了其能够通过互动的形式将普通关系发展成强关系，从而产生更大的价值。企业可以通过互动的形式与用户建立联系。互动就是聊天，可以解答疑惑、可以讲故事甚至可以"卖萌"，既可以用一切形式让企业与消费者形成朋友的关系，因为人们一般不会相信陌生人，但是会信任自己的"朋友"。

下面的阅读材料是小米微信推广成功的案例。

每天早上，当9名小米微信运营工作人员在电脑上打开小米手机的微信账号后台时，总有上万条用户留言在那里等着他们。这些留言稀奇古怪，有人问如何购买小米手机，也有人问刷机用线刷还是卡刷好。

小米自己开发的微信后台能够将这些留言中的一部分自动抓取出来，如留言中出现"订单""刷机""快递"等字眼时，这些用户会被系统自动分配给人工客服，小米的微信运营人员会一对一地对其微信用户进行回复。

这些通过微信联系的粉丝极大地提升了其对小米的品牌忠诚度，有多达40%~50%的小米微信粉丝会经常参与小米微信每月一次的大型活动，微信的运用大大拉升了小米的销量。

截至2013年5月底，小米的微信账号已经有超过106万名的粉丝。这在企业类的微信账号中属于超级大号。

当微信开始红遍全国的时候，大批企业涌入微信，开始开设自己的微信公众账号。由于微信太火，企业不得不关注微信。但是，我们接触的大部分企业都对自己的微信如何定位感到迷茫。

企业对微信的需求甚至养活了一批江湖骗子。在华南一些地方，一些微信营销培训班动辄将一部课程的费用炒到1万多块钱，但是许多培训班讲来讲去，都讲不出几个成功的案例。

如何与粉丝通过微信保持良好的互动，并通过微信有效地拉动销售，小米的经验值得许多企业借鉴。

1．100万名粉丝如何达成

"我们是把微信服务当成一个产品来运营的。"小米分管营销的副总裁黎万强表示。

起初，小米通过新浪微博将粉丝倒到微信上来。小米的两个官方微博账号当时已经有300多万名的粉丝。从理论上分析，应该会有相当一部分的小米微博用户关注其微信，但是实际上，用微博来推微信账号的效果并不理想。

在2013年年初的时候，新浪微博一度屏蔽了其上面的微信二维码链接，导致微博粉丝转微信的效果很一般。目前，小米的微信粉丝中大约只有10%是来自新浪微博的。

相比之下，小米有 50%的粉丝来自其官方网站，另外有 40%的粉丝来自站内活动。真正让小米粉丝猛增的，是每周一次的小型活动及每月一次的大型活动。

小米手机本质上是一个电子商务的平台，它每周会举办一次开放购买活动，每次活动都会在官网上放微信的推广链接及微信二维码。据了解，通过官网发展粉丝效果非常之好，最多的时候一天可以发展 3~4 万名粉丝。

小米每次微信活动之前一两天，都会提前在其微博账号、合作网站、小米论坛、小米官网上提前发布消息，告知活动详情，并在活动结束之后进行后续的传播。

小米微信粉丝增长最多的一天是在 2013 年 4 月 9 日米粉节的时候，那时小米在微信上展开了有奖抢答的活动，时间是当天下午 2 点到 4 点。

这次活动期间，小米的微信后台总计收到 280 万条信息——过多的信息直接导致其微信后台崩溃，粉丝留言后无法参与抢答活动，导致活动失败。

但这次活动却为小米带来了 14 万名的新增粉丝。活动开始前，小米的微信粉丝数是 51 万名，活动结束后猛增到 65 万名。

与此类似的还有小米在 3 月份举办的"非常 6+1"活动，这次为期 3 天的活动让小米猛增了 6.2 万名粉丝。

发展这些粉丝的时候，小米会定期举行有奖活动来激活用户。例如，关注小米微信即可以参与抽奖，抽中小米手机、小米盒子，或者可以不用排队优先买到比较紧俏的机型，这些方法都很有效。

2. 9 名人员如何应付 100 万名粉丝

当小米的微信粉丝增长到近 10 万名时，后台每天接到的用户留言峰值能够达到 4 万条。在微信的后台应付这些留言非常费劲。

微信公众账号自带的后台功能很简单，如其后台没有搜索功能，无法在众多的粉丝当中搜索出一名特定粉丝。为此，小米自己开发了一套后台，用户在微信上给小米的留言基本上都会被抓到小米自己开发的后台里面。这个后台比微信官方提供的后台更加清晰、更加容易管理，可以设置人工回复关键字、回复范本、加强用户管理等，小米自己的微信后台同样支持搜索。

不过，这种自动+手工的回复模式，仍然无法满足 100 万名用户的需求。由于用户的留言千奇百怪，许多可能并不在其人工回复的范围之内，这样就很难让用户有一个满意的结果。

目前，小米的微信服务只有 9 个人负责，其中 3 名负责微信运营及活动策划、6 名负责微信售后服务。据了解，小米微信运营团队很快会增加到 20 人左右。

值得一提的是，小米从微信官方拿到了比其他企业更高的 API 接口权限。在小米微信运营初期，小米分管营销的副总裁黎万强就通过和微信的谈判获得了这个较高权限的接口。

"小米微信的这个独立的 CRM 接口，可以对用户进行信息读取，可以进行事件推送，这是其他企业所没有的。"微信营销专家管鹏指出，这一接口让小米可以截留一些用户的行为数据，让用户数据可以留在本地的服务器里面，并对其进行分析，而其他大部分企业账号没有这么高的权限。这一权限对于小米进行用户行为数据的分析至关重要，可以让小米的微信有针对性地改进服务。

小米试图对这 100 多万名的粉丝进行分级、分组，把他们按照不同的属性区分出来，如分出哪些粉丝已经是小米的用户、哪些是潜在的用户。但是，这是一项很困难的工作。

达到这一目的的方法是，通过举办各种活动，发现这些用户的行为轨迹（如购买记录等），把他们分别开来。

我们根据分析了解到，在100万名的粉丝当中，大约60%都是米粉或小米的使用者，他们对小米这个品牌比较忠诚。

3．企业微信账号应该定位为什么？

小米微信账号运营的成功使企业的微信运营受到了重要启发。我们所接触到的多家企业都纷纷开设了微信公众账号，但是对于微信账号该如何定位及如何运营感到迷茫。

一些企业将微信定位为一个营销的工具，结果导致微信账号天天为用户推送广告信息，引起了用户的极大反感。例如，一家知名药妆店连锁品牌的微信账号，曾经一天给用户推送一条广告信息，结果其账号每天的退订率高达50%。用户对广告信息的反感程度可见一斑。

艾瑞咨询发布的"2013中国微信公众平台用户研究报告"显示，微信公众平台的实际用户活跃度比人们预期中的低很多，尤其是许多企业的微信账号，虽然用户关注，但是用户经常去点开的很少。

小米负责营销的副总裁黎万强经常在内部开会时强调，做营销就是做服务。因为其商业模式本身是口碑经济，即通过良好的服务发展一批公司很重视的铁杆粉丝，再由这些粉丝通过口碑发展更多的新用户。因此，小米将微信账号定位为服务的角色，因为服务和营销是联系在一起的。

黎万强指出，新一代的人群的生活习惯正发生着巨大改变，如他们喜欢通过碎片时间接受客服。小米发展微信账号，其实就是为了适应这种趋势。

目前，小米有近1 000人的呼叫中心客服队伍，这是一笔不小的成本开支。小米的微信账号发展起来后，可以减轻电话客服的压力，毕竟一些简单的问题通过微信客服就可以获得解决。

不过，小米的微信运营团队发现，用户手机有问题时，大部分人第一反应还是打电话给小米的呼叫中心。相比之下，小米的微信所解决的大部分问题是用户那些不太紧急的事情，如在微信上查找自己下的订单物流情况、货送到什么地方了，或者在微信上把自己的GPS定位回传给小米，以便被告知最近的小米维修中心在什么地方。

"我们很少主动去给用户推送信息，有时一周都没有一条。"黎万强指出，企业的微信账号要尽量减少骚扰用户，而这个账号应该更多地为粉丝提供服务。由于微信已经在公众账号中加入了自定义菜单功能，因此一个微信公众账号就是一个小型的App，它可以替代原来手机App的许多功能。

黎万强表示，微信同样使得小米的营销、CRM成本开始降低。举个例子，过去小米做活动通常会群发短信，100万条短信发出去就是4万块钱的成本，一年下来光短信费就是很大的一笔开销；而现在有了100万名微信粉丝，通过微信发出信息可以节省很多成本。

"我们在微信上是为了活跃用户，而不是为了销售。"黎万强表示，现在小米也处在摸索期，未来小米的微信可能会有更加丰富的功能。

微信营销专家管鹏指出，小米的微信案例在一定程度上缺乏复制性。首先小米在此前已经积累了数百万名的微博粉丝，以及众多的小米论坛铁杆粉丝，这些用户是小米微信账号做起来的基础，而大部分其他的企业不具备这一前提。"许多人把微信神化了，其实微信不是万能的。做好微信是需要线上线下拉动的，单纯的微信宣传效果是很一般的。"管鹏指出。

实际上，小米的微信案例提供了一个很有价值的样本，即把微信当作企业整体营销和服务的一个重要环节来经营，而不是单纯地为了做微信营销而经营微信。

8.2.4 资源合作推广

网站推广常常会利用外部资源。当网站具备一定的访问量以后，网站本身也就拥有了网络营销的资源，而这样的网站之间可以进行资源合作，通过网站交换链接、交换广告、内容合作、用户资源合作等方式实现互相推广的目的。网站资源合作最简单的方式为交换链接。在合作网站上提供自己网站的链接可以大大增加被搜索引擎搜索到的几率。对于大多数中小网站来说，这种免费的推广手段因其简单、有效而成为常用的网站推广方法之一。

交换链接的意义主要体现在如下几个方面。

（1）提升 PR 值

提升 PR 值是交换友情链接最根本的目的。PR 全称为 Page Rank，是谷歌发明的网页的级别技术。它是用来评测一个网页"重要性"的一种方法，级别从 1～10 级，10 级为满分。PR 值越高说明该网页越受欢迎（越重要），同时将在搜索引擎中获得更好的排名。一般来说，PR 值达到 4 就算一个不错的网站了。想要提升自身的 PR 值，最有效的办法之一就是与 PR 值高的网站交换链接。

（2）提高关键词排名

关键词排名的原理可以简单理解为投票原理，即一个网站想获得好的排名，就需要很多网站给它投票，这些网站就是外部链接。所以，若想在搜索引擎中获得好的关键词排名 寻找优质外链是必不可少的一步。

（3）提高网站权重

网站权重指搜索引擎对网站的重视程度。一个网站的权重越高，它在搜索引擎所占的分量就越大，在搜索引擎中的排名就越好。提高网站权重，不但利于网站（包括网页）在搜索引擎的排名更靠前，还能提高网站的流量、提高网站信任度，所以提高网站的权重是相当重要的。提高网站权重可从两个方面做起：对内，要求网站结构合理、内容充实、符合用户使用习惯，即我们所说的优化；对外则要求获得大量优质的外部链接。

（4）提高知名度

这是有针对性的，只有对于特定的网站和特定的情况才会达到此效果。例如，一个不知名的新网站，如果能与新浪、搜狐、网易、腾讯等大的网站全都做上链接，那肯定对其知名度及品牌形象是一个极大的提升。

我们所提到的优质链接一般包括以下几个特征：

1）Alexa 排名高。Alexa 是 Amazon 公司的一个子公司，成立于 1996 年，是一家专门发布网站世界排名的网站。Alexa 排名代表的是流量，排名越高的网站意味着流量越高；流量高代表用户认可这个网站，自然搜索引擎会也会喜欢，这样的网站往往属于优质的外链对象。我们可以在站长之家等站长工具类站点查到这一排名。网站 985.net 的 Alexa 排名变化如图 8-10 所示。

Daily Global Rank Trend
985.net
10,000
20,000
40,000
60,000
80,000
Feb
Mar
Apr
May
Jun
Jul
©2013 Alexa
2013 Jul 27

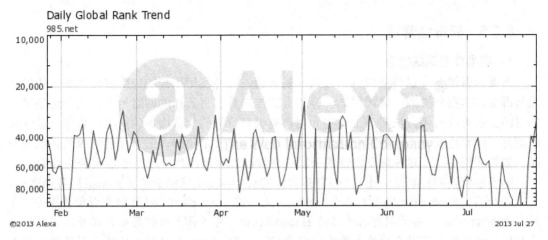

图 8-10　网站 985.net 的 Alexa 排名变化

2）PR 值高。PR 值代表的是网站的权重。一个网站只有与权重高的网站交换链接，才会提升自己的权重。通常来说，只要对方的 PR 值比自己的高就可以交换。不过，PR 值至少应该达到 4 才算是一个优质的链接。

3）知名度高。对方的网站具有一定的知名度，或者在行业内具有一定的影响力，这样的网站一般都是优质链接。

4）关联度高。对方网站的主题内容要与自己的网站有一定的关联性。因为关联度越高，搜索引擎越重视。

5）网页快照日期新。对方的网页快照日期很新，说明搜索引擎经常关注这个网站，相反则说明搜索引擎对该网站重视不够。通俗地说，搜索引擎在收录网页时都会做一个备份（大多是文本格式的），保存这个网页的主要文字内容，这样当这个网页被删除或连接失效时，用户可以使用网页快照查看这个网页的主要内容。由于这个快照以文本内容为主，所以会加快访问速度。网页快照如图 8-11 所示。

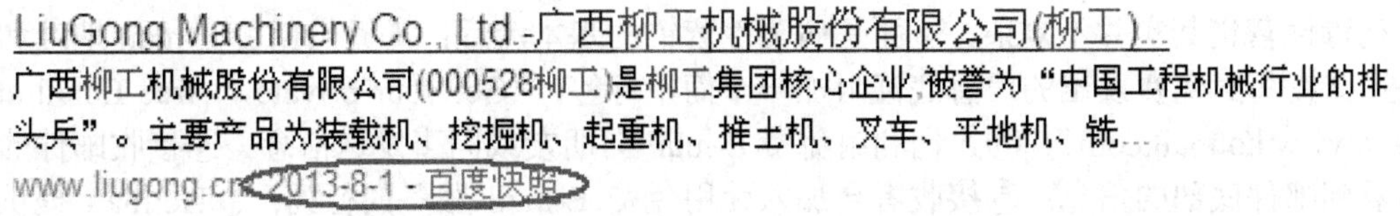

LiuGong Machinery Co., Ltd.-广西柳工机械股份有限公司(柳工)...
广西柳工机械股份有限公司(000528柳工)是柳工集团核心企业,被誉为“中国工程机械行业的排头兵”。主要产品为装载机、挖掘机、起重机、推土机、叉车、平地机、铣...
www.liugong.cn 2013-8-1 - 百度快照

图 8-11　网页快照时间

6）收录数相差不大。第一，搜索引擎的收录数与其网站的实际内容数不应该相差太大。第二，对方网站在百度与谷歌的收录数最好不要相差太大，这个可以参考其同类网站在不同搜索引擎的收录比例。

7）更新速度快。对方网站的内容最好是天天有更新。只有天天更新的网站，搜索引擎才会重视，用户才会喜欢，链接也才有价值。

8.2.5　病毒性营销

1．病毒性营销的概念

病毒性营销并非以传播病毒的方式开展营销，而是利用用户的口碑宣传网络，让信息像病毒那样传播和扩散，像滚雪球一样的方式传向数以百万计的网络用户，从而达到推广的目的。病毒性营销方法实质上是在为用户提供有价值的免费服务的同时，附加一定的推广信息。病毒性营销是一种营销思想和策略，并没有固定模式，适合任何规模的企业和网站。如果应用得当，这种病毒性营销手段往往可以以极低的代价取得非常显著的效果。

病毒性营销的经典范例出自HOTMAIL. COM——基于网络的免费 E-mail 服务商之一。1996 年，Sabeer Bhatia 和 Jack Smith 率先创建了一个基于 WEB 的免费邮件服务，即现在为 Microsoft 公司所拥有的著名的 Hotmail.com。许多伟大的构思或产品并不一定能产生征服性的效果，有时在快速发展阶段就夭折了，而 Hotmail 之所以能够获得爆炸式的发展，就是因为被称为"病毒性营销"的催化作用。

Hotmail 的用户数量是有史以来发展最快的，无论是网上还是网下，也无论是任何产品还是印刷品。Hotmail 是世界上最大的电子邮件服务提供商，在创建之后的一年半的时间里，它就拥有 1 200 万注册用户，而且还在以每天超过 15 万新用户的速度发展。申请 Hotmail 邮箱时，每个用户都被要求填写详细的人口统计信息，包括职业和收入等，这些用户信息具有不可估量的价值。

令人不可思议的是，在网站创建的 12 个月内，Hotmail 花在营销上的费用还不到 50 万美元，而 Hotmail 的直接竞争者 Juno 的广告和品牌推广费用达到 2 000 万美元。在提供用户注册资料时，有些用户会担心个人信息泄密，因此比较谨慎。也就是说，免费邮件的推广也有一定的障碍。那么，Hotmail 是如何克服这些障碍的呢？答案就在于病毒性营销。

当时，Hotmail 提出的病毒性营销方法是颇具争议性的。为了给自己的免费邮件做推广，Hotmail 在邮件的结尾处附上了"P.S. Get your free Email at Hotmail"。因为这种自动附加的信息也许会影响用户的个人邮件信息，所以 Hotmail 后来将"P.S."删了，同时将强行插入的具有广告含义的文字也删了，不过邮件接收者仍然可以看出发件人是 Hotmail 的用户，这样每一个用户都成了 Hotmail 的推广者，于是这种信息便会迅速在网络用户中自然扩散。

2．病毒性营销的流程

病毒性营销其实并不复杂，下面是病毒性营销的基本流程：①提供免费 E-mail 地址和服务；②在每封免费发出的信息底部附加一个简单标签："Get your private, free Email at http：//www.hotmail.com"；③人们利用免费 E-mail 向朋友或同事发送信息；④接收邮件的人将看到邮件底部的信息；⑤接收者会加入使用免费 E-mail 服务的行列；⑥Hotmail 提供免费 E-mail 的信息将在更大的范围得到扩散。

3．病毒性营销战略

病毒性营销与生物性的病毒不同，因为数字病毒可在国际间不受制约地迅速传播，而生物病毒往往需要直接接触或其他自然环境的作用才能传播。尽管受语言因素的限制，Hotmail 的用户仍然分布在全球 220 多个国家。在瑞典和印度，Hotmail 是最大的电子邮件服务提供商，尽管它没有在这些国家做任何的推广活动。Hotmail 的战略并不复杂，但是其他人要重复利用这种方法却很难取得同样辉煌的成果，因为这种雪球效应往往只对第一个使用者才具有杠杆作用。

美国著名的电子商务顾问 Ralph F. Wilson 博士将一个有效的病毒性营销战略归纳为 6 项基本要素。一个病毒性营销战略不一定要包含所有要素，但是包含的要素越多，营销效果可能越好。这 6 个基本要素是：①提供有价值的产品或服务；②提供无须努力地向他人传递信息的方式；③信息传递范围很容易从小向很大规模扩散；④利用公众的积极性和行为；⑤利用现有的通信网路；⑥利用别人的资源。

4. 成功实施病毒性营销的 5 个步骤

（1）对病毒性营销方案做整体规划

这一步的具体工作是确认病毒性营销方案符合病毒性营销的基本思想，即传播的信息和服务对用户是有价值的，并且这种信息易于被用户自行传播。

（2）精心设计具有独创性的病毒性营销方案

最有效的病毒性营销往往是独创的。独创性的计划最有价值。跟风型的计划有时也可以获得一定效果，但要做相应的创新才更吸引人。同样一件事情，同样的表达方式，第一个做就是创意，第二个就是跟风，第三个做同样事情的则可以说是无聊，甚至会遭人反感，因此病毒性营销的引人之处就在于其创新性。设计方案时，一个需要特别注意的问题是，如何将信息传播与营销目的结合起来。如果营销方案仅仅为用户带来娱乐价值（如一些个人兴趣类的创意）、实用功能或优惠服务而没有达到营销的目的，这样的病毒性营销计划对企业的价值就不大；当然，如果广告气息太重，则可能引起用户反感而影响信息的传播。

（3）设计信息源和信息传播渠道

虽然说病毒性营销信息是用户自行传播的，但是这些信息源和信息传递渠道却需要进行精心的设计。例如，要发布一个节日祝福的 FLASH，首先要对这个 FLASH 进行精心策划和设计，使其看起来更加吸引人，并且让人们更愿意自愿传播。当然，仅仅做到这一步是不够的，还需要考虑这种信息的传递渠道，即是在某个网站下载（相应地，在信息传播方式上主要是让更多的用户传递网址信息）还是用户之间直接传递文件（通过电子邮件、IM 等），或者两种形式的结合。这就需要对信息源进行相应的配置。

（4）发布和推广原始信息

最终的大范围信息传播是从比较小的范围开始的，如果希望病毒性营销方法很快地传播信息，那么对于原始信息的发布也需要认真筹划。原始信息应该发布在用户容易发现，并且用户乐于传递这些信息的地方（如活跃的网络社区），必要的话，还可以在较大的范围主动传播这些信息，等到自愿参与传播的用户数量比较大之后再让其自然传播。

（5）跟踪管理病毒性营销的效果

当病毒性营销方案设计完成（包括信息传递的形式、信息源、信息渠道、原始信息发布）并开始实施之后，自己对于病毒性营销的最终效果实际上是无法控制的，但这并不是说不需要进行营销效果的跟踪和管理。实际上，对于病毒性营销的效果分析是非常重要的，不仅可以及时掌握营销信息传播所带来的反应（如对于网站访问量的增长），还可以发现这项病毒性营销计划可能存在的问题及可能的改进思路，并将这些经验积累下来，以便为下一次病毒性营销计划提供参考。

8.2.6　IM 推广

IM（即时通信）作为互联网的一大应用工具，其重要性显得日益突出。有数据表明，IM工具的使用已经超过电子邮件的使用，成为仅次于网站浏览器的第二大互联网应用工具。

早期的 IM 只是个人用户之间传递信息的工具，而随着 IM 工具在商务领域的普及，IM 营销也日益成为不容忽视的话题。最新调查显示，IM 已经成为人们工作上沟通业务的主要方式。50%的受调查者认为，每天使用 IM 工具的目的是方便工作交流；49%的受调查者在业务往来中经常使用 IM 工具，包括更便捷地交换文件和沟通信息。这里列举了一个利用 QQ 群推广的例子，如图 8-12 所示。

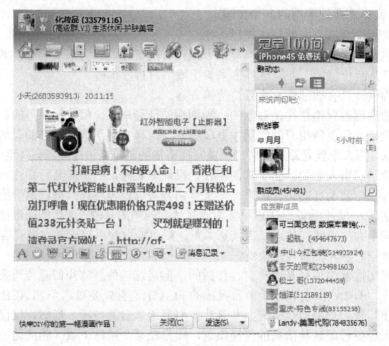

图 8-12　利用 QQ 群进行推广

IM 推广的优势主要体现在以下几个方面：

1）高适用性。腾讯 QQ 目前注册人数为 9 亿多，活跃用户有 4 亿多人，在线人数已经突破 1 亿！上网没有 QQ 就等于现实生活中没有手机一样稀奇，如此之大的用户覆盖率说明此平台具有极高的推广价值。

2）精准。精准指有针对性。比如，你是卖美容产品的，你就可以加一些关于美容类的 QQ 群或者淘宝群，先去和群里的人建立感情，然后进行信息推广。我们可以根据用户的不同特点进行一对一的实时沟通，这是别的推广方式所不具备的。

3）成本低。运用 IM 推广近乎是零成本，一般不需要什么费用。

4）互动性强。无论是 QQ 还是 MSN，它们都有各自庞大的用户群，即时的在线交流方式可以让企业掌握主动权，摆脱以往等待关注的被动局面，将品牌信息主动地展示给消费者。当然，这种主动不是让人厌倦的广告轰炸，而是巧妙地利用 IM 的各种互动应用（可以借用 QQ 的虚拟形象服务 QQ 秀，也可以尝试 QQ 聊天表情）将品牌不露痕迹地融入进去。这样的隐形广告很少会遭到抗拒，用户也乐于参与这样的互动，愿意在好友间传播，并在愉快的氛围下自然加深对品牌的印象，促成日后的购买意愿。

5）反应速度快。刚发完广告，可能马上就有成交的客户，这就是 IM 营销最大的好处，也是企业所希望看到的效果。

6）持续性和及时性。运用网络广告及一些传统广告进行推广，我们根本无从得知谁看了我们的广告，以及看完后有什么感受；但是在 QQ 上，我们能够明确地知道用户是谁，也可以第一时间获得信息反馈。

7）传播范围比较大众化，覆盖面广，接触的人群多。IM 有无数庞大的关系网，好友之间有着很强的信任关系，企业任何有价值的信息都能在 IM 开展病毒式的扩散传播，所产生的口碑影响力远非传统媒体可比。

下面是特价王利用 IM 推广的例子。

2007 年 10 月 23 日，上海购龙信息科技有限公司宣布，购龙旗下知名购物搜索社区——特价王开始采购大量个人 QQ、MSN 签名及 QQ 群公告栏广告。购龙 CEO 王海涛称，"这是一个创新举措。我们认为 QQ、MSN 签名将成为极具影响力的互联网广告形式。"据透露，特价王初步预算达百万元，预计广告将触及数百万网民，这也是 QQ、MSN 签名首次成为广告采购对象。

只要在 QQ、MSN 签名，或者在 QQ 群公告栏位置放上一条广告语，就能坐收广告费？据悉，特价王的这一签名活动创意来自其公司内部的实验。作为国内最知名的购物搜索社区，特价王提供上百家知名 B2C 网店的让利。为此，特价王员工经常在 QQ、MSN 上写"通过特价王到当当、卓越买书，便宜 12%""通过特价王到 PPG 买衣服，便宜 10%"或"通过特价王到戴尔官网买电脑，每台便宜 280 元"等签名，结果不少人看到后进行咨询，并成为特价王的忠实用户。

王海涛说："采购 QQ、MSN 签名，首先是特价王的广告有价值和吸引力。通过特价王到当当、卓越、99 网上书城、YES!PPG、红孩儿、七星购物、七彩谷商城、戴尔等网店购物，都能更便宜。只是很多人还不了解这一渠道。"

由于业界此前尚未有 QQ、MSN 签名广告先例，特价王已开始为期一周的测试期。正式活动期内，QQ 群 1 个月的广告费暂定 12 元，个人 QQ、MSN 为 10 元。同时，特价王还将举行个性广告签名大比拼活动等。王海涛说："参与签名活动的网民能轻松赚点小钱。同时，我们希望用户叫上各自的朋友，一起享受创意生活的乐趣。这也是互联网的魅力所在。"

对于特价王的举措，相关业内人士表示，QQ、MSN 个性签名被许多网民给予了重视。不少人每天更换签名，就像更换每天的心情或向别人推荐自己喜欢的电影、音乐等。同时，很多网民也比较愿意用签名赚点小钱。

"很多人喜欢在 QQ 签名里挂'此广告位招商'的句子。特价王的活动，刚好给了他们一个玩着赚钱的机会。"该业内人士表示，QQ、MSN 签名和 QQ 群广告的价值比门户、博客广告更高，也更具互联网的创新精神。比如，特价王采购了 1 万个 QQ 群广告，其服务将立即覆盖 100 多万名网民。这些个性、互动签名广告的启用，意味着一个"互联网 2.0 广告时代"的到来。

8.2.7　网络会员制营销

网络会员制营销是指通过电脑程序和利益关系将无数个网站连接起来，将商家的分销渠道扩展到世界的各个角落，同时为会员网站提供一个简易的赚钱途径，最终达到商家和会员网站的利益共赢。目前，国内比较典型的应用就是网络广告联盟。

网络广告联盟又称联盟营销，指集合中小网络媒体资源（又称联盟会员，如中小网站、个人网站、WAP 站点等）组成联盟，通过联盟平台帮助广告主实现广告投放，并进行广告投放数据监测统计，广告主则按照网络广告的实际效果向联盟会员支付广告费用的网络广告组织投放形式。

网络广告联盟包括：网络广告联盟广告主、网络广告联盟会员和网络广告联盟平台 3 个要素，涉及的内容有广告与联盟会员网站匹配、联盟广告数据监测和统计、联盟广告付费方式、联盟分成模式等。

（1）网络广告联盟广告主

网络广告联盟广告主指通过网络广告联盟投放广告，并按照网络广告的实际效果（如销售额、引导数、单击数和展示次数等）支付广告费用的广告主。

相较网络广告代理而言，通过广告联盟投放广告的广告主多为中小型企业或互联网网站。品牌广告主投放广告的费用相对较少。通过广告联盟投放广告，不仅能节约营销开支、提高营销质量，还能节约大量的网络广告销售费用。

（2）网络广告联盟会员

网络广告联盟会员指注册加入网络广告联盟平台并通过审核，而且至少投放过一次联盟广告并获得收益的站点。

（3）网络广告联盟平台

网络广告联盟平台指通过联结上游广告主和下游加入联盟的中小网站，并通过自身的广告匹配方式为广告主提供高效的网络广告推广，同时为众多中小站点提供广告收入的平台。本教材中的网络广告联盟平台指拥有中小站点资源的联盟平台。

网络广告联盟平台有以下 3 种类型：

1）搜索竞价联盟。搜索竞价联盟指以搜索引擎应用为核心广告联盟，联盟的组织者为搜索引擎服务商的联盟平台。搜索联盟是伴随谷歌、百度等搜索引擎网站的发展而成立的，主要以 CPC 支付给加盟网站一定比例的分成费用。这类联盟往往是由搜索引擎公司发起成立的，如谷歌、百度、雅虎、搜狗等。百度的网络广告联盟推广如图 8-13 所示。

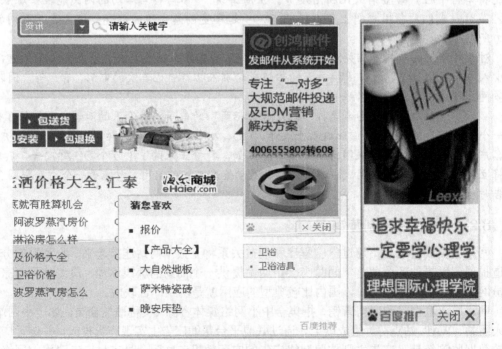

图 8-13　百度网盟推广

2）电子商务网络广告联盟。这是指以电子商务广告主为核心广告联盟，联盟的付费方式以 CPS（按销售额付费）为主的广告联盟平台。易购网、唯一联盟等就属于这类联盟。

3）综合网络广告联盟。这是指聚集中小站点资源，以综合付费形式 CPM、CPC、CPA 为主的广告联盟。这类联盟有自身的广告主资源，也兼营网络广告分销业务，如阿里妈妈、智易营销、亿起发、黑马帮、软告网等。

8.3 SEO 搜索引擎优化基础知识

8.3.1 SEO 基础知识

1．SEO 的定义

SEO（Search Engine Optimization，SEO），汉译为搜索引擎优化，通俗的理解是通过总结搜索引擎的排名规律，对网站进行合理优化，使网站在百度和谷歌的排名提高，让搜索引擎给你带来客户。深刻的理解是通过 SEO 这样一套基于搜索引擎的营销思路，为网站提供生态式的自我营销解决方案，让网站在行业内占据领先地位，从而获得品牌收益。

2．SEO 的目的

简单地说，SEO 的目的就是提高网站权重，使得网站所推广的关键词在搜索引擎中获得比较靠前的自然排名，从而给网站带来客户流量，最终提高转化率，即使得这些客户流量更高效地转化成网站的消费客户。

3．SEO 的工作内容

SEO 工作并不是给出简单的几个秘诀或几个建议，而是一项需要足够耐心和细致的脑力劳动。SEO 一般包括 6 个环节的内容：

1）关键词分析（也叫关键词定位）。这是进行 SEO 最重要的一环。关键词分析包括关键词关注量分析、竞争对手分析、关键词与网站相关性分析、关键词布置、关键词排名预测等内容。

2）网站架构分析。网站架构符合搜索引擎的爬虫喜好，则有利于 SEO。网站架构分析包括剔除网站架构不良设计、实现树状目录结构、网站导航与链接优化等内容。

3）网站目录和页面优化。SEO 不只是让网站首页在搜索引擎中有好的排名，更重要的是让网站的每个页面都带来流量。

4）内容发布和链接布置。搜索引擎喜欢有规律的网站内容更新，所以合理安排网站内容发布日程是 SEO 的重要技巧之一。链接布置则把整个网站有机地串联起来，让搜索引擎明白每个网页的重要性和关键词。实施的第一点是关键词布置，友情链接也在这个时候展开。

5）与搜索引擎对话。在搜索引擎看 SEO 的效果，通过 site:你的域名，则可知道站点的收录和更新情况。想要更好地实现与搜索引擎的对话，建议采用 Google 网站管理员工具。

6）网站流量分析。网站流量分析有利于通过 SEO 结果指导下一步的 SEO 策略，同时对网站的用户体验优化也有指导意义。流量分析工具，建议采用谷歌流量分析。

SEO 是这 6 个环节循环进行的过程。只有不断地进行以上 6 个环节的工作，才能保证站点在搜索引擎中有良好的表现。

4．SEO 的相关概念

（1）目标关键词

目标关键词指经过关键词分析确定下来的网站"主打"关键词，通常指网站产品和服务的目标客户可能用来搜索的关键词。一般而言，目标关键词会被放置在网站首页标题中，数目不多于 3 个。

网站的主要内容必须围绕目标关键词展开。对搜索引擎优化者而言，选择关键词有几条重要的原则：

1）关键词与网站主题要密切相关。关键词实际上是为网站主题服务的，所以关键词需要与网站主题紧密相关。这一点很简单，也容易理解，但是千万不能忽略。对于一个网站来说，所有的内容都应该围绕主题展开，关键词也不例外。如果选择的关键词和网站的主题不相关、没有联系，那么这样的关键词即使能给网站带来很高的流量，也不能选择它。因为这样的关键词对网站品牌和网络营销没有任何意义，还会引起来访者的疑问和反感。

2）关键词要精准而不能宽泛。关键词太宽泛是最常出现的问题，很多网站都会犯这个错误。很多意识到搜索引擎优化重要性的企业，首先想到的关键词就是本行业的名称，如房地产公司会选择"房地产"这个词进行优化、旅游公司会将自己的网站优化到"旅游"关键词的靠前位置。但是，事实上选择这样宽泛的关键词是不明智的。因为要将这些非常宽泛的关键词排名优化上去，需要投入非常大的资金和时间。比如，要想将像"房地产""旅游"这样的关键词排到前几名的位置，并保持排名稳定的话，所要花费的恐怕不是几万、几十万，而是上百万，才能看到效果。其次，就算排到前面，而搜索这类词的用户的目的很不明确，所以也收不到效果。搜索房地产的人，他的目的是想买房子吗？这很难讲。这种词带来的流量的目标性很差，转化为订单的可能性也很低，所以这类太宽泛的关键词都是效率比较低的。我们所选择的关键词应该比较具体、有针对性。比如，房地产公司的主要业务是进行海景别墅的开发销售，那就完全可以将"海景别墅"甚至更精确的"某地海景别墅"作为关键词（见图 8-14）。总之，在关键词的选择上，精准、具体、有针对性是一个重要原则，太宽泛的关键词往往不能获得好的效果。

图 8-14　海景别墅主题

3）关键词不要太特殊。关键词要精准，但也不要走进非常特殊的误区，因为涵盖范围太小的关键词也是不好的。比如，一个销售婴儿服装的网站，如果将核心关键词定位"××市6～24个月男婴上衣销售"，这就是很不合适的，因为完全没有考虑受众群体的数量。如果将核心关键词定位为"婴儿服装销售"，那么就比较合理。至于前者，如果有必要，可以作为长尾关键词存在。

4）站在用户角度思考关键词。网站经营者由于过于熟悉自己的行业和自己的产品，他们在选择关键词的时候容易想当然地觉得某些关键词是用户会搜索的，但用户真正的思考方式不一定和商家一样。比如，一些技术专用词，普通客户可能很不熟，也不会用它去搜索，但卖产品的人却觉得这些词很重要。所以，选择关键词的时候，应该做一下调查，可以问问公司之外的亲戚朋友，如果要搜索这类产品，他们会用什么词来搜索。最有效率的关键词就是那些竞争程度不高又被用户搜索次数较多的词。

5）选择竞争度小的关键词。网络上相同主题的站点很多，搜索同样含义但使用不同关键词的人也很多，所以为网站选择关键词的时候，应该尽量挑选那些搜索多、竞争度小的关键词。

（2）长尾关键词

网站上非目标关键词但也可以带来搜索流量的关键词，称为长尾关键词。长尾关键词具有如下特征：

1）比较长，往往由2～3个词组成，甚至短语。

2）存在于内容页面，除了内容页的标题，还存在于内容中。

3）搜索量非常少，并且不稳定。

4）长尾关键词带来的客户，转化为网站产品客户的概率比目标关键词低很多。

5）存在大量长尾关键词的大中型网站，其带来的总流量非常大。

6）长尾关键词的基本属性是可延伸性、针对性强、范围广。

（3）反向链接

SEO 中谈到的反向链接又叫导入链接或外部链接，指由其他网站指向你的网站的链接。例如，网页 A 上有一个链接指向网页 B，则网页 A 上的链接是网页 B 的反向链接。反向链接是搜索引擎特别是谷歌衡量一个网站受欢迎程度的重要因素之一。

增加反向链接的方法有：

1）向目录网站（如 http://www.chinadmoz.org/）提交你的网址。

2）与相关、相似内容的网站交换友情链接。

3）书写"宣传软文"并发表在合适的站点上。软文中带上站点的链接。

4）站点上的文章写明版权声明。

5）发表高质量的文章。这样的文章将获得转载和导入链接。

6）在人气旺的论坛上发表文章和留言，并带着签名指向你的站点。

7）在博客上留言，名称指向你的站点。

8）参与百度知道、百度贴吧、谷歌论坛等，留下站点链接。

（4）锚文本

锚文本又称锚文本链接（Anchor Text），是链接的一种形式。如果你知道超链接，那么锚文本也就不难理解了。超链接的代码是锚文本。把关键词做一个链接，指向别的网页，这种形式的链接就叫锚文本。

代码写法：<a href=" URL 链接 " >文本关键词</a>

建立锚文本的方法如下：

1）使用目标关键词。既然我们需要通过优化锚文本来提高关键词的排名，那么关键词的选择就非常关键。锚文本一定要使用跟所链接网页直接相关的关键词，并且通常是搜索量较大的描述性关键词，而应尽量避免使用"更多单击这里"等无实际意义的词汇。

2）长度合适。锚文本的长度要尽量简短，避免使用一个句子或者一段话作为锚文本。包括 1～2 个关键词的锚文本为最佳，最长尽量不要超过 60 个字符(30 个汉字)。

3）突出多样性。虽然为了提升关键词的排名，我们需要针对某些关键词部署尽可能多的链接，但也要避免过度优化，如避免全部的锚文本都使用完全相同的关键词。以 SEO 论坛为例，尽量避免所有的锚文本都使用"SEO 论坛"，而是应该混合使用"SEO 学习网"等品牌词。同时，链接来源的网站也应尽量多样化，而非大量链接均来自几个网站。

4）加入品牌词汇。当链接到公司网站时，通常使用的锚文本多为"某某公司网站"等形式，如"苹果电脑官方网站"。但是，更好的做法是，尽量在品牌名称后加入相关流量词的词汇，如"苹果电脑"。

5）合理优化内部链接。锚文本优化不仅仅针对外部链接，网站的内部链接同样需要遵循相似的原则进行优化，尽量使用包含关键词的锚文本。但在优化内部链接的锚文本时，更要避免过度优化。例如，通常指向首页的内部链接锚文本为"首页"或"主页"，如果刻意将所有"首页"改成"SEO 论坛"等词汇，并不会对"SEO 论坛"这个词的排名造成影响，反而在某些情况下会影响用户体验和对排名起到反作用。另外，同一链接，无须在一个页面出现多次。比如，网站的某一篇文章多次提到"SEO 学习网"这个品牌，但只需链接到相关的 SEO 学习页面一次即可，无须多次链接。

6）做好图片链接。当链接到网站的图片时，更应该注意在锚文本中尽可能地描述图片内容。因为搜索引擎还无法很好地读取图片内容，搜索引擎的图片搜索会通过分析锚文本获取一定的图片内容信息，因此好的锚文本应用可以改善网站图片在图片搜索中的排名。

7）做好监控链接。企业需要对网站进行定期的锚文本监控，确保网站内外部链接的锚文本处于理想的范围之内。如果发现锚文本分布欠佳，应进行及时的优化与改进。对锚文本进行监测，可以通过一些 SEO 软件或谷歌的管理员工具查看网站的主要锚文本。

8）分析竞争对手。企业可通过一些 SEO 软件或网站，对竞争对手的锚文本进行监控，并相应地改善自身网站的锚文本战略。

8.3.2　SEO 技术人员建站要领

1．网站首页 3 个标签的写法

网站首页有 3 个标签：title、keywords、description。

首先要确认 1～3 个关键字。即整个网站的关键字不需要太多，确认 1～3 个就行。比如，3 个关键词是巫山旅游、巫山煤炭、巫山特产，那么标题(title)就应该写成巫山旅游—巫山煤炭—巫山特产 ——巫山红叶网。需要注意的是，3 个关键词之间要用下划线，最后一个关键词和网站名字之间要用中横线。关键词(keywords)应该写成巫山旅游，巫山煤炭，巫山特产，中间用英文逗号隔开。描述标签(description)应该写成巫山红叶网作为巫山的门户信息网，主要介绍巫山旅游，巫山煤炭，巫山特产方面的信息，巫山旅游作为……描述

标签主要就是让关键词很自然地出现 2～3 次，但是不要刻意地去做。

2．相对地址转绝对地址

在网站首页单击右键查看源代码，或者打开网站的后台源代码，查找指向网站首页的链接。一般有如下两种情况：

`<a href="/">首页</a>`；

`<a href="http://www.seowhy.com/">首页</a>` （以 SEOWHY 为例）。

前者是相对地址，后者是绝对地址。

当我们要把首页链接的相对地址修改为绝对地址时，做法是把 `<a href="/">` 修改为 `<a href="http://www.seowhy.com/">`。

同理，修改其他链接的做法是：

把 `<a href="/bbs/">` 修改为 `<a href="http://www.seowhy.com/bbs/">`；

把 `<a href="/edu/">` 修改为 `<a href="http://www.seowhy.com/edu/">`；

把 `<a href="/1_13.html">` 修改为 `<a href="http://www.seowhy.com/1_13.html">`。

很多时候，源代码里看不到类似 href="/1_13.html" 这样的代码，而是显示一个用来调出这个代码的函数。此时，你有两个办法可以选择：

1）如果可以，直接在那个函数前面加 http://www.seowhy.com。

2）删除函数，直接把绝对地址写上（这样做的后果是，内容变化时需要手工修改）。

例如，原来是 `<li><a href="{formaturl type="article" siteurl=$siteurl name="contact"}">联系我们</a></li>`，你可以通过以上两种方式试试：

利用第 1 种方法的结果是

`<li><a href="{formaturl type="article"`

`siteurl=http://www.17qiti.com/`

`name="contact"}">联系我们</a></li>`；其中，xxx.html 是现在"联系我们"页面的 URL 地址。

利用第 2 种方法的结果是

`<li><a href="{formaturl type="article"`

`siteurl=http://www.17qiti.com/$siteurl name="contact"}">联系我们</a></li>`。

修改之前，注意备份一下，如果有误，还可以修正测试。

很多时候，没有办法将所有链接都采用绝对地址，但只要主要的导航和栏目，以及页眉、页脚那边采用绝对地址即可，其他可以灵活处理。

3．图片的 alt 属性

alt 属性是一个用于网页语言 HTML 和 XHTML，以及为输出纯文字的参数属性。它的作用是当 HTML 元素本身的物件无法被渲染时，就显示 alt（替换）文字作为一种补救措施。

alt 标签在 html 语言中的写法是：`<img src="图片路径" alt="图片描述"/>`。

图片描述最好用简短的语句描述这张图片的内容；如果是链接，则描述链接的作用，并带上关键词。

4．次导航

次导航，SEO 中的一个概念。它是相对于网站主导航而言的，一般放在网站的页脚位置。当因为某些原因而主导航不能放置关键词的时候，我们可以在网站页脚做关键词锚文本并指向对应的 URL。做好次导航对于提升网站关键词在搜索引擎上的优化排名有着推动作用。次导航又叫"全站链接"。

5. 四处一词

简单而言，四处一词就是某个网页关键词的布局，具体来说就是网站优化人员对关键词在页面 4 个方面的铺设。它们分别为标题（title）、关键词（keywords）和描述（description）、内容（头部、底部、正文）、锚文本（各种导航）。

第 1 处：网页的 title 标签中出现关键词。Title 标签中最重要的因素之一就是网页的标题标签（Title Tag）。标题标签应该结合网站优化关键词来撰写，并要对用户有足够的吸引力。

第 2 处：页面的 keywords 和 description 标签中出现关键词（如果是英文关键词，请在URL 里也出现）。2009 年至今，搜索引擎对这两个标签不怎么重视，但是利用一下总是没有坏处的。

需要特别说明的是，百度的站长平台中已经明确说明，meta description 已经不作为判断网站权重的指标了。

第 3 处：页面的文本里多次出现这个关键词，并在第一次出现时加粗。这是一个强调作用。然后，文章内容关键词出现次数最好有个比例，一般是在 5%~8%。这样做的目的是让我们的文章不只给个人看，更是给搜索引擎看的。

第 4 处：其他页面的锚文本里出现这个关键词。

6. 404 及 robots 页面

404 页面是一个单独的页面。一般的网站都会出现死链接，当用户访问到死链接的时候，系统会提示无法访问到此页面，而 404 页面就是让用户访问到死链接的时候出现引导页面，让用户更好地访问网站的其他链接，即告诉用户，这个链接是无效的链接，是没用的链接。所以，404 页面可以很好地提高网站的用户体验度。如果没有 404 页面，用户访问到死链接的时候可能直接关闭当前的页面，从而不知道网站的其他页面，所以 404 页面是非常有必要的。

robots.txt 是存放在站点根目录下的一个纯文本文件，是让搜索蜘蛛读取的 txt 文件，文件名必须是小写的"robots.txt"。robots.txt 里的内容用于引导搜索引擎访问，当搜索引擎查看 Robots.txt 文件的时候，里面的规则就会约束搜索引擎不应该访问哪些页面。我们常说的 no follow 标签其实也可以用 robots.txt 文件来实现，让搜索引擎不去访问指定的链接，而网站有一些文件夹是要禁止搜索引擎访问的，robots.txt 文件就很好地实现了这个功能。

robots.txt 的语法如下：

User-agent:搜索引擎的蜘蛛名。

Disallow:禁止搜索的内容。

Allow:允许搜索的内容。

思考与练习

一、简答题

1．什么叫网络营销？网络营销有哪些职能？

2．网络营销的基本工具有哪些？

3．常见的网络推广方式有哪些？请选择一种进行介绍。

4．什么叫 SEO？SEO 的工作内容包括哪些？

二、选择题

1．信息发布推广方式有（　　）。

A．论坛推广　　　B．电子邮件推广　　　　C．博客推广　　　　D．搜索引擎推广

2．一个 SEO 良好的网站，其主要流量往往来自（　　　）。

A．首页　　　　B．内容页面　　　　　　C．目录页面

3．关键词密度以多少最佳？（　　　）

A．1%～5%　　　B．5%～10%　　　　　C．10%～20%

4．目标关键词放在哪里效果最佳？（　　　　）

A．关键词标签　　B．标题标签　　　　　C．描述标签

三、实训题

淘宝网会屏蔽搜索引擎的外链接，所以想在搜索引擎直接搜索到你的淘宝店基本上是没有可能性的。做淘宝网店的 SEO，一般来说，只能在淘宝自有的搜索引擎下做，就是购买直通车业务，投放关键词，竞价获得排名。

淘宝直通车是淘宝网为广大卖家量身定制的一款推广工具。它主要通过设置与推广宝贝相关的关键词获得流量，按照获得流量个数（单击数）付费，进行宝贝的精准推广。如果想推广一件宝贝，就需要给该宝贝设置相应的关键词、类目出价及宝贝推广标题。当买家在淘宝网通过输入关键词搜索或按照宝贝分类进行搜索时，推广中的宝贝就会出现在直通车的展示位，买家单击才收费，不单击则不收费。

大家可以通过淘宝网的帮助信息了解直通车业务的原理、表现形式、作用和开通办法，同时进一步了解淘宝网还提供了哪些网店推广方式（如淘宝客）。

第9章

电子商务网站安全与管理

互联网全面泄密时代的来临

国家信息中心信息安全研究与服务中心联合瑞星公司发布的《2013 年上半年中国信息安全综合报告》中指出，伴随着虚拟化、云应用、BYOD 及可穿戴智能设备的广泛应用，它们已成为目前威胁我国企业信息安全的重要原因，并导致互联网全面泄密时代的来临。

此外，"棱镜门"事件也暴露了国内政企安全意识匮乏、安全体系建设不完善等信息安全方面存在的盲区。

报告显示，2013 年 1 月至 6 月，瑞星"云安全"系统共截获新增病毒样本 1 633 万余个，比 2012 年下半年增长 93.01%，呈现出爆发式增长势头。其中，广东省病毒感染为 2 379 万人次，位列全国第一，河北省及河南省位列第二和第三。

在瑞星"云安全"系统拦截的钓鱼网站攻击中，广东省为 2 733 万次，位列全国第一，其次为河北省 1 249 万次及黑龙江省 665 万次。此外，在报告期内，瑞星"云安全"系统截获钓鱼网站共计 399 万个，比 2012 年下半年增长了 41%。其中，假冒中奖类钓鱼网站占总体的 32%，位列第一，众多热点电视选秀节目都成了钓鱼网站的诱饵。

无线路由器成网络安全新盲区。2013 年上半年，多款无线路由器被曝存在重大安全漏洞问题，其中包括 TP-Link、D-Link 等国内外知名品牌。

由于绝大部分用户只会在安装路由器时进行初步的简单设置，不会定期检查路由器并刷新固件程序，所以路由器一旦被黑客入侵，黑客便可以利用无线路由器的漏洞对整个网络中的电子设备进行全面监控，包括所有电子设备中内置的麦克和摄像头、硬盘中存储的文件及用户对电子设备进行的所有操作，而用户将被终身监控。

同时，虚拟化、云应用在成为时下热点的同时也存在安全问题。其中，云应用托管商受资金、社会环境、当地法律等因素制约，不可避免地会发生服务中断事故。企业数据存储安全也成为另一个信息安全隐患，即一旦云端服务器遭到黑客入侵，企业的重要数据就面临丢失或被窃的风险。

而 BYOD 虽然让办公变得更加方便，但也使得办公数据与私人设备的物理边界消失，尤其是无线 WiFi 的应用扩大了网络接入的范围，使接入位置不再固定于某个物理网络端口，外来人员可能通过破解无线信号潜入企事业单位的内网之中。

报告认为，上半年"棱镜门"事件的曝出，暴露了国内企业在安全方面存在的诸多盲区，如重体验轻安全、盲目选择外国品牌的电子类产品等问题。同时，众多国内企业在安全体系建设方面也存在着隐患，如信息安全认知差、信息安全意识薄弱、信息安全体系建设尚未开始等。

为了避免更多的"棱镜门"事件发生，政府、企业乃至个人应尽量选择安全可靠的国产信息安全类产品，同时应尽快建立、健全信息安全体系。

（案例来源：凤凰新媒体）

注：BYOD（Bring Your Own Device，BYOD）指携带自己的设备（包括笔记本电脑、手机、平板电脑等）进行移动办公。

学习目标

1. 了解电子商务网站存在的安全威胁及网络安全体系中包含的几种维护技术。
2. 了解常见的 ASP 动态网站存在的漏洞与防范对策。
3. 掌握电子商务网站管理包含的 4 个部分的内容。
4. 掌握电子商务网站文件管理中数据的备份方法及电子商务网站内容管理中的权限分析与控制方法。

9.1　电子商务网站安全

电子商务网站的安全是电子商务系统可靠运行并有效开展电子商务活动的基础和保证，也是消除客户安全顾虑、扩大系统客户群的重要手段。探讨电子商务网站的安全问题和安全管理时，需要将计算机安全和电子商务活动安全结合起来考虑。

9.1.1　电子商务网站的信息安全要素

信息是电子商务网站存在和发展的前提和基础，因此保证信息的安全非常重要。电子商务网站的信息安全要素主要包括以下几个。

（1）数据信息的有效性

电子商务以电子形式取代了纸张，如何保证电子形式的贸易信息的有效性是开展电子商务的前提。电子商务网站要对网络故障、操作错误、应用程序错误、硬件故障、系统软件错误及计算机病毒所产生的潜在威胁加以控制和预防，以保证贸易数据在确定的时刻、确定的地点是有效的。

（2）数据信息的机密性

电子商务作为贸易的一种手段，其信息代表着个人、企业甚至国家的商业机密。传统的纸面贸易都是通过邮寄封装的信件或通过可靠的通信渠道发送商业报文来达到保守机密的目的，而通过电子商务网站进行电子商务活动是建立在一个开放的互联网环境之上的，维护商业机密是电子商务应用的重要保障。因此，电子商务网站要预防非法的信息存取和信息在传输中被非法窃取。

（3）数据信息的完整性

电子商务简化了贸易过程，减少了人为的干预，但同时也带来了维护贸易各方商业信息完整、统一的问题。贸易各方信息的完整性将影响贸易各方的交易和经营策略，所以保持贸易各方信息的完整性是电子商务应用的基础。因此，电子商务网站要预防对信息的随意生成、修改和删除，同时要防止数据传送过程中信息的丢失和重复，并保证信息传送次序的统一。

（4）数据信息的可靠性

确定所要进行交易的贸易方正是所期望的贸易方是保证电子商务顺利进行的关键。在传统的纸面贸易中，贸易双方通过在交易合同、契约或者贸易单据等书面文件上手写签名或盖章来鉴别贸易伙伴，确定合同、契约、单据的可靠性并预防抵赖行为的发生，这也是人们常说的"白纸黑字"。在无纸化的电子商务方式下，通过手写签名和盖章进行贸易方的鉴别已是不可能的，因此，电子商务网站要在交易信息的传输过程中为参与交易的个人、企业或国家提供可靠的标识。

（5）数据信息的审查能力

根据机密性和完整性的要求，电子商务网站应对数据信息进行审查并将审查的结果进行记录。

9.1.2 电子商务网站的安全威胁

目前，电子商务网站面临的主要安全威胁有病毒（包括木马、蠕虫）、拒绝服务攻击、垃圾邮件等。下面从客户机、WWW 服务器和数据库 3 个方面介绍可能存在的安全威胁。

1. 对客户机的安全威胁

对客户机的安全威胁主要来源于网页活动内容、图形文件、插件、电子邮件的附件及信息传输过程中对通信信道的安全威胁。

网页活动内容是指页面上的嵌入程序，它可以显示动态图像、下载和播放音乐，或者实现于 WWW 的表单处理程序。通过 WWW 页面嵌入的恶意程序可使用户名和口令等信息泄密。

图形文件和浏览器插件可隐藏一些特殊的指令，而嵌入其中的代码可能破坏计算机。

接收邮件并打开附件时，驻留在附件文档里的病毒或恶意程序会破坏计算机或将信息泄密。

此外，数据传输时的通信信道也存在安全威胁。在 Internet 上传输信息，从起始节点到目标节点之间会经过许多中间节点，我们无法保证信息传输时所通过的每台计算机都是安全的和无恶意的。

2. 对 WWW 服务器的威胁

WWW 服务器的安全威胁主要来自系统安全漏洞、系统权限、目录与口令，以及服务器端的嵌入程序。

WWW 服务器是用来响应 HTTP 请示并进行页面传输的。虽然 WWW 服务器软件本身没有内在的高风险性，但设计它的主要目的就是支持 WWW 服务和方便使用。所以，软件越复杂，包含错误代码或问题代码的概率就越高，就越容易导致系统安全方面的缺陷即安全漏洞。

大多数 WWW 服务器可以在不同的权限下运行。高权限提供了更大的灵活性，允许包括服务器在内的程序执行所有的指令，并可以不受限制地访问系统的各个部分。当 WWW 服务器在高权限下运行时，破坏者就可以利用 WWW 服务器执行高权限的指令。

此外，在服务器端执行一些来源不可靠的网页嵌入程序时，可能会存在一些非法的执行。例如，嵌入的代码可能是系统命令，是将口令文件发送到特定的位置，这就可能导致泄密。

3．对数据库的安全威胁

电子商务信息以数据库的形式存储，并可以通过 WWW 服务器检索数据库的数据信息。这些信息如果被更改或泄露，则往往会给公司带来重大损失。

大多数大型数据库都使用基于用户名和口令的安全措施，一旦用户获准进入数据库，就可查看数据库的相关内容。数据库安全是通过角色和授权机制来实施的。如果数据库没有以安全方式存储用户名和口令，或者没有对数据库进行安全保护，仅仅依赖 WWW 服务器的安全措施，那么一旦有人得到用户的认证信息，就能伪装成合法的数据库用户来下载保密的信息。

此外，隐藏在数据库系统里的特洛伊木马程序可以通过将数据权限降级来泄露信息。数据权限降级后，所有用户都可以访问那些信息，其中当然包括那些潜在的攻击者。

9.1.3 电子商务网站的安全维护技术

随着网络技术的飞速发展，安全威胁越来越呈现出多元化、复杂化的趋势。因此，网络安全需要靠一个包括防火墙、入侵检测系统、漏洞扫描系统、防病毒系统等多项技术和安全设备组成的安全体系来实现。

1．防火墙

防火墙主要用于实现网络路由器的安全性，在内部网与外部网之间的界面上构造一个保护层，并强制所有的连接都必须经过此保护层，在此进行检查和连接。只有被授权的通信才能通过此保护层，从而保护内部网及外部网的访问。防火墙技术已经成为实现网络安全策略最有效的工具之一，并被广泛地应用于 Internet 上。

防火墙是一种用来加强网络之间访问空间、防止外部网络用户以非法手段通过外部网络进入内部网络并访问内部网络资源、保护内部网络操作环境的特殊网络互联设备。它对两个或多个网络之间传输的数据包和链接方式按照一定的安全策略实施检查，以决定网络之间的通信是否被允许，并监视网络运行状态。

防火墙具有如下一些优点：

1）能强化安全策略。它执行站点的安全策略，仅仅容许符合安全策略的访问请求通过。

2）能够有效地记录网络上的活动。网站上所有进出信息都必须通过防火墙，所以防火墙非常适合收集关于系统、网络使用和误用的信息。作为访问的唯一点，防火墙能在被保护的内部网络和外部网络之间进行记录。

3）能够限制暴露用户点。防火墙能够用来隔开内部网络和外部网络，能够防止影响一个外部网络的问题传播到整个内部网络。

4）是一个安全策略的检查站。所有进出的信息都必须通过防火墙，只有符合安全策略的数据流才能通过防火墙。

但是，防火墙对于网络的安全控制也有其不足之处。防火墙的不足之处如下：

1）不能防范恶意的知情者。防火墙可以禁止系统用户经过网络连接发送专有的信息，但用户可以将数据复制到磁盘、磁带上，放在公文包中带出去。如果入侵者已经存在于内部网络，那么防火墙是无能为力的。内部用户能够绕过防火墙偷窃数据，破坏硬件和软件，并且巧妙地修改程序。对于来自知情者的威胁，措施只能是加强内部管理，如加强主机安全和用户教育等管理。

2）不能防范不通过它的连接。防火墙能够有效地防止通过它传输信息的连接，然而不能防止不通过它而传输的信息。例如，如果站点允许对防火墙后面的内部系统进行拨号访问，那么防火墙绝对没有办法阻止入侵者通过拨号进行侵入。

3）不能防范全部的威胁。防火墙被用来防范已知的威胁。如果是一个很好的防火墙设计方案，则它可以防范新的威胁，但没有一个防火墙能自动防御所有新的威胁。

4）不能防范病毒。防火墙不能防范、消除网络上 PC 机的病毒，因此在 Internet 入口处仅仅靠部署防火墙来保证系统的安全是完全不够的，防火墙还需要其他安全防御技术作为补充，共同保护网络的安全。

2．入侵检测系统

入侵是指任何试图危害资源的完整性、保密性和可用性的活动集合。入侵检测就是检测入侵活动，并采取对抗措施。入侵检测会对未经授权的连接企图做出反应，甚至可以抵御一部分可能的入侵。相对于传统意义的防火墙来说，入侵检测系统是一种主动防御系统。作为安全的一道屏障，入侵检测系统可以在一定程度上预防和检测来自系统内外部的攻击。入侵检测系统处于防火墙之后，对网络活动进行实时检测，可以弥补防火墙的不足，是防火墙的合理补充。

按照检测数据来源的不同，入侵检测系统可分为基于网络的入侵检测系统和基于主机的入侵检测系统。基于网络的入侵检测系统被放置于网络之上，靠近被检测的系统。它监测网络流量并判断是否正常，通过监视网络上的流量分析攻击者的入侵企图。基于主机的入侵检测系统经常运行在被监测的系统之上，用以监测系统上正在运行的进程是否合法。这种系统的关键技术是从庞大的主机安全审计数据中抽取有效数据并进行分析。

基于网络的入侵检测是指监测整个网络流量的入侵检测系统。一般需要把网卡设置成混杂模式；同时，在交换机内，一个端口所接收的数据并不一定会转发到另一个端口。这种情况下，为了能够实现监听所有通信信息，有可能需要在网关上设置镜像端口。这种系统的主要缺点是易受欺骗、易受拒绝服务攻击、没有能力控制外部网对内部网的访问等。

当数据包抵达目的主机后，防火墙和网络监控便会变得无能为力，但是还有一个办法可以进行一些防护，那就是开启基于主机的入侵检测。基于主机的入侵检测又可以分成网络监测和主机监测。网络监测对抵达主机的数据进行分析并试图确认哪些是潜在的威胁。任何连接都可能是潜在的入侵者所为。这一点与基于网络的入侵检测不同，因为它仅仅对已经抵达主机的数据进行监测，而基于网络的入侵检测是对网络上的流量进行监控。主机监测对任何入侵企图或成功的入侵都会在监测文件、文件系统、登录记录或其他主机上的文件中留下痕迹，系统管理员可以从这些文件中找到相关痕迹。

网络入侵检测系统虽然可以检测到非法入侵，但是在没有协调统一的运行机制的情况下并不能与防火墙等安全设备形成安全联动机制。

3．漏洞扫描系统

漏洞扫描，就是扫描网络系统、程序、软件的漏洞。漏洞扫描是自动检测远端或本地主机安全脆弱点的技术。它查询端口，记录目标的响应，并收集关于某些特定项目的有用信息，如可用服务、拥有这些服务的用户、是否支持匿名登录、是否有某些网络服务需要鉴别等。

漏洞扫描系统可以预知主体受攻击的可能性并指证将要发生的行为和产生的后果，可以帮助识别检测对象的系统资源并分析这一资源被攻击的可能指数，了解支撑系统本身的脆弱性，评估所有存在的或潜在的安全风险。由于安全管理配置不当、疏忽可能造成漏洞或操作系统本身存在漏洞，系统中的资料容易被网络上怀有恶意的人窃取，甚至造成系统本身的崩溃。漏洞扫描系统可以对网络上的计算机系统进行扫描，检查系统的潜在问题，发现存在的漏洞。漏洞扫描系统还能够向安全管理员按照漏洞对系统的危险级别报告检查出来的漏洞名称及其详细描述，并对发现的漏洞给出解决办法。

4．防病毒系统

计算机病毒是指编制的或在计算机程序中插入的破坏计算机功能或毁坏数据、影响计算机使用并能自我复制的一组计算机指令或者程序代码。随着网络的发展和普及，计算机病毒的泛滥和危害十分严重，病毒的传播方式和破坏方式也越来越网络化。

防病毒系统具有一定的病毒防治、杀毒、反病毒功能，可以防止计算机病毒对计算机功能的破坏。网络防病毒系统在目前各网络系统中得到了广泛使用。

5．用户鉴别系统

用户鉴别又称用户认证。用户鉴别系统能够帮助网络系统确定用户的合法身份，是进入网络系统的第一道安全关口，是用户获取一定权限的关键。用户鉴别系统提供了对实体所声称的身份的确认，提供了对信息的保密性、完整性、真实性和抗抵赖性等方面的保护。

用户鉴别系统是实现网络安全的重要机制之一。在安全的网络通信中，所涉及的通信各方必须通过某种形式的身份鉴别机制证明自己的身份。他们需要提交自己的身份证明，由服务系统确认其身份是否真实，然后才能实现对于不同用户的访问控制和记录。

9.1.4 常见 ASP 网站漏洞与防范对策

ASP 是动态服务器页面的外语缩写，是 Microsoft 公司开发的代替 CGI 脚本程序的一种应用。它可以与数据库和其他程序进行交互，是一种简单、方便的编程工具。ASP 网页文件的格式是.asp，现在常用于各种动态网站中。

ASP 脚本是按一系列特定语法（目前支持 VbcsriPt 和 JscriPt 两种脚本语言）编写的。当客户端的最终用户用 Web 浏览器通过 Internet 访问基于 ASP 脚本的应用时，Web 浏览器将向 Web 服务器发出 HTTP 请求。Web 服务器分析、判断该请求是 ASP 脚本的应用后，便会自动通过 ISAPI 接口调用 ASP 脚本的解释运行引擎（ASP.DLL）。ASP.DLL 将从文件系统或内部缓冲区获取指定的 ASP 脚本文件，接着进行语法分析并解释执行。最终的处理结果将形成 HTML 格式的内容，并通过 Web 服务器"原路"返回给 Web 浏览器，再由 Web 浏览器在客户端形成最终的结果，这样就完成了一次完整的 ASP 脚本调用。若干个有机的 ASP 脚本调用就组成了一个完整的 ASP 脚本应用。

现在，很多网站特别是电子商务方面的网站在前台大都用 ASP 得以实现，以至于 ASP 在网站应用上很普遍。ASP 是开发网站应用的快速工具，但是有些网站管理员只看到 ASP 的快速开发能力，却忽视了 ASP 的安全问题。

ASP 从一开始就受到众多漏洞、后门的困扰，包括密码验证问题、IIS 漏洞等都一直使 ASP 网站开发人员心惊胆战。因此，电子商务网站有必要对 ASP 的常见漏洞有一个全面的认识，并掌握相应的解决对策。

1．绕过验证直接进入 ASP 页面的漏洞与解决对策

（1）漏洞描述

如果用户知道一个 ASP 页面的路径和文件，而该文件需要经过验证才能进去，但是用户直接输入这个 ASP 页面的文件名就有可能绕过验证。例如，在 IE 中输入代码 http://serverURL/search.asp?page=1，用户就可能看到只能是系统管理员才能看到的页面。当然，为了防止这种情况发生，设计者会在 search.asp 的开头加个判断，如判断 session（"system_name"）是否为空，如果不为空就能进入，否则上面的 URL 请求就不能直接进入管理员页面。但是，这种方法同样存在漏洞，如果攻击者先用一个合法的账号或在本机上生成一个 session，如 session（"system_name"）= "admin"，因为 session 不为空，用户同样能绕过验证直接进入管理员页面。

（2）解决对策

在需要验证的 ASP 页面的开头处进行相应的处理。例如，可跟踪上一个页面的文件名，因为只有从上一页转进来才能读取这个页面。

实现代码如下：

如果本页来源不是 index.asp，则返回 index.asp

```
x x x = request.servervariables（"HTTP_REFERER"）
if XXX< >index.asp then
Response.redirect "index.asp"
end if
```

2．数据库漏洞与解决对策

（1）漏洞描述

在用 Access 做后台数据库时，如果有人通过各种方法知道或者猜到了服务器的 Access 数据库的路径和数据库名称，那么就能够下载这个 Access 数据库文件。这是非常危险的。

例如，如果 Access 数据库 book.mdb 放在虚拟目录下的 database 目录下，那么在浏览器中打入 http://someurl/database/book.mdb，此时如果 book.mdb 数据库没有事先加密，则 book.mdb 中所有重要的数据都将掌握在别人手中。

（2）解决对策

1）为数据库文件名称起个复杂的、非常规的名字，并把它放在几层目录之下。比如，有个数据库要保存的是有关书籍的信息，则不要起类似"book.mdb"的名字，可以起个怪怪的名称（如 d34ksfslf.mdb），再把它放在如./kdslf/i44/studi/的几层目录下，这样黑客要想通过猜测的方式得到 Access 数据库文件就难上加难了。

2）不要把数据库名写在程序中。有人喜欢把 DSN 写在程序中，如 DBpath =Server.MapPath（"cmddb.mdb"）、conn.Open "driver=" {Microsoft Access Driver（*.mdb）}、Dbq=" &DBPath。假如被黑客拿到了源程序，Access 数据库的名字就一览无余，因此建议在 ODBC 里设置数据源，再在程序中写 Conn.open "shujuyuan"。

3）使用 Access 为数据库文件编码及加密。首先通过"工具/安全/加密/解密数据库"，选取"数据库"，单击"确定"，此时会出现"数据库加密后另存为"的窗口，选择存为 employer1.mdb。其次，employer1.mdb 就会被编码，然后存为 employer1.mdb。需要注意的是，以上操作并不是对数据库设置密码，只是对数据库文件加以编码，目的是防止他人

使用别的工具查看数据库文件的内容。

3．inc 文件泄露与解决对策

（1）漏洞描述

当 ASP 的主页正在制作且没有进行最后调试完成以前，可以被某些搜索引擎机动追加为搜索对象。如果此时有人利用搜索引擎对这些网页进行查找，则会得到有关文件的定位，并能在浏览器中查看到数据库地点和结构的细节，以此揭示完整的源代码。

（2）解决对策

程序员应该在网页发布前对它进行彻底的调试，安全专家则需要加固 ASP 文件以便外部的用户不能看到它们。一方面，可以对.inc 文件内容进行加密；另一方面，可以使用.asp 文件代替.inc 文件，使用户无法从浏览器直接看到文件的源代码。inc 文件的文件名不要使用系统默认的或有特殊含义的、容易被猜测到的名称，尽量使用无规则的英文字母。

4．自动备份与解决对策

（1）漏洞描述

在有些编辑 ASP 程序的工具中，当创建或修改一个 ASP 文件时，编辑器会自动创建一个备份文件。例如，ULtraEDIT 就会备份一个.bak 文件，如果创建或者修改了 some.asp，编辑器将会自动生成一个叫 some.asp.bak 的文件，若没有删除这个.bak 文件，攻击者则可以直接下载 some.asp.bak 文件，这样 some.asp 的源程序就会被下载。

（2）解决对策

上传程序之前，程序员要仔细检查并删除不必要的文档，尤其是对以.bak 为后缀的文件要特别小心。

5．输入框漏洞与解决对策

（1）漏洞描述

输入框是黑客利用的一个目标。黑客可以通过输入脚本语言等对用户客户端造成损坏。如果该输入框涉及数据查询，黑客则会利用特殊查询语句，得到更多的数据库数据，甚至表的全部。因此，设计者必须对输入框进行过滤。但是，如果为了提高效率，仅在客户端进行输入合法性检查，仍存在被绕过的可能。

（2）解决对策

在处理类似留言板、BBS 等输入框的 ASP 程序中，最好屏蔽 HTML、Javascript、VBScript 语句；如无特殊要求，可以限定只允许输入字母与数字，屏蔽特殊字符，同时对输入字符的长度进行限制。另外，不但要在客户端进行输入合法性检查，还要在服务器端程序中进行类似检查。

6．改变输出结果的漏洞与解决对策

（1）漏洞描述

在输入框中输入标准的 HTML 语句会得到什么样的结果呢?如在留言本留言内容中输入<font size=10 >你好！</font>。如果 ASP 程序中没有屏蔽 HTML 语句，那么就会改变"你好"字体的大小。在留言本中改变字体大小和贴图有时并不是什么坏事，反而可以使留言本更加生动。但是，如果在输入框中写个 Javascript 的死循环 ,那么其他查看该留言的人只要移动鼠标到"特大新闻"上就会使用户的浏览器因死循环而死掉。

（2）解决对策

编写类似程序时应该做好对此类操作的防范。譬如，可以写一段程序判断客户端的输

入，并屏蔽所有的 HTML、Javascript 语句。

9.2 电子商务网站管理

9.2.1 电子商务网站管理的内容与意义

1. 电子商务网站管理的内容

电子商务网站管理主要包括 4 个层次的管理：网站文件管理、网站内容管理、网站综合管理和网站安全管理。

网站文件管理是指对构成网站资源的文件应用层进行的文件管理，以及对支持企业与客户之间数据信息往来的文件传输系统和电子邮件系统的管理。电子商务网站的资源由服务器端一个个网页代码文件和其他各类资源文件组成。一般来说，文件管理包括网站文件的组织、网站数据备份、网站数据恢复、网站文件传输管理和网站垃圾文件处理等。

网站内容管理是面向电子商务活动中的具体业务而进行的对输入和输出信息流的内容管理，是基于业务应用层的管理。网站内容管理是网站管理的核心，是保证电子商务网站有序和有效运作的基本手段。网站内容管理一般分为用户信息管理、在线购物管理、新闻与广告发布管理、企业在线支持管理等。

网站综合管理是指除文件管理和内容管理之外的对网站提供个性化服务等方面的管理，主要包括网站运行平台的管理、Web 服务器和数据库服务器管理、个性化服务管理、网站统计管理和系统用户管理等。

网站安全管理贯穿于以上 3 个层次的管理之中，主要用于分析网站安全威胁的来源，并采取相应的措施。电子商务网站的安全是电子商务网站可靠运行并有效开展电子商务活动的基础和保证，也是消除客户安全顾虑、扩大网站客户群的重要手段。广义地说，它应该包括信息安全管理、通信安全管理、交易安全管理和设备安全管理等。因此，网站安全管理必须与其他的计算机安全技术（如网络安全和信息系统安全等）结合起来，才能充分发挥其作用。

电子商务管理的层次决定了管理的结构。典型的网站管理结构可以用图来清晰地表示，如图 9-1 所示。

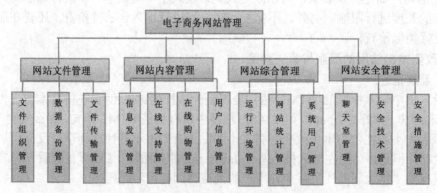

图 9-1 电子商务网站管理结构

2．加强企业网站管理的重要意义

1）企业网站的竞争是电子商务竞争的一个方面，加强企业网站管理有助于电子商务的良好实施。

2）从事电子商务竞争的企业将表现为企业网站经营的竞争。

3）企业网站能够体现出企业文化、企业风格、企业形象及企业的营销策略，加强企业网站管理也是企业综合素质的体现。

4）企业网站将成为沟通企业和用户最为重要的渠道。

9.2.2　电子商务网站文件管理

企业的电子商务网站文件管理中，数据是最重要的。

数据是用于整个计算机网络系统的各类数据。以下几种情况使用简单的手段是无法实现数据恢复的：①数据是通过相当的时间积累起来的，这种积累可能长达数年；②数据是通过有限的渠道采集的；③数据的形成是在一个不可重现的特定环境里；④数据代表一个原始的特性。

从这几点可以看出，重新得到数据是一个极为不容易且非常复杂的过程。数据处于一个系统的核心部位，外层是基础，中心是关键。数据构成位置如图 9-2 所示。

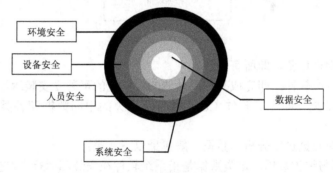

图 9-2　数据构成位置

因此，针对数据的管理是一个电子商务网站文件管理中头等重要的事情。下面主要介绍数据管理中的数据备份管理。

1．数据的分类

一个计算机系统中有着浩瀚的信息和丰富的数据。这些信息是随着时间的延续、随着工作的开展和深入、随着系统功能的丰富一点一点积累起来的。开始，人们往往感觉不到它的存在，但随着时间的延续，数据越来越成为整个资源的重要组成部分。那么，如何区分和管理这些海量数据，这些数据有何区别，这些数据中哪些是必须保留的，这些问题必须首先解决。

在介绍数据分类之前，我们先分析一下计算机系统的构成。一个计算机系统由以下几个部分构成。

辅助设备：电源、连线等。

外设：打印机等。

主要设备：主机、网络设备等。

网络操作系统：Windows 2000 Server 等。

网络管理及维护软件：Open View 等。

维持系统运转的工具类软件：路由软件。

系统功能平台软件：数据库等。

通用应用软件：Office 2000 等。

专用应用软件：财务软件等。

各种软件运行初始化数据：注册表信息等。

各种软件运行数据：结果等。

各种软件运行的中间数据：用户信息。

用户自定义管理的信息。

从以上初步分析中可以看出，计算机系统可以简单地划分为 3 个部分，如图 9-3 所示。

图 9-3 计算机系统构成

第 1 部分为物理设备，即所有硬件。

第 2 部分为各类软件，即完成某一类功能的模块化的可独立安装运行的产品。

第 3 部分为数据，即各类软件（包括硬件驱动）的中间数据和各类程序运行结果数据等。

这里我们只对数据进行分析。数据一般包括以下几类：

1）系统管理与维护数据。这类数据是指系统软件在安装和运行中产生且运行中调用、维持系统正常运转的数据。通常称这类数据为系统数据或系统参数。这类数据决定系统能否正常运转，它负责系统与软件、硬件、用户之间的沟通，并在系统运转的过程中随时更新和增加数据。这类数据是非常重要且非常危险的数据，不能出现一点点的差错，因为一旦出现差错，整个系统将会瘫痪。例如，读者熟悉的 Windows 2000 Server 中的注册表文件 C:\Winnt\System.dat 和 user.dat，DNS 域服务器管理信息 C:\Winnt\System32.dns，系统审核安全日志 C:\Winnt\System32\config\SecEvent.evt 等，都属于这类数据。

2）应用软件维护数据。这类数据是指应用软件在安装和运行中产生且在运行中调用、维持该软件正常运转的数据。例如，E:\Program File\Kingsoft\XDict\WordList 存放着金山词霸的所有单词表。

3）用户应用数据。这类数据指由用户运行应用软件所需数据和运行程序所产生的结果数据。这些数据也是读者最熟悉和最常使用的数据。它包括各类信息，如数据、文字、图片、声音等。这类信息的特点是数量大、调用频繁、更新快、所属关系复杂、有相当的历史沿革关系等。例如，Word 文档信息、Excel 数据、DBF 格式数据就属于这类数据。

4）用户备份数据。这类数据指由用户运行应用软件时所产生的数据和所产生的结果数据的周期性备份。这类信息的特点是系统自动产生的、数据量大、人为备份数据的数据多少没有规律且备份的数量冗余。例如，BAK 格式的所有数据和用户自行备份的数据就属于这类数据。

5）系统备份文件。这类数据指系统程序运行中特别是在对系统进行调整（升级）时自行产生的数据。其特点是数量大、无规律、在特殊时候由系统调用。例如，压缩文件、系统升级备份文件等就属于这类数据。

综上所述，一个计算机系统中运行、保存着大量、繁杂、重要的数据，从对数据的分类可以看到，每一类数据都有它存在的理由和用途。

2. 数据的备份

理想状态下，所有的程序、数据都会有条不紊地工作，彼此之间友好和谐地相处和工作。但是，这只是一种理论上的分析与设计。实际上，从计算机诞生到今天，这种情况在实际应用中并没有出现过。来自各方面的对计算机的干扰与破坏无处不在，各种破坏都将随时随地地发生。这些破坏不仅包括自然界、局部环境、设备、程序自身缺陷等非人为因素破坏，也包括病毒、黑客、修改、删除等人为破坏。这些破坏给计算机的应用带来了各种影响。

要想避免灾难，就必须找到一种灾难发生后快速有效地恢复计算机系统的方法。从目前计算机应用领域所采用的诸多办法中可以看到，不管采用什么技术，不管如何快速恢复，其本质都是信息的有效备份，即对数据按照事先的设计进行有效备份。只有实现对计算机系统的可靠的、真实的、实时的数据备份，灾难发生时，系统才有可能恢复、才有可能在恢复后开展正常工作。

（1）数据在硬盘中存放的位置

在庞大复杂的数据面前，如何完成数据备份、备份哪些数据、备份多少数据，这些都取决于数据对计算机系统的重要性。数据的重要性又与这些数据如何保存在硬盘资源上，即存在硬盘的什么区域有着密切的联系。

在一个正确的计算机系统中，硬盘资源的正确分配直接关系系统的安全和故障的恢复处理。正常情况下，完成工作的硬盘应当配置独立的物理硬盘。如果独立硬盘条件不具备，则应对一块物理硬盘进行正确的分区，如图 9-4 所示。

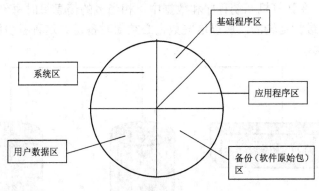

图 9-4　硬盘资源分配

这些分区包括系统区、基础程序区、应用程序区、用户数据区和备份（软件原始包）区。

1）系统区。系统区也称 System 区或 C 区，用于存放操作系统程序和与系统有着直接关系的程序，存放系统运行时的系统管理与维护数据，以及软件之间相互协调的中间软件。这些程序是整个系统的基础和核心，是所有应用软件的运行环境。同时，非常重要的一点是，对这些程序的维护是由计算机系统管理人员承担的，如 Windows 2000 Server 的管理人员。

2）基础程序区。基础程序区也称 Basic—Program 区或 D 区，用于存放各类为应用程序运行提供支持的程序。这些程序自身有着强大的功能，同时需要复杂的管理和维护。其本身具备双重功能，一方面依赖于操作系统而成为应用软件的功能，另一方面又为其他软件提供支持、服务和开发平台。一般应用软件用户不涉及这方面软件的维护，如 SQL 2000 Server。

3）应用程序区。应用程序区也称 User—Program 区或 E 区，用于存放各类用户直接应用的程序，这类程序自身有着强大的应用功能，一般不需要或很少需要系统管理员维护，而是由用户直接调用和管理，包括程序本身的安全体系。这类程序往往是已经开发好的比较完善的软件，是已经形成的模块化的产品，如财务软件。

4）数据区。数据区也称 Data 区或 F 区，用于存放各类用户数据。这些数据包括用户的待处理数据和程序处理完毕的数据，还有一些中间数据。这个区域往往由用户按自身的需求加以管理和维护，绝大部分工作由用户本人承担。

5）备份区。备份区也称 Backup 区或 G 区，用于存放程序软件包。当以上各类软件在运行过程中出现故障而需要安装软件包时，可以直接从该硬盘区调用。

以上这些分区的计算机系统的软件和数据，可以按照应用的目的、应用的程度、应用的水平和管理人员的分工，区别对待、区别处理且按照不同的要求实现不同的管理。

（2）备份形式

一般情况下，当指定数据需要备份时，操作者往往不择手段、不分主次、不分实效，认为只要将重要的信息或所有数据都备份下来就安全了。这种情况往往适用于计算机系统建立初期，即可以采取一些简单的手段备份，不必对要备份的数据进行分析。

但随着时间的推移和工作的开展，各类程序和数据就会成指数级的增长，这时宝贵的硬盘资源被无意义地占用，备份时间大幅度增加，备份内容更加繁杂，备份过程中的备份与未备份数据混乱。因此，在整个备份工作开始前，应该对整个备份信息做进一步分析。

1）实时备份。在计算机系统程序和数据中，相当多的信息每时每刻都在发生着变化。系统正是依赖它们进行运转的，所以这些数据必须随时备份。这种备份称为实时备份。实时备份如图 9-5 所示。

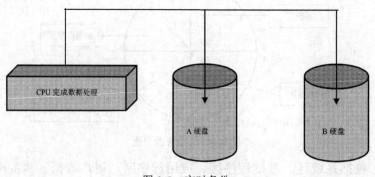

图 9-5　实时备份

2）功能和差异备份。计算机网络系统在运行过程中经常要实现版本的升级或系统设置的修改，这时系统往往需要针对新的功能和环境建立备份。这种备份称为功能备份。功能和差异备份如图9-6所示。

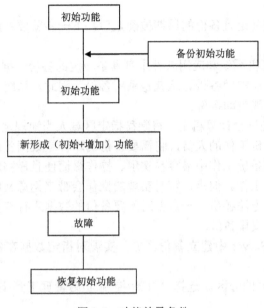

图9-6　功能差异备份

3）指定日期备份。整个计算机系统中，用户数据是变化最大、数量最多的。这类数据只有在工作结束时才有保留的价值。一定条件下，当工作到达某一个特定的时间且数据发生变化后，数据会在变化之前实现备份。这种备份称为指定日期备份。指定日期备份如图9-7所示。

4）副本备份。在程序和数据存储到硬盘上时，为了避免保存数据的区域出现意外的物理损坏，系统往往原封不动地建立一个一样的副本。这种副本称为副本备份。副本备份如图9-8所示。

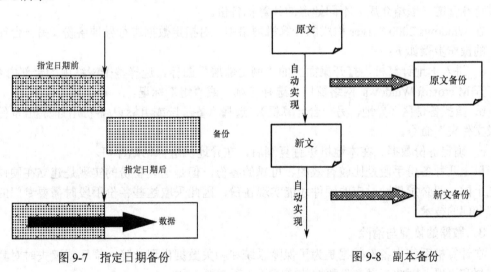

图9-7　指定日期备份　　　　　　　　图9-8　副本备份

5）增量备份。当一个程序或数据在原基础上增加时，系统只对增加部分进行备份。这种备份称为增量备份。

（3）备份的方法

备份的数据内容被确定且备份的周期被确定后，下一步就要考虑通过什么样的手段实现备份。

1）系统备份。计算机系统和应用软件本身具备一定的备份数据的设置；这种设置启动后，系统或程序就会自动实现备份。这就是系统备份。因此，系统管理员可以根据硬件和软件自身的备份功能实现自动备份。

2）本地备份。在同一台计算机上，将硬盘指定区域人为地规定为备份区域，由计算机管理人员或从事数据备份工作的人员，将需要备份的软件或数据备份到区域。这就是本地备份，这类备份是所有备份工作中最容易实现、操作最简便且最实用的。只要操作者拥有权力，均可完成该备份工作。但是，容易实现的操作会带来无意义的备份数据，占用大量的资源。因此，采用此方法备份，一定要对所要备份的数据进行有机的组织和计划，且根据数据特点和变化规律安排备份。

在 Windows 2000 Server 中建立备份区域，实现对指定数据在备份区备份的操作步骤如下：

a．进入建立备份区的分区。选择"开始/控制面板/管理工具/计算机管理/磁盘管理"命令。

b．建立备份区。单机鼠标右键，在弹出的快捷菜单中选择"指定硬盘/格式化/确定卷名（备份区）"命令。

c．确定备份数据。选择"进入数据区→确定相关网站文件夹"命令。

d．完成备份。确定要复制的对象后，选择"复制/返回备份区/粘贴"命令即可。

3）异地备份。向一台计算机上的同一块硬盘或不同的硬盘实现备份，是在该计算机正常工作的前提下实现的。但是，当该计算机出现非常严重的故障且硬盘一同损坏时，备份的数据同样被损坏。因此，对于重要的软件和数据，应利用不同的计算机、不同的存储介质、不同的地点完成备份。经常采用的备份手段有双机热备份、光盘备份、磁带机备份和通过特殊管道（联结介质）不同地点的计算机备份。

在 Windows 2000 Server 构成的计算机网络中，对指定数据进行异地备份（另一台计算机）的操作步骤如下：

a．进入本地计算机。打开桌面上的"网上邻居"图标，选择整个网络中的全部内容，再打开 Microsoft Windows 网络窗口，选择"域"或"组"标记。

b．查找备份区（异地，另一台计算机）。选择"备份域或组标记/备份用计算机/备份区域或文件夹"命令。

c．确定备份数据。在本地机进行复制后，在异地机进行粘贴即可。

以上几种备份手段是比较有效的、可靠的备份，但是这些备份的实现是建立在硬件设备之上的，即必须借助对应的硬件才能实现备份，因此采取这些备份手段时需要专门的硬件和专门的技术。

3．数据的恢复与清除

在计算机系统中备份数据是为了保障系统和相关数据出现故障、损坏或遗失时对其进行恢复和再现。因此，对备份数据的恢复是一项重要工作。

（1）恢复程度

在备份源出现故障时，通过备份档案管理员可以很容易地查到所需恢复的数据备份，但是查到的备份数据往往很多，因为有些与进程有关的数据会重复备份。这时，应当按照要求选择所需恢复数据的程度，然后进行恢复，而且要保证所恢复的系统和数据能保证系统正常运转。

例如，一个网站操作系统采用磁带机对系统备份。第一备份时间完成 A 备份，之后系统安装补丁程序；第二备份时间完成 B 备份，之后系统安装中间软件程序；第三备份时间完成 C 备份。当系统出现故障时，应根据需求选择恢复数据。

（2）恢复手段

一般情况下，备份数据时采取了什么样的备份手段，就应该通过什么样的手段恢复数据。但是，有些备份数据的手段不能保证数据恢复时系统可以正常运转。

（3）数据清除

数据清除实际上是对所保管的存储数据介质的管理。数据清除决定于保管时效，而保管时效一般没有严格要求。但是，计算机结果数据和数据库基础数据有着准确日期和事件特征，备份这些数据不只为了防止数据故障，还为了记录历史，即记录一个在特定日期、特定时间的数据。因此，这类数据一般要保存相当长的时间。

整个系统备份信息的保留，决定保存介质的时效和用户需求。当数据无任何保留价值时，可以恢复存储介质的初始状态，用于继续对数据进行备份工作。如果存储介质不能再被利用，则应该通过技术手段将其销毁。

9.2.3　电子商务网站内容管理

网站的内容管理属于网站电子商务业务应用层，它主要是指面向电子商务活动中的具体业务而进行的对输入、输出信息流的内容管理。它包含的内容很广泛，具体可以分为对两类信息的管理：一种是对外部流入的数据和信息的管理，包括用户信息管理、供应商的管理、在线购物管理、交易管理等；另一种是对网站内部本身业务信息的管理，如产品管理、新闻管理、广告管理、企业论坛管理、留言板管理、邮件订阅管理、网上调查管理、在线技术支持管理等。对这些信息流的管理，可以将其分成一个个子系统进行单独管理，也可以将其综合起来进行集中管理。

1．用户信息管理

用户信息管理包括用户基本信息管理和用户反馈信息管理两个部分。用户是企业开拓市场、分析市场、制定经营策略、创造利润的重要资源，因此建立基于企业电子商务网站的用户管理系统是极有必要的，而且应把其纳入企业信息系统建设和发展电子商务的整体框架之中，从而为企业经营发展提供良好的服务。

（1）用户基本信息管理

在电子商务活动中，电子商务网站对顾客通常实行会员制度，即使顾客登录为会员，以保留顾客的基本资料。用户的基本信息管理包括用户注册管理、忘记密码查找、用户消费倾向分析、用户信用分析等管理活动。这项功能能够帮助企业收集目标用户的资料，为企业网站营销提供分析的资料，并可以考察网站的使用频率及对目标消费者的吸引程度，所以在日后的网络营销中，这些注册会员是相当准确的目标用户。

（2）用户反馈信息管理

用户反馈信息管理几乎是所有网站必备的管理内容。它指管理者从网上获取各种用户反馈信息的活动。目前，一些网站的用户反馈功能是以邮件信息直接发送到管理者信箱中的，还有一些是采用基于数据库开发的设计传递信息的。前者的反馈信息是散乱的，难于对反馈信息进行分类、存档、管理、查询及统计；后者提供了强大的后台管理功能，形成了用户信息反馈系统。

2．在线购物管理

在线购物是当前许多电子商务网站运营的主要模式。用户访问电子商务网站时，能够查询、浏览该网站所提供的所有商品信息，随时选择自己感兴趣的商品并放入虚拟的购物车中，而所购商品的数量、价格等信息由网站数据库存储和管理。用户选货完毕后，可对购物车中的物品进行修改。当用户确定所选购商品并提交购物车数据后，他们就完成了一次订单操作过程。根据在线购物流程，在线购物管理可以分为系统账号管理、产品信息管理、购物车管理、订单管理等。

（1）系统账号管理

系统账号管理是针对电子商务网站管理系统的安全性而设置的。电子商务网站管理系统负责整个网站所有资料的管理，因此管理系统的安全性显得格外重要。按一般的要求，该管理系统应提供超级用户的管理权限控制、根据不同的用户进行不同的管理列表控制、设定和修改企业内部不同部门用户的权限、限制所有使用电子商务网站管理系统的人员与相关的使用权限、它将给予每个管理账号专属的进入代码与确认密码，以确认各管理者的真实身份，做到级别控制。超级用户可根据要求管理所设定的相应的管理功能，对订单、产品目录、历史信息、用户管理、超级用户管理、次目录管理、功能列表控制、购物车管理等进行添加、删除、修改等一系列操作。

系统账号的操作人员有以下 8 类：

1）网络系统最高管理人员。在一个综合的企业网站和计算机网络系统中，系统在默认情况下有一个最高决策者。这个最高决策者就是整个系统的最高管理者和权力的拥有者。不管出现什么问题，一旦别人解决不了，网络系统最高管理者则会出面解决问题。网络系统最高管理者在系统中具有绝对的权威和能力，在整个网络系统的各个环节、各个区域都可开展工作。

2）系统安全审核与监督人员。无论是在日常的工作中还是在一个计算机系统中，对各项工作的监督是非常重要的，因为不管系统管理考虑得如何周到、设计得如何完善，总存在意想不到的问题。这时就需要能够在系统中记录所有的过程，并对其进行监督。

3）账号与权限管理人员。在计算机系统中，决定操作者能否进入系统的因素是什么呢？不是现实环境中的权力、地位、金钱，而是计算机所确认的账户（用户名）。在计算机系统，进入系统的唯一方式就是在系统中建立用户账号和与其一同使用的密码。计算机系统特别是网站管理的过程中面临众多的应用用户。这些用户能否进入网站的网络环境并对用户信息进行维护，首先在于他们有没有登录用户名和密码。对于这个用户群的管理，必须有专门的管理员和账号。

4）服务器开启（运行）与停止人员。在一个计算机系统中，如果计算机用户所访问的服务器不能正常使用，其原因是相关服务器被某一个操作员关闭，这样做带来的严重后果是不可想象的。服务器的开启（运行）、停止与关闭是一件很重要的事情，因此一个接入Internet的为整个社会提供服务的计算机网络系统、WWW服务器等是关键设备，其运转是受到严格控制的。在网站中，核心的硬件设备，诸如网络服务器、域控制服务器、WWW服务器、E-mail服务器、专用UPS等这些设备，必须正常运行，不能像个人计算机那样想关就关。在整个网络中，网络操作系统等服务器的开启（运行）与停止需要有专门权限的人操作。

5）专门系统（服务器）功能控制人员。通常，一个服务器硬件上运行操作系统，操作系统之上要再运行具有专门功能的功能软件（服务器）。例如，安装Windows 2000 Server操作系统后，还要在该系统上再安装运行域服务器软件使之成为域服务器，或者运行IIS服务器使之成为Internet服务器，或者实现局域网内的WWW、FTP等功能。那么，这些专用功能服务器应当由谁完成管理与维护工作呢?有人认为应当由网络系统管理员完成，因为他们控制着进入操作系统（服务器）的权力，而只有进入操作系统后才能进入各类专用功能服务器。但是，各类专用功能服务器的各项功能丰富而且复杂，如果只要进入操作系统就由负责操作系统的管理人员完成后续工作，那么系统管理员将会因此承担大量的工作，同时系统管理员被赋予至高的权力，一旦他们出现问题，整个系统将面临严重的问题。

6）软件开发与维护人员。网络系统中，除了安装操作系统的专项服务器工作和维护服务器工作需要专门人员完成外，安装在各个计算机服务器或独立计算机上的、为整个计算机系统和网站提供应用功能的软件也需要软件开发人员就软件自身的功能进行维护，需要软件开发人员在原有的基础上继续开发新的软件。因为任何一个软件都会由于各种因素的制约而存在缺陷，而当软件运行在一个系统中特别是运行在商业网站上时就会出现各种故障。任何一个软件都不可能实现所需的所有功能，这时就需要很多解决途径：开发维护人员到现场解决；软件开发商提供软件升级版本；软件人员借助开发工具（软件）开发新的应用软件。这些工作都需要专业软件维护人员完成，他们要根据软件对系统的需求，既要使用系统环境又要使用专门服务器，既要使用开发软件又要运行应用软件，工作涉及系统各个层次，同时维护需要跨硬件平台，因此这部分工作是整个系统最复杂的工作。

7）软件应用人员。软件应用人员包括基本使用者和专业使用者两类。

a．基本使用者。在网络系统及网站中，大量基础的工作是数据的录入、信息更新、信息阅读及数据传递（通过应用软件向网站传送被管理的网页数据，或将相关数据下载到本地）。这些内容涉及系统及网站内部的各类人员，也涉及普通用户。他们频繁地"进出"系统网站，并伴随着大量的数据交换。这些用户往往是网站的基本使用者，所涉及其他方面的工作不多，不会出现像软件维护人员那样的对系统平台、专门服务器、应用软件的改变工作。这些用户往往是系统所不可知的，他们进入系统或网站的地点不确定。

b．专业使用者。在网络系统及网站中，除了数据录入等大量基础工作外，还有相当多的工作正在进行，如功能更新、信息调用、信息处理、辅助软件使用、个人数据处理等。这些工作对网络系统和网站的要求相对来说要高一些。这些用户一般不会涉及系统平台和专门的服务器，但是他们会频繁地调用应用软件。例如，做图像维护的人员会频繁调用图像制作软件PhotoShop，数据分析人员会频繁调用统计软件Excel，网页更新人员会频繁调用FrontPage软件等。除此之外，系统及网站的行政人员也有相应的工作需要使用相应的软件。

8）访问者。网络系统和网站总是要给需要访问的客户提供一个进入系统的通道。这种类型的进入者一般称为来访者或客人。他们在网络系统或网站中只能是一个旁观者，如只能浏览标题、访问网页等。

（2）产品信息管理

为了保证用户浏览到的始终是最新的产品信息，产品信息管理应该能够让网站管理员通过浏览器根据企业产品的特点在线进行产品分类，并将产品按照不同层级进行分类展示，同时提供产品的动态增减和修改信息，对数据进行批量更新。另外，可以随时更新最新产品、畅销产品及特价产品信息等，方便日后产品信息的维护，提高企业的工作效率。

（3）购物车管理

该模块类似于产品的在线管理，其功能与产品信息管理大致一样。在线购物车管理应能对用户正在进行的购买活动进行实时跟踪，从而使管理员能够看到消费者的购买、挑选和退货的全部过程，并实时监测用户的购买行为，纠正一些错误或防止不正当事件的发生。

（4）订单信息管理

这是网上销售管理的一个不可缺少的部分。它用于对网上全部交易所产生的订单进行跟踪管理。管理员可以浏览、查询、修改订单，对订单进行分析，并追踪从订单发生到订单完成的全过程。只有通过完善、安全的订单管理，才能使基于网络的电子商务活动顺利进行。

3．新闻发布管理

新闻发布管理的主要内容包括在线新闻发布、新闻动态更新与维护、过期新闻内容组织与存储、新闻检索系统的建立等。目前，网站的新闻管理可以做到工作人员在模板中输入相应的内容并提交后，信息就会自动发布在 Web 页上。这是因为网站信息通过一个操作简单的界面输入数据库，然后通过一个能够对有关新闻文字和图片信息进行自动处理的网页模板与审核流程发布到网站上。通过网络数据库的引用，网站的更新维护工作已经简化到只需录入文字和上传图片，从而使网站的更新速度大大加快。网上新闻更新速度的加快极大地加快了信息的传播速度，也吸引了更多的长期用户群，并使网站时刻保持着活动力和影响力。

4．广告发布管理

网络广告最重要的优势在于可以被精确统计，即广告被浏览的次数、广告被单击的次数甚至浏览广告后实施了购买行为的用户数量，都可以获得记录数据。而所有这些都需要完善的广告管理。广告发布管理系统应该操作简单、维护方便，具有综合管理网站广告编辑、播放等功能，可以轻易实现统计、分析每个页面广告播放的情况，并且可以指定某页面的广告轮播。

5．企业在线支持管理

企业在线支持管理包括在线帮助管理、企业论坛管理、留言板管理、网上调查管理、在线技术支持管理等。

1）在线帮助管理。在线帮助管理主要指为用户提供网站功能的使用帮助，以便指导用户使用公司的电子商务网站。它具体提供以下帮助信息：使用信息查询系统浏览商品信息；填写订单，参与购物；使用留言板、电子邮件、论坛、聊天室等和企业交互的系统等方面的帮助信息。

2）留言板管理。网站留言板是为了增加网站及顾客间良好的互动关系而设的功能模块。它的作用是记录来访用户的留言信息，收集他们的意见和建议，为网站与用户提供双向交流的区域，为优化服务提供用户依据。留言板管理应提供多项辅助功能，以协助管理者方便地增加、删除与修改留言板上的留言内容，以及对部分留言内容予以回应。

3）企业论坛管理。企业论坛是一个电子商务网站必不可少的功能模块。它能为网站与用户、用户与用户之间提供广泛的交流场地，也是企业进行技术交流和用户服务的最重要的手段。企业可以利用该功能进行新产品的发布、征求消费者意见、接受消费者投诉等；可以定期或选定某个时段，邀请嘉宾或专门人员参与该系统的主持与维护工作等。企业论坛管理包括在线发布、维护信息等内容。

4）在线技术支持管理。在线技术支持可以提供给用户相关产品的技术或服务信息。企业可以将一些常见的技术或服务问题罗列在网站上，供用户浏览。

9.2.4　用户权限分析与权限控制

1．用户权限分析

在计算机网络中，所有建立用户账号并进入计算机系统的用户，他们应当拥有多大的权力呢？他们对网络和网站的信息及数据有多大的处理能力呢？这需要针对这些用户的工作需求分析、设计其权限，即看看这些人员在系统中需要什么权限、需要多大权限，以及赋予一定权限后，其责任范围内的工作能否正常完成、超出责任范围外的功能及软件是否被禁止等。

因此，设计者要对计算机用户使用的资源（软件、数据）所需的权限进行分析。分析计算机用户对资源的权限是指对所有资源可能拥有的权限进行分析，不过有些权限可能暂时不需要。实际上，在进入系统对资源的使用时，这些所拥有的权限是可以根据需求进行变化的。

1）浏览权限。这是指只能列出（看一看）指定的文件名或目录，以及子目录，但不能对文件实现包括"运行"在内的任何处理，同时不能对目录进行任何处理。在 Windows 2000 Server 中对指定文件夹——宠物网站的"浏览"权限进行查看、分析的操作步骤如下：①进入指定文件夹（宠物网站）：打开"资源管理器"，选择指定文件夹。②查看权限的设定：单击鼠标右键，在弹出的快捷菜单中选择"文件夹/属性/安全/Everyone"命令。

2）阅读与运行权限。这个权限是指用户可以在指定目录下读数据，如果该文件是应用程序即可运行该文件。具体查看方法与前一个例题相同，这里不再介绍。

3）创建与写入权限。这个权限是指用户可以在指定目录下创建目录、创建文件，但不能运行该目录下的文件。

4）修改控制权限。这个权限是指用户可以对子目录及所包含的文件进行修改和删除。具备该权限的用户可自动拥有前边所提到的几个权限。

5）完全控制权限。不言而喻，"完全控制"是指该用户在指定目录下拥有所有权力，即什么问题都能处理。

通过对用户的分析可以看出，将所有用户对软件和数据的控制可以划分为 5 个方面。这种划分基本上覆盖了用户的需求。

需要注意的是，这里分析的用户是能够进入计算机系统的用户，不考虑用户受到的时间、地点的限制，只分析进入计算机后的权力。

这样，任何一个用户进入计算机系统后，均可以通过即将进入该目录和子目录的用户权限限制来管理、控制用户，使用户能够在一个规范、有序、安全的条件下完成指定工作，实现所需功能。

在当今流行的计算机网络操作系统中，用户权限是网络操作系统的一个非常重要的组成部分，在用户权限的设置方面也有一整套策略。同时，作为一个成熟的专用服务器，应用软件均有一整套权限策略。一般情况下，进入应用软件之前首先要进入系统，这时系统管理员均会借助其一套权限策略安排管理即将进入系统的用户，该用户再根据需求进入专门服务器或应用软件。

2．用户权限控制

由对用户权限的分析可知，用户具有浏览、阅读与运行、创建与写入、修改控制、完全控制 5 个方面的权限。进入计算机网络系统后，用户将依据赋予的权限完成相应工作。但是，一个完善的网络系统与网站，不只是通过权限管理用户的，还可以通过多种方法实现用户管理。我们可以通过对以下内容的分析实现对用户更完善的管理。

（1）账号和密码

这是一个传统的方法，即每一个计算机用户在进入计算机网络系统或进入专门服务器时，均使用用户名和密码。

用户名是用户进入计算机系统的唯一标示名。密码实际上是一组不显示出来的数据。

每一个系统对用户名和密码的使用都有严格的使用策略。例如，对于密码的长度、密码所使用的符号、密码设置的权限（由用户本人设置或管理员设置）、密码的有效时间进行设置时，都要遵守一定的规则。

在 Windows 2000 Server 域服务器中，账号、密码设置的操作步骤如下：

1）进入管理工具。选择"开始/控制面板/管理工具/Active Directory 用户和计算机"命令。

2）设置用户账号、设置密码。单击鼠标右键，在弹出的快捷菜单中选择"Users/新建/用户/输入相关信息/下一步/密码"命令，单击"完成"按钮。

3）设置时效。选择"开始/控制面板/管理工具/Active Directory 用户和计算机/Users/某个用户/属性/账户/账户过期/设置"命令，单击"确定"按钮。

（2）位置限制

前面已经分析过，在网络系统及网站中，各种人员将完成各自的工作。有的工作非常重要，涉及系统；有的工作涉及专门服务器，而且由放置在办公所在地的计算机系统及网站完成。完成这些工作的人员不允许随意地改变办公地点和所使用的计算机，因此对相应的用户应限制其使用的计算机。也就是说，使用的某个用户账号必须在指定的计算机进入计算机网络系统及网站，完成想用的工作。通过这种手段的控制，可以根据用户账号所完成的工作的性质进行相应的管理，更好地解决系统安全问题。例如，系统管理员、账号管理员必须在主服务器上进入系统，技术人员必须在指定的计算机进入系统，一般数据录入也必须在指定区域的计算机进入系统。

在 Windows 2000 Server 域服务器中设置指定用户在指定计算机登录的操作步骤如下：

1）0 进入管理工具。

2）用户属性的设置与前面例题操作相同。

3）设置登录计算机。选择"属性/账户/登录到/下列计算机/输入指定计算机名"命令，单击"确定"按钮。

4）在界面输入当前用户能在网络中使用的登录域服务器的计算机名。

（3）资源路径

1）运行应用软件目录。不管是软件维护人员还是数据录入人员，也不管是网站访问用户还是一般管理人员，他们在使用其用户账号进入计算机后均会运行某个应用软件或程序维护软件，这时应用软件由众多的用户调用运行，因此需要将应用软件保存在一个指定目录，同时分别设置用户的使用权限。这样，用户要运行软件时，就必须拥有调用这些软件的权限，即软件保存目录是允许该用户执行相应操作的。这样便于对用户权限进行统一管理。所以，同一个用户在软件所在目录和数据保存目录的权限是不同的。

2）用户数据调用与保存目录。每一个用户账号进入计算机后都应有保存数据或处理数据的指定目录。这些目录供该用户使用，目录及目录下的文件由用户自行管理。其具体设置方法参考"用户权限"设置。

（4）时间控制

时间控制就是在指定的日期时间，用户进入计算机网络系统及网站。这样更有利于管理网络系统及网站。

在 Windows 2000 Server 域服务器中设置账号登录时间的操作步骤如下：

1）进入管理工具。选择"开始/控制面板/管理工具/Active Directory 用户和计算机"命令。

2）设置账号登录时间。选择"用户/属性/账号/登录时间/设置"命令，单击"确定"按钮。

（5）资源处理程度限制

这一方面的内容在前面已经做了分析，其权限设置决定了对资源处理的程度。

（6）对用户权限的综合应用

当今，计算机的应用已经到了非常普及的程度。但是，是什么原因制约了计算机的深入应用呢？通过分析可以看出，用户对计算机系统的控制程度决定了其对计算机的信任程度。这种信任应当通过具体问题的提出及解决来实现。下面提出具体的问题：

- 什么人能使用计算机？
- 该使用者只能使用哪台计算机？
- 该使用者在什么时间使用指定计算机？
- 该使用者能运行什么应用软件及对该软件应用的程度？
- 该使用者对数据处理的范围是什么？
- 在计算机系统中的何处保管相关数据？对保管数据处理的程度如何？
- 对保管数据的区域大小有何限制？
- 对以上内容如何通过管理机制进行监督？

以上这些问题是计算机应用的主要问题。我们可以通过下面的措施解决这些问题。

1）指定账户使用计算机。什么人能使用计算机是通过在计算机系统中建立指定账户并针对该账户设置相关密码实现的。密码应遵循"复杂密码策略"，同时密码应根据需要在规定的时间内进行更换，且更换者根据要求由账户自己完成或由管理账户完成。

2）指定账户使用指定计算机。在基于 Windows 2000 Server 的系统中，针对每个账户可以登录的计算机有两种设置：一种是任何计算机；另一种是指定的计算机名称。系统管理员可根据需求进行设置。当操作者被确定使用某计算机时，如果该计算机的物理放置地点固定，则指定账户必须在指定地点使用该计算机，从而限制关键账户在不该登录的地点使用计算机，避免由于账户登录地点变换而出现安全问题。

3）指定账户在指定时间使用指定计算机。当指定账户被限制使用某计算机后，该计算机允许使用多长时间要特别注意，因为关键账户并不是可以在任意时间使用计算机的。比如，有些账户只能在上班时间使用指定计算机，这样该账户登录计算机的时间就会限制在9点至18点。

4）指定账户使用指定软件。一个企业中，一个网络环境下，大家基于一个公共平台，共同完成相关或独立的工作，每个账户不可能都从事相同的工作，因此每个账户的具体应用也就不同，这样对每个账户的应用就应做出限制。例如，走进单位大门，是不是每个人都可以随意进出每个房间、是不是都可以随意翻看与自己无关的材料呢？显然是不可以的。现实中，大家都认同和遵守这个规定。随着日常工作的计算机化，随着计算机工作的网络化，网络环境中所的设备和应用软件均处在一个公共的环境下，这时就需要对每个账户所使用的软件和对软件使用的程度进行设置。例如，有的账户对指定软件可以进行运行、更改、控制，有的账户只可以运行，有的账户不能运行、只能浏览，因此就需要对软件的安装位置进行严格的限定和设置，这样就可以针对不同的用户进行不同的设置。

5）指定账户对指定软件的使用权限设置。指定账户对软件的使用有了区别，同时对运行软件产生的不同数据的应用也应有不同的存放位置和处理。例如，通过计算器完成的相关财务账务计算，其计算结果涉及企业机密，因此要将计算结果存放在不同的档案柜中，便于不同的人查阅。这样，计算机产生的数据就应对保管位置进行设置，这个设置一般在软件安装或软件维护时进行。

6）指定账户对指定文件夹的权限设置。当数据在指定的分区（文件夹）保存时，不同的账户对数据有不同的处理权限。对数据的处理有完全控制、更改、运行、读取、浏览和拒绝等几种权限。这样使得在计算机上保存的信息可以因账户身份的不同而决定其对数据的投入应用。

7）指定账户对指定文件夹的大小限制。每一个计算机系统中的账户均有其自己要保管的信息。这些信息由该账户自己保管，该账户拥有完全的控制权。但作为计算机系统，其存储资源的空间并不是无限的，这就如同每个人的办公室只有一张办公桌和有限的几个抽屉，能放置的物品仅限于抽屉的大小。计算机中对账户使用资源的限制称为"磁盘限额"，利用"磁盘限额"可以控制每个账户对硬盘无限制的使用。

通过采取上述对账户及其相关设置的措施，基本上可以实现对使用计算机人员的全面、有效的管理。

9.2.5　电子商务网站的维护与更新

完成网站的创建工作之后，所要做的就是维护网站。网站维护是网站建设中极其重要的部分，也是最容易被忽略的部分。不进行维护的网站，很快就会因内容陈旧、信息过时而无人问津，或因技术原因而无法运行。这是目前网站建设中最大的弊病。网站的维护工作包括两个方面的内容：一是网站的升级与维护；二是网页的更新与维护。一个网站的成功不在于它的外观和制作时所采用的技术，而在于它是否能长期及时地给用户提供有用的信息。

1．网页维护

通常，一个网站建好后，网站管理者除了要日常维护站点之外，还必须与访问者多沟通。仅仅有了精美的网站设计、先进的技术应用及丰富的内容，访问量不一定会上升。一般的产品销售中，我们先做市场调查，看看市场上人们需要什么样的产品，然后才开始生产；到产品推出后，还要收集反馈信息，对产品进行改造，进一步迎合客户的需要。站点建设同一般的产品销售一样，同样必须与站点访问者多交流意见，这样才能了解网民需要看什么。如果不了解访问者的想法，只按照自己的思路发展，使网站脱离了网民，那么这个站点只能是空中楼阁。

1）对留言簿进行维护。我们制作好留言簿后，要对其经常进行维护，总结意见。因为一般访问者对站点有什么意见，通常都会在第一时间看看站点哪里有留言簿，然后就在那里写下来，期望网站管理者能提供他想要的东西或提供相关的服务。我们必须对访问者提出的问题进行分析总结，一方面要以尽可能快的速度进行答复，另一方面要把问题记录下来并进行切实的改进。我们可以从中收集很多信息，获得很多商机。

2）对客户的电子邮件进行维护。所有的企业网站都有自己的联系页面，通常是管理者的电子邮件地址，所以经常会有一些信息发到邮箱中。对访问者的邮件，一般要及时答复，最好在邮件服务器上设置一个自动回复的功能，这样能够使站点给访问者一种安全感和责任感，然后再对用户的问题进行细致的解答。

3）维护投票调查的程序。企业站点上经常有一些投票调查的程序，用来了解访问者的喜好或意见。我们一方面要对已调查的数据进行分析，另一方面可以经常变换调查内容。但对于所要调查的内容的设置要有针对性，不要搞一些空泛的问题。同时，可以针对某个热点进行投票，吸引访问者来看结果。

4）对 BBS 进行维护。这也是很重要的。BBS 是一个自由的天地，大家可以在企业网站自由地讨论技术问题，而对于 BBS 的实时监控尤为重要。比如，对于一些色情、反动的言论，要马上删除，否则会影响企业的形象。另外，企业的 BBS 中也可能会出现一些乱七八糟的广告，管理者对此要进行删除，否则会影响 BBS 的性质，使之不会再吸引浏览者。有时，BBS 中甚至会出现一些竞争对手的广告或诋毁企业形象的言论，对此更要及时删除。同时，对此要收集一些相关资料，在 BBS 中发表，以保证 BBS 的学术性。

5）对顾客意见进行处理。网站的交互性栏目可能会收集到很多顾客意见，管理者要及时处理这些意见，这样才能保证企业的良好形象。

6）对电子邮件列表进行维护。很多企业网站上都有电子邮件列表，对电子邮件列表进行维护也很重要。一方面，要保证发送频率；另一方面，要保证邮件的内容有新意，而且最好与收集的意见相结合。

2．网页的更新与检查

这是指我们通常所说的狭义的维护概念。一个网站要有影响力，最重要的是有新的内容。现在很多企业建站并没有取得什么效果，原因就在于网站几乎没有什么更新，只是企业的介绍在网上摆着，没有任何企业动态的新闻，这样的形象是不可能激起浏览者的兴趣并得到其信任的。网页更新要做到以下几点。

（1）专人专门维护新闻栏目

专人专门维护新闻栏目，这是很重要的。一方面，要把企业、业界动态都反映在里面，让访问者觉得这是一个发展中的企业；另一方面，要在网上收集相关资料，放置到网站上，吸引同类用户的兴趣。

（2）时常检查相关链接

通过测试软件对网站所有的网页链接进行测试，看是否能连通，最好是自己亲自浏览，这样才能发现问题。尤其是网站导航栏目，可能经常出现问题，设计时可以让网页上显示"如有链接错误，请指出"等字样。因此，在网页正常运行期间，也要经常使用浏览器查看测试页面，查缺补洞，精益求精。

（3）分析日志文件

网页更新最有用的依据是系统的日志记录。通过对 WEB 服务器的日志文件进行分析和统计，能够有效掌握系统运行情况及网站内容的受访问情况，加强对整个网站及其内容的维护与管理。

1）可以从各时期日志文件的大小上大致得出各时期网站的访问量增减趋势，如日志文件每半月更新一次。如果日志文件自建站以来大小不断增长，则说明网站是成功的；否则就要检查一下网站究竟为什么不受欢迎。

2）从日志文件中选取一段时间内的记录进行分析，比较网页中各部分的访问量。注意，不要选取刚建站一段时期的记录，因为那时访问者对网站的各部分内容还不熟悉．必然要进到各个部分都去看一看，因此看不出各部分的优劣。网站进入正常运行期后，访问者就会根据自己的需要有选择地访问各栏目。

3）网页更新还应该参考用户的意见和建议。例如，有的用户可能希望网站论坛中加入一个音乐论坛，还希望网站中出售的 CD 音乐中加入音乐试听项目。根据这个建议，我们可以采取多种新形式来满足这部分用户的需求。一种方式是将部分音乐的片段制作成 MP3 或其他声音格式供网上下载；另一种方式是在音乐论坛下开办一个 CD 出借交流的栏目。另外，还可以逐渐地向网站中添加其他方面的栏目，如现代音乐介绍、古典音乐介绍等。

这样，通过不断地更新与增加内容，网站将会一天天地丰富、成熟起来。同时，不要忘记在公布栏发布每次更新的最新消息。Web 日志分析实现的结构和流程如图 9-9 所示。

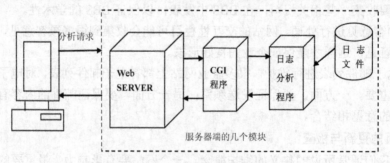

图 9-9　Web 日志分析实现的结构和流程

3. 网页布局更新

网页可以说是网站构成的基本元素。当我们轻点鼠标、在网海中遨游时，一幅幅精彩的网页会呈现在我们面前。那么，网页精彩与否的因素是什么呢?色彩的搭配、文字的变化、图片的处理等，这些当然是不可忽略的因素。除了这些，还有一个影响网页精彩的非常重要的因素——网页的布局。因此，网站除了经常更新内容以外，还要对网站定期进行布局更新。

（1）网页布局类型

网页布局大致可分为"国"字型、拐角型、标题正文型、左右框架型、上下框架型、综合框架型、封面型、Flash 型、变化型等类型。

1）"国"字型。"国"字型也可以称为"同"字型，是一些大型网站所喜欢的类型。这种结构中，最上面是网站的标题及横幅广告条，下面是网站的主要内容；主要内容这一模块，左右分列一些小条内容，中间是主要部分并与左右一起罗列到底；最下面是网站的一些基本信息、联系方式、版权声明等。这种结构是我们在网上见到的差不多最多的一种结构类型。

2）拐角型。这种结构与上一种很相近，两者只存在形式上的区别。这种结构中，最上面是标题及广告横幅，接下来的左侧是一窄列链接等、右侧是很宽的正文，最下面也是网站的一些辅助信息。这种类型中，一种很常见的结构是最上面是标题及广告，左侧是导航链接。

3）标题正文型。这种结构中，最上面是标题或类似的一些东西，下面是正文。一些文章页面或注册页面等就是这种类型。

4）左右框架型。这是一种左右分为两页的框架结构，一般左面是导航链接，有时最上面会有一个小的标题或标志；右面是正文。我们见到的大部分的大型论坛都属于这种结构，一些企业网站也喜欢采用这种结构。这种类型结构给人以清晰、一目了然的印象。

5）上下框架型。与左右框架型类似，区别仅仅在于它是一种上下分为两页的框架。

6）综合框架型。这是左右框架型和上下框架型两种结构的结合，是相对复杂的一种框架结构。其中，较为常见的结构类似于"拐角型"结构，只是采用了框架形式。

7）封面型。这种类型基本上出现在一些网站的首页，大部分为一些精美的平面设计结合一些小的动画，再放上几个简单的链接或者仅是一个"进入"的链接，甚至直接在首页的图片上做链接而没有任何提示。这种类型多出现在企业网站和个人主页，处理得好则会给人带来赏心悦目的感觉。

8）Flash 型。这种类型其实与封面型结构是类似的，只是这种类型采用了游戏型的Flash。与封面型不同的是，由于 Flash 强大的功能，页面所表达的信息更丰富；如果处理得当，其视觉效果及听觉效果绝不亚于传统的多媒体。

9）变化型。这种类型是上面几种类型的结合与变化。比如，网站在视觉上是很接近拐角型的，但所实现的功能的实质是那种上、左、右结构的综合框架型。

如果内容非常多，就要考虑用"国字型"或拐角型；如果内容不算太多而一些说明性的东西比较多，则可以考虑标题正文型。这几种框架结构的一个共同特点就是浏览方便、速度快，但结构变化不灵活。如果是一个企业网站想展示企业形象或个人主页想展示个人风采，则封面型是首选；Flash 型更灵活一些，好的 Flash 大大丰富了网页，但是它不能表达过多的文字信息。

（2）网页布局适时更新

对首页的更新是所有更新工作中最重要的工作，因为人们很重视第一印象。对首页的更新宜采用重新制作方式，不过网站的 CI 是不能变动的。

首页的更新，关键是第一屏。所谓第一屏，是指我们到达一个网站后，在不拖动滚动条时所能够看到的部分。那么，第一屏有多"大"呢?其实这是未知的。一般来讲，在 800×600 的屏幕显示模式（这也是最常用的）下，同时在 IE 安装后默认的状态（即工具栏、地址栏等没有改变）下，IE 窗口内能看到的部分为 778px×435px，我们通常以这个大小为标准就行了。毕竟，在无法满足所有人的需求的情况下，我们只能考虑大多数人的需求。

其他页面的更新，可采用更新模板、资源库和 CSS 的方法。

思考与练习

一、简答题

1．电子商务网站的信息安全要素包括哪些?

2．电子商务网站的安全威胁主要来自哪几个方面? 对客户机、WWW 服务器和数据库的威胁分别包含哪些内容?

3．什么叫防火墙? 防火墙的优势和不足之处分别有哪些?

4．常见 ASP 的网站漏洞包括哪些?

二、选择题

1．网页布局可分为（　　　）。

A．"国"字型　B．拐角型　C．标题正文型　D．左右框架型　E．上下框架型

2．加强企业网站管理的重要意义包括（　　　）。

A．网站的竞争是电子商务竞争的一个方面

B．从事电子商务竞争的企业将表现为网站经营的竞争

C．网站能够体现出企业文化、企业风格、企业形象及企业的营销策略

D．网站将成为沟通企业和用户最为重要的渠道

3．电子商务网站的管理主要包括 4 个层次的管理，具体包括（　　　）。

A．网站文件管理　B．网站内容管理　　C．网站综合管理　　D．网站安全管理

4．计算机用户拥有的权限包括（　　　）。

A．浏览　　　B．阅读与运行　　C．创建与写入　D．修改控制　E．完全控制

5．网页维护的内容包括（ ）。

A．对留言簿进行维护 B．对客户的电子邮件进行维护 C．维护投票调查的程序

D．对BBS进行维护 E．对顾客意见进行处理 F．对电子邮件列表进行维护

三、实训题

1．尝试填写下面综合型购物网站满意度调查报告，总结网站应该如何做好网页维护、更新与检查工作。

亲爱的朋友：

您好！为了解您对综合型购物网站的满意度，我们进行了此次调查，恳切地希望您能够给予支持和合作。同时，希望您能够根据您的体会和认识，为我们的研究提供翔实的信息。在此，衷心地感谢您的真诚合作！

1．您的性别是（ ）。*

A．男 B．女

2．您的年龄是（ ）。*

A．18岁以下 B．18～25 C．26～35 D．36～45 E．45岁以上

3．您是否经常在网上购物（ ）。*

A．是 B．否

4．您经常使用的购物网站是（ ）。* [多选题]

A．京东商城 B．亚马逊 C．当当 D．天猫 E．一号店

F．唯品会 G．其他（请注明）

5．您最看重购物网站中商品的特征是（ ）。*

A．商品的种类 B．商品的价格

C．商品的质量 D．商品的品牌

6．您在选择购物网站时最看重的服务是（ ）。*

A．物流配送 B．售后 C．支付方式 D．促销 E．客服

7．请根据重要性，给影响您选择购物网站的各要素排名（ ）。* [请选择全部选项并排序]

A．价格高 B．质量差 C．商品种类少

D．物流配送速度慢 E．售后服务差 F．支付方式少

G．促销少 H．网站架构不合理，影响使用 I．其他

8．请您对亚马逊在各个方面的表现打分。（1表示最不满意，5表示最满意）*

	1	2	3	4	5
商品					
物流配送					
售后					
支付方式					
促销					
网站构架					

本题依赖于第 4 题的第 2 个选项。

9．请您对京东商城在各个方面的表现打分。（1 表示最不满意，5 表示最满意）*

	很不满意	不满意	一般	满意	很满意
商品					
物流配送					
售后					
支付方式					
促销					
网站构架					

本题依赖于第 4 题的第 1 个选项。

10．请您对天猫商城在各个方面的表现打分。（1 表示最不满意，5 表示最满意）*

	很不满意	不满意	一般	满意	很满意
商品					
物流配送					
售后					
支付方式					
促销					
网站构架					

本题依赖于第 4 题的第 4 个选项。

11．请您对当当网在各个方面的表现打分。（1 表示最不满意，5 表示最满意）*

	很不满意	不满意	一般	满意	很满意
商品					
物流配送					
售后					
支付方式					
促销					
网站构架					

本题依赖于第 4 题的第 3 个选项。

12．请您对一号店在各个方面的表现打分。（1 表示最不满意，5 表示最满意）*

	很不满意	不满意	一般	满意	很满意
商品					
物流配送					
售后					
支付方式					
促销					
网站构架					

本题依赖于第4题的第5个选项。

13．请您对唯品会在各个方面的表现打分。（1表示最不满意，5表示最满意） *

	很不满意	不满意	一般	满意	很满意
商品					
物流配送					
售后					
支付方式					
促销					
网站构架					

本题依赖于第4题的第6个选项。

14．请您对其他（您填写的购物网站）在各个方面的表现打分。（1表示最不满意，5表示最满意） *

	很不满意	不满意	一般	满意	很满意
商品					
物流配送					
售后					
支付方式					
促销					
网站构架					

本题依赖于第4题的第7个选项。

15．对于综合型购物网站，您希望它们能够在哪些方面予以改善？ *

问卷到此结束，再次衷心感谢您的真诚合作与支持！

2．电子商务从产生至今虽然时间不长，但发展十分迅速，已经引起各国政府和企业的广泛关注和参与。但是，由于电子商务交易平台的虚拟性和匿名性，其安全问题也变得越来越突出。阅读以下案例，分析"熊猫烧香"病毒产生的原因是什么。对于电子商务网站如何做到安全管理？

2006年12月初，我国互联网上大规模爆发"熊猫烧香"病毒及其变种。一只憨态可掬、颔首敬香的"熊猫"在互联网上疯狂"作案"。在病毒卡通化的外表下，隐藏着巨大的传染潜力，短短三四个月，"烧香"潮波及上千万个人用户、网吧及企业局域网用户，造成直接和间接损失超过1亿元。

2007年2月3日，"熊猫烧香"病毒的制造者李俊落网。李俊向警方交代，他曾将"熊猫烧香"病毒出售给120余人，而被抓获的主要嫌疑人仅有6人，所以不断会有"熊猫烧香"病毒的新变种出现。

随着中国首例利用网络病毒盗号牟利的"熊猫烧香"案情被揭露，一个制"毒"、卖"毒"、传"毒"、盗账号、倒装备、换钱币的全新地下产业链浮出了水面。中了"熊猫烧香"病毒的电脑内部会生成带有熊猫图案的文件，盗号者追寻这些图案，利用木马等盗号软件，盗取电脑里的游戏账号密码，取得虚拟货币进行买卖。

李俊处于链条的上端，其在被抓捕前，不到一个月的时间至少获利 15 万元。而在链条下端的涉案人员张顺目前已获利数十万元了。一名涉案人员说，该产业的利润率高于目前国内的房地产业。

有了大量盗窃来的游戏装备、账号，并不能马上兑换成人民币。只有通过网上交易，这些虚拟货币才得以兑现。盗来的游戏装备、账号、QQ 账号甚至银行卡号资料被中间批发商全部放在网上游戏交易平台公开叫卖。一番讨价还价后，网友们通过网上银行将现金转账，就能获得那些盗来的网络货币。

李俊以自己出售和由他人代卖的方式，每次要价 500～1000 元，将该病毒销售给 120 余人，非法获利 10 万余元。经病毒购买者进一步传播，该病毒的各种变种在网上大面积传播。据估算，被"熊猫烧香"病毒控制的电脑数以百万计，它们访问按流量付费的网站，一年下来可累计获利上千万元。

有关法律专家称，"熊猫烧香"病毒的制造者是典型的故意制作、传播计算机病毒等破坏性程序，影响计算机系统正常运行的行为。根据《刑法》规定，犯此罪后果严重的，处 5 年以下有期徒刑或者拘役；后果特别严重的，处 5 年以上有期徒刑。

李俊是"熊猫烧香"的主要制造者，于 2007 年获刑 4 年，后于 2009 年年底出狱。"熊猫烧香"的另一名制造者——张顺，因非法控制计算机程序罪被判 2 年有期徒刑。出狱之后，"熊猫烧香"制造者并未停止电子商务网站的安全破坏活动。资料显示，张顺刑满释放后，在友人介绍下，结识了丽水莲都区人徐建飞。考虑到棋牌类游戏网站有利可图，两人决定成立一家网络公司，靠开发出售棋牌类游戏软件盈利。李俊刑满出狱后也加入了徐建飞、张顺的计划。一家由徐建飞出资，张顺和李俊技术入股的网络公司随后成立。不过，该公司运行并不顺利，开发的两款棋牌游戏均无人问津。

张顺随即提议直接经营棋牌游戏平台，并得到徐建飞和李俊等人的认同。2011 年 4 月，几个人在浙江苍南架设服务器，利用互联网经营起了"金元宝棋牌"网络游戏平台，在平台上开设了"牛牛"、"梭哈"等赌博游戏程序供游戏玩家参与赌博。为了获取更大的利益，徐建飞等人在游戏平台之外，通过发展吴聪培等银商向玩家以高售低收的方式，将虚拟币兑换成人民币。

2012 年，公安部在全国严打网络赌博，尽管张顺和李俊有所察觉，关停了赌博游戏平台，销毁了相关设备，但他们的一举一动早已被警方掌握，并固定了相关证据。2013 年年底到 2014 年 1 月，17 名犯罪嫌疑人相继落网。

通过上述案例可以看出，随着互联网和电子商务的快速发展，利用网络犯罪的行为会大量出现，为了保证电子商务的顺利发展，法律保障是必不可少的。目前对我国的网络立法明显滞后，如何保障网络虚拟财物还是个空白。除了下载补丁、升级杀毒软件外，目前还没有一部完善的法律来约束病毒制造和传播，更无法来保护网络虚拟钱币的安全。

根据法律，制造传播病毒者，要以后果严重程度来量刑，但很难衡量"熊猫烧香"病毒所导致的后果。而病毒所盗取的是"虚拟财物"，就不构成"盗窃罪"，这可能导致李俊之外的很多嫌疑人量刑很轻或定罪困难。

第10章

电子商务网站策划与实施实例

 学习目标

1. 了解项目建设所处的行业背景。

2. 掌握电子商务网站的目标定位与风格设计方法、网站使用的 Discuz! 技术解决方案和网站内容规划方法。

3. 熟悉网站推广与维护的方法。

通过前面几章的介绍，我们已经掌握了静态网站设计和动态网站设计的基本要点，但是由于各章节内容相对比较零散，还不能将学到的方法和技能灵活运用于一个实用的电子商务网站的策划与实施之中。本章将综合利用前面所学知识，制作一个具有实用功能的电子商务网站——"扬爱婚庆"。

10.1 项目背景

随着我国国民经济的快速增长、城乡居民生活水平的日益提高、人民群众对生活质量有了重新的认识及人们对现代社会的时尚追求，中国婚庆行业正在走向个性化和时尚化。这已成为当今社会的又一流行趋势。

1. 行业背景

婚庆作为一个新兴行业，它的发展在全国已到了火爆的程度。在北京、上海、广州、深圳等地，婚庆公司如雨后春笋般涌现。尤其是上海婚庆协会的成立，正式标榜婚庆行业正朝专业化、正规化的方向发展。婚庆产业正逐渐成长为一个新的朝阳产业。有数据显示，中国每年因婚庆产生的狭义消费高达 4 000 亿元人民币，占国民生产总值的 2.5%。

近几年，伴随着经济的飞速发展和人们消费水平的提高，消费者的消费观念也发生了很大的变化，即很多消费者在满足物质需求的基础上，已经朝着精神需求方面发展。婚庆消费市场的婚纱礼服、婚纱摄影、婚礼服务、婚宴、珠宝首饰等行业的发展日趋成熟，并与新婚消费的其他关联行业（如家电、家具、床上用品、室内装修、房地产、汽车、银行保险等）一起逐步形成令人瞩目的婚庆产业链，充满了巨大的潜在商机。在婚庆产业快速发展的过程中，生态元素将占据主导地位，相关企业也越来越注重品牌服务和规模经营，婚庆的高层次服务也在增多，整个行业都在为满足当代青年多元化、时尚化、个性化、追求浪漫服务的需求而努力，婚庆产业的产业链正在逐步形成。

2．项目建设背景

作为一个扬州地区性的婚庆类电子商务网站，扬爱婚庆网将打造一个专业的网上婚庆用品市场。一方面，它免费为商家提供一个发布产品信息的平台；另一方面，它免费将这些信息提供给有相关需求的消费者，并提供网上订购服务，将供应商和消费者连接起来，充当供应链整合的角色。作为一个网上中间商和信息商，我们将通过对扬州各大影楼、酒店、珠宝行（上游信息）和婚庆用品消费者（下游信息）的全面整合，把供应商和消费者连接起来。我们一只手掌握着扬州数千会员客户，另一只手则与扬州提供婚庆产品和服务的商家紧密相连，充当一个婚庆行业供应链整合的角色。我们将通过对婚庆市场资源的整合，为消费者提供网上订购的服务，帮助消费者打造属于自己的个性化婚礼，为新人们解决婚礼筹备过程中所遇到的各种烦琐问题，希望新人们通过我们的网站达到"省时、省力、省钱，打造完美婚礼"的效果。

扬爱婚庆网的优势：

1）我们打造的是一个专业的网上婚庆类信息网站。与其他的网站相比，我们最大的优势在于专业；其次，我们的网站规模庞大，能为消费者提供更多、更完整的信息。

2）我们是一个完全免费的网站。网站免费向消费者发放会员卡，提供免费注册，同时为商家提供商品发布服务且不收取任何费用。所以，作为一个连接商家和消费者的免费平台，我们有理由相信网站能够受到商家的青睐并在我们的网站发布信息。

3）我们能使消费者更方便、更快捷地选择婚庆服务。在网络上选择婚庆服务，可以大大减少消费者往返于各个影楼、酒店、珠宝行的时间、精力和金钱。

10.2　市场分析

国内最大的购物网淘宝网于 2012 年发布的 2011—2012 年度中国网购婚庆用品报告显示，以浙江、上海为代表的长三角地区是婚庆网购消费力最强区域，前 6 位分别是浙江、上海、江苏、广东、北京、福建。从江苏信息产业密集度来看，扬州是继苏州之后的第二个信息产业密集地段，扬州婚庆产业具有购买力度较大、信息产业环境良好两大优势。

1．竞争对手分析

（1）淘宝网等第三方平台

淘宝网对于中国网民来说并不陌生，甚至可以说已经到了如雷贯耳的地步。细心的网友可以发现，近两年淘宝首页添加了"特色购物"这一互联网，其中婚纱礼服便属于这一互联网。由此可见，淘宝网对婚庆行业是非常重视的。据相关数据显示，2011 年淘宝网提供婚庆服务的日均店铺数仅为 600 个，而 2012 年已增至 4 740 个，涨幅达 690%，日均上架商品数也有 671% 的增长。在此期间，成交笔数比 2011 年同期多了 11.4 倍，而成交额更是疯涨了 874 倍。

此外，婚纱摄影也是线上本地商场占有量增长速度非常快的一个行业。作为淘宝网本地生活服务的重点类目之一，婚纱摄影行业具有强烈的本地市场优势，目前日均商品浏览量超 25 万人次，日均成交额突破百万元，且后续发展潜力旺盛。数据显示，在 2013 年的"金九银十"期间，婚纱摄影类的成交额就已达 500 万元，同比 2012 年上涨了 390%。

除淘宝购物网站外，还有以 58 同城为首的分类信息网站、人人社区网站、世纪佳缘交友类网站、搜狐门户类网站都以不同的形式进军婚庆行业。

（2）全国性婚庆网站

纵观我国的全国性婚庆网站，我们不难发现，全国性的婚庆网站并不多，或者说宣传力度还不够。但是不多并不能代表没有，我国做得比较好的婚庆网站有中国婚庆网和Wed114。例如，Wed114 约覆盖了我国 90%的城市婚庆信息，信息量庞大，用户选择的余地比较大。Wed114 提供的服务主要有婚纱摄影、婚庆策划和婚宴酒店等。回顾婚嫁全过程，Wed114 缺少结婚戒指和蜜月旅行这两块的服务，这与它提出的婚嫁服务一站式综合供应平台的宗旨有点不相符。但是，从百度指数来看，Wed114 提供的婚纱摄影、婚庆策划、婚宴酒席这三大块服务已经占据了婚庆行业相当大的市场。相关数据如图 10-1 所示。

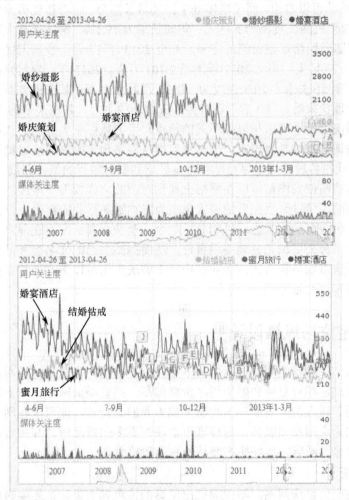

图 10-1　2012—2013 年百度指数搜索 5 个关键词对比图

全国性婚庆网站的优点有如下几点：

1）网站声誉好，是用户的首选。

2）信息量庞大，优惠政策较多。

3）容易形成品牌效应。

4）商家较多，用户的选择余地较大。

（3）实体婚庆行业

网上的婚庆信息可能存在虚假性，而实体婚庆行业对于用户来说更具可信度。虽然说"80后"是婚庆市场的主打力量，"90后"是婚庆市场的新生力量，而且这些人比较容易接受网上的新兴事物，但是忙碌的都市生活不容他们有更多的时间去网上查阅信息，更多的年轻人会让父辈母辈帮助他们选择婚庆相关服务，而这些老一辈们更倾向于选择实体婚庆行业。

2. 市场需求分析

中国知网相关数据显示，截至2013年12月底，我国网民规模达6.18亿人，互联网普及率为45.8%。由此可以看出，网民规模处于持续增长态势。随着智能机的普及，截至2013年12月底，我国手机网民规模为5亿人，年增长率为19.1%，继续保持上网第一大终端的地位。同时，伴随着网络基础设施的完善，截至2013年12月，我国网民中农村人口占比28.6%，规模达1.77亿人，相比2012年增长2 101万人。2013年，农村网民规模的增长速度为13.5%，城镇网民规模的增长速度为8.0%，而且城乡网民规模的差距正在继续缩小。

从当今社会现状来看，"80后"已成为婚庆市场的主力，越来越多的"90后"也已步入法定婚龄，婚庆市场呈现出与以往不同的特点。手握鼠标长大的新一代不喜欢一家家寻找影楼酒店、咨询结婚的具体事宜，而是更习惯从网络预定婚宴酒店、浏览影楼主页并进行在线咨询，喜欢在各种论坛里寻觅婚礼方案灵感和蜜月旅行的最佳路线，包括开支预算、婚礼清单及来宾的座位安排都可以在网络上找到对应的"模板"。"宅经济"已经渗透到日常生活的方方面面，"鼠标+水泥"的模式也成为影响婚庆行业的新生力量。

相对而言，供应商的需求也日趋明显。如今，消费者和商家存在信息不对等现象，商家迫切需要一个平台来更加充分地展现自己，从而提高自己的知名度和品牌效益。基于上述需求，网上婚庆市场孕育而生。企业利用网上婚庆市场可以更好地树立企业形象、发展公共关系、促进客户关系管理。

10.3 目标定位与风格设计

目前，新人们在筹备婚礼的过程中基本存在以下问题：信息来源相对狭窄、选择余地相对较小、筹备过程相对复杂和婚庆用品价格偏高。扬爱婚庆网针对以上不足作为一个切入点，进入市场。新人们只需简单的注册并成为我们的会员，便可以在网上挑选、对比和预定各种类别的婚庆用品和服务，这样既可以获得更多的商品信息和挑选余地，又可以省下往返于各大影楼、酒店、商场挑选商品的时间和精力。

1. 建设目标

建立一个完整的婚庆网站，不仅要突出网站的特色界面设计，还要时刻体现网站的企业文化和商业目标。从上述市场分析中可以确定，扬爱婚庆网站的商务目标是打造一个针对扬州地区性婚庆行业的一站式网络综合服务平台。网站主要功能如下：

1）用户可以浏览婚庆网站所提供的婚纱摄影、婚庆策划、婚宴酒席等相关服务，同时提供用户在线咨询、在线留言、注册会员等功能。

2）网站有一定数量的与婚庆服务相关的信息，方便用户及时了解婚纱摄影、婚庆策划、婚宴酒席等最新动态，同时有利于网站对用户进行信息收集和客户管理，加强用户与网站的沟通与协作，提高和改善网站现有的管理水平，使用户对本网站有更加深刻的认识和理解，提高网站的知名度。

3）管理人员登录系统后，就可以做各种烦琐的管理工作，用最少的人力和物力提高管理水平，方便发布各种婚庆信息，处理顾客在筹备婚嫁过程中所遇到的各种问题，及时了解顾客对本网站的意见，通过数据分析了解客户的基本情况和不同时期客户的变化情况，提前做出必要的准备工作，使前台的用户操作方便简单，保证网站安全稳定地运行。

4）可以通过本网站发布各种即时信息，以及产品节假日促销信息，增加网站访问量，以达到预期目标。

2．网站定位

1）服务、创新、朝气、锐意进取。

2）从婚纱摄影到婚庆服务等一站式结婚服务体系。

3）结构清晰，层次分明。

4）目标用户定位明确。

本网站的目标用户初步分为两类：一类是即将结婚的新人们。本网站致力于通过先进的电子商务手段，帮助新人们解决婚嫁过程中遇到的一系列问题，所以不难想到，我们的主目标用户为即将结婚的新人们。在本网站上，他们足不出户就可以了解到关于从婚纱摄影到婚庆策划的全方位信息。另一类是商家。本网站为婚庆相关行业的商家提供了一个信息发布的有利渠道。入驻本网站的商家除了婚纱摄影、婚庆策划的商家外，还包括婚宴酒席、蜜月旅行的商家们。本网站为这些商家们提供了 365 天×24 小时的产品更新展示。婚庆相关行业的商家们只要在本网站注册会员并与我们联系，其产品便可以出现在我们首页的 Banner 广告位。

3．风格设计

主界面是一个网站的门面，如同公司的形象，所以应特别注重设计和规划。主界面是用户首先看到的界面，它的好坏直接影响网站的访问率。为此，我们从以下几个方面对主界面进行设计。

（1）内容排版

根据百度指数得出搜索"婚庆"的人群比例，如图 10-2 所示。

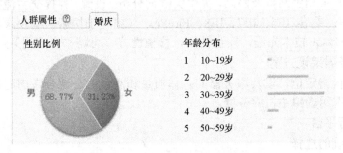

图 10-2 "婚庆"人群比例

由图中的数据可以得出以下结论：

1）性别方面，男士搜索"婚庆"的比例占 68.77%；而女士占的比例相对于男士来说相对较低，只占了 31.23%。所以，文章排版时应多从男士的角度出发，避免繁杂。

2）年龄方面，检索"婚庆"的用户群主要分布在 20～39 岁，所以网站内容应着重考虑 20～39 岁的人群所关心的问题。

（2）色彩搭配

本网站采用浅粉色为基调，配以相关的其他色彩，打造扬爱婚庆温馨气氛。从色彩的心理感觉来说，红色是一种激奋的色彩，具有刺激的效果，能使人产生冲动、愤怒、热情和充满活力的情绪（具体应用见图 10-6 开发完成后的网站主页面）。

（3）页面布局

本网站采用多栏横向型布局，适合大众浏览网页的习惯。同时，采用框架式结构，在框架中嵌入子页，将大表化小、图片压缩，尽量减少页面响应时间。

10.4　网站技术解决方案

1. 技术构架图

要了解技术解决方案，就要相应地了解我们所需的全部技术，故建立如图 10-3 所示的技术构架图。

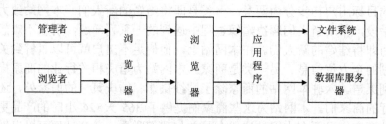

图 10-3　技术构架图

1）主机：100M 独立 IP 双线虚拟主机（能规避在共享 IP 条件下的连带风险，极大地提升用户网站被搜索引擎收录的级别和机会）。

2）域名：国际、国内顶级域名 1 个(.com/.net/.com.cn/.cn 等)。

3）统计系统：对网站访客进行统计分析，这可根据时间、访问地区、访问用户等条件做出统计报表，便于检验广告宣传效果。

4）SEO 搜索引擎优化：多关键字面向 BAIDU/GOOGLE 进行优化（使搜索引擎能够在同等条件下优先收录相关网页及网站，提供关键词分析、设置，并提交主流搜索引擎收录）。

5）程序语言：兼容 IE6、IE7、IE8、FireFox （更利于搜索引擎收录与排名，利于网站改版）、PHP+Mysql(技术先进，安全性高，移植性好，可跨平台应用)。

2. 网页服务器架设方案

根据市场的价格定位，以及服务器的总体质量和承载力，综合考虑时间年限和技术维护等问题，决定选用虚拟主机服务器。

3. 网站运行平台

（1）操作系统的选择

根据网络科技的发展和最新技术成果来看，Windows 系统的操作性能普及、使用率高，新的 Windows7 系统也在慢慢替换 Microsoft Windows XP 系统，所以对于网站的运行平台，选择 Windows 操作系统是比较符合大众需要的，而且便于操作、成本相对不高。

（2）服务器的选择

Apache 是世界使用排名第一的 Web 服务器软件。它可以运行在几乎所有广泛使用的计算机平台上。它是自由软件，所以不断有人为它开发新的功能和新的特性，并且修改原来的缺陷。Apache 的特点是简单、速度快、性能稳定，并可做代理服务器使用。而 IIS 是英文 Internet Information Server 的缩写，译成中文就是"Internet 信息服务"的意思。它是 Microsoft 公司主推的服务器，最新的版本是 Windows 2008 里面包含的 IIS。IIS 与 Window Server 完全集成在一起，因而用户能够利用 Windows Server 和 NTFS（NT File System，NT 的文件系统）内置的安全特性，建立强大、灵活且安全的 Internet 和 Intranet 站点。这使得选择服务器成了重点问题。但是，因为设计的网站选择的是 Microsoft 的 Windows 操作系统，我们考虑到成本和安全性问题，以及功能是否能顺利使用、是否能稳定运行等一系列的问题，通过对两种服务器关键字的对比（见图 10-4），决定采用 IIS 服务器。

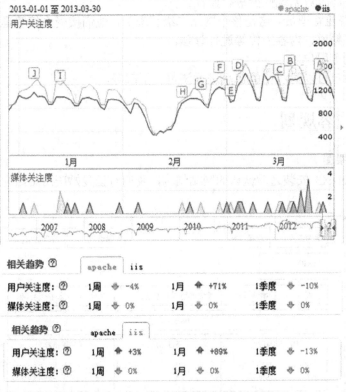

图 10-4　APACHE 与 IIS 关键字比较

（3）数据库的选择

数据库是采用 SQL、ACCESS 还是 ORACLE 呢？根据所收集资料的对比分析，我们得出如下结论：

1）ACCESS 非常便宜，但是体积很小、适用面不广。

2）SQL Sever 稍微贵些，功能也很全面，但是对于跨平台的操作兼容性差。

3）ORACLE 是现在大型企业的主流数据库，价格相当昂贵，当然性能也非常优秀，但此数据库经常会遇到 CPU 利用率很高的情况。

所以，通过以上分析，以及网站所选择的服务器，我们认为使用 SQL Sever 数据库比较合适。

4．网站开发平台

Discuz！是一款社区论坛建设软件，是一种全新的网站设计格式。它不需要使用者过多了解 JAVA 代码语言，可以节省大量时间。根据网站建设目标，我们选用 Discuz！进行网站开发。

5. 平台用户类型

该平台用户分为两类：

一类是网站管理员，一类是网站浏览用户。

（1）网站管理员

每个网站都有多个管理员负责管理网站，他们具体负责用户登录验证、管理员添加与删除、密码修改等工作。网站管理员又分为两类：

1）网站的系统管理员。这是整个网站系统的一级管理员，职责包括对普通管理员的增、删及属性更改，同时对系统性能进行监控。

2）网站的普通管理员。这是整个网站二级管理员，他们接受系统管理员分配的指定权限范围，对信息频道、内容上传等进行管理。

（2）网站浏览用户

这类平台用户可以对网站的信息进行浏览、下载等。

10.5 网站内容规划

1. 网站框架图

根据 Discuz! X3 安装之后默认的网站结构，我们对扬爱婚庆网站结构的设计如图 10-5 所示。

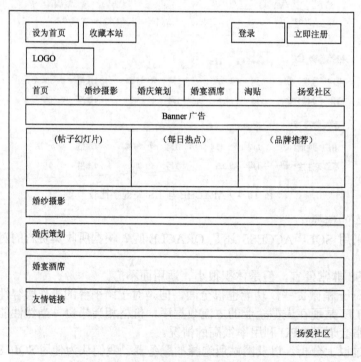

图 10-5　扬爱婚庆网站框架

网站主要功能说明：

1）商品信息发布功能。网站首页要为商家提供发布商品信息的专区，主要的表现形式为图片+文字，按照商家发布商品的先后顺序，出现在"帖子幻灯片"区域。在"淘贴"导航条中，商家可以建立自己的品牌主题，卖家可以集中整合提供服务的相关信息。这里对网站优质内容进行了收集与分类，可供会员一键订阅。

2）网站信息搜索功能。网站信息量庞大，用户不一定能够准确查到自己想要的信息，所以添加网站信息搜索功能是网站设计环节中必不可少的一环。网站的信息搜索栏位于Banner广告位，搜索栏主要采用模糊搜索方式。使用模糊搜索可以自动搜索关键字的同义词，提高搜索的精确性。

3）网站商品发布功能。卖家发布的商品信息出现在首页，而卖家发布的商品出现在扬爱社区中。在扬爱社区中，我们设有"商家"这一互联网，所包含的子互联网有"认证商家""商家运营交流""结婚采购中心"3大板块，其中"结婚采购中心"是专门为商家提供的发布商品的场地。

2. 网站栏目结构图

网站首页设置的栏目为第一层栏目，内容页面设置为第二层栏目。依据市场上同类热门网站的相关内容，我们对扬爱婚庆网站栏目结构图的设置如表10-1所示。

表10-1　扬爱婚庆网站栏目结构图

	第一层栏目	第二层栏目	功能说明
首页	一、婚纱摄影	1. 热点关注	本互联网作为"婚纱摄影"的主要交流互联网，整合了多家婚纱摄影信息，方便用户浏览
		2. 热门婚纱摄影商家	
		3. 婚纱摄影攻略	
		4. 经典婚纱摄影	
		5. 经典婚纱MV	
	二、婚庆策划	1. 热点关注	本互联网作为"婚礼策划"的主要交流板块，整合了多家婚庆策划信息，方便用户浏览
		2. 热门婚庆策划公司	
		3. 婚庆指南	
		4. 婚礼现场	
	三、婚宴酒席	1. 热点关注	本互联网作为"婚宴酒席"的主要交流板块，整合了多家婚宴酒席信息，方便用户浏览
		2. 热门婚宴酒店	
		3. 婚宴指南	
		4. 婚宴现场	
	四、淘贴		本互联网用于商家建立自己的商品主题，对网站优质内容进行了收集与分类，供会员一键订阅
	五、扬爱社区	1. 新手	作为本网站的主要互联网，这里是商家和用户的主要交流平台社区活动能充分调动会员的活跃性
		2. 主版	
		3. 别院	
		4. 商家	
		5. 站务	

（1）首页

我们将运用图片、Flash、视频短片形式设计与众不同的首页及内页风格，使网站在能够提供给访问者最需要的信息之外还能使访问者拥有赏心悦目的感觉，最终使整个网站具备可观性和实用性的特点。

（2）婚纱摄影

本互联网主要包含"婚纱摄影商家""婚纱摄影攻略""经典婚纱摄影""经典婚纱MV"等内容。作为用户了解"婚纱摄影"的交流互联网，本互联网整合了多家婚纱摄影信息，方便用户浏览。本互联网一般采用"文字+图片"的图文并茂的形式进行设计和排列。

（3）婚庆策划

本互联网主要包含"婚庆策划公司""婚庆指南""婚礼现场"等内容。作为用户了解"婚礼策划"的交流互联网，本互联网整合了多家婚礼策划信息，方便用户浏览。本互联网一般采用"文字+图片"的图文并茂形式或者通过 Flash 视频进行展示。

（4）婚宴酒席

本互联网主要包含"婚宴酒店""婚宴指南""婚宴现场"等内容。作为用户了解"婚宴酒店"的交流互联网，本互联网整合了多家婚宴酒店信息，方便用户浏览。本互联网一般采用"文字+图片"的图文并茂形式，以图片居多。

（5）淘贴

本互联网主要用于商家建立自己的商品主题。这里对网站优质内容进行了收集与分类，供会员一键订阅。

（6）扬爱社区

这是本网站的主要互联网，是商家和用户的主要交流平台。社区活动能充分调动会员的活跃性。

3．网站功能模块

本网站将设置以下主要功能模块。

（1）会员系统模块

本模块要实现的主要功能包括新用户注册、老用户登录及管理员对用户进行管理。

（2）在线留言模块

本模块主要用于用户和管理人员进行沟通和交流。用户可以在本模块发表自己的看法，也可浏览其他用户的留言。为了让网站掌握各方面的反馈信息，这里设置了留言簿模块。通过此模块，用户可以上传留言、查看以往的留言信息等。留言信息包括留言的用户、留言时间及留言内容。

（3）产品预定模块

客户浏览了相关资料后，可通过本模块的预订单预定产品。客户将个人信息及预定产品的相关资料填写完整后，提交给系统，而系统经过简单的逻辑判断确认信息是否有错后通过两个消息框的反馈，确定预定是否成功。

（4）信息浏览模块

本模块要实现的主要功能包括查看站内公告(最新公告及近期的所有公告)、单击产品和公司的信息，并且可以进行查询。

（5）后台管理模块

管理员可以对后台的所有信息进行修改。后台管理模块具有的功能特点：

1）新闻维护，简单易行——维护信息只需填写信息主题、内容即可发布。

2）随意更改，便于管理——可随时通过维护界面增加、修改、删除每条信息。

3）文字图片，简洁美观——添加的新闻内容可以插入图片、Flash 及视频短片，使内容更加丰富多彩。

4）搜索功能，准确快捷——以关键字、时间、类别等方式查找信息可以节约时间。

5）后台维护，轻松管理——可以随时通过后台维护页面，如更改、删除类别、名称及各条信息内容，轻松直观。

开发完成的网站首页如图 10-6 所示。

图 10-6　开发完成的网站首页

10.6　网站财务分析

1. 费用预测

根据网站建立目标与实际情况的查找，在域名注册网——中国万网（http://www.net.cn）

上收集到的建设网站的相关费用如表 10-2 所示。

表 10-2　网站费用

项　目		价　格
域名	英文国际域名(.com.net.org)	现在特价 55 元/年/个
	英文国内域名(.cn)	138 元/年/个
虚拟主机	50M 静态空间 Host Express	20 元/年
	50M 静态空间+50M 邮箱	80 元/年
	100M 静态空间+100M 邮箱	158 元/年
	100M 空间 (Windows2000+Asp+Access 或 Unix+PHP+Mysql)+50M 邮箱	240 元/年
	200M 空间 (Windows2000+Asp)+200M 邮箱 +20MSQL 数据库	880 元/年
	豪华型：600M 空间（Win2000+Asp） +600M 邮箱+40M 数据库	1 400 元/年
电子信箱空间	100M	65 元/年
网站推广	百度、搜狐或谷歌普通型登录	360 元/年
	百度、谷歌或搜狐推广型登录	1 200 元/年
	百度或新浪快速登录	200 元/年
	百度经济型	200 元/年
	百度超值型推广服务	1 500 元/年
	百度扩展型推广服务	2 500 元/年
数字认证	VeriSign 服务器认证 128 位	5 000 元/年/个
	VeriSign 服务器认证 40 位	2 000 元/年/个
电子邮件认证		50 元/年/个

我们所要选择的方案需要根据预算和实际的情况决定：

1）域名采用现在的特价英文国际域名（.com.net.org），55 元/一年。

2）虚拟主机采用"100M 空间（Windows 2000+Asp+Access 或 Unix+PHP+Mysql）+50M 邮箱"方案，240 元/年。

3）电子信箱空间采用 100M 方案，65 元/年。

4）网站推广采用"百度、谷歌或搜狐推广型登录"方案，1 200 元/年。

5）数字认证采用"VeriSign 服务器认证 40 位"方案，2 000 元/年。

综上所述，网站建设所需费用为 3 560 元/年，网站使用 5 年。另外，网站所需 2 台电脑及外围设备（如打印机、复印机），以及宽带接入费，共 2.4 万元；应用程序开发（如手机客户端）所需应用软件（如企业 QQ）购置费约 1.25 万元。总之，该项目预计投资总额为 5.43 万元人民币。

2．财务分析

（1）运行费用测试

运行费用包括以下几项：

1）4 名工作人员的工资及福利，每年合计 5 万元。

2）服务器租赁和宽带数据通信使用费，每年 2 万元。

3）日常办公和业务活动费用，每年合计 2.5 万元。

运行费用合计为 9.5 万元/年。

（2）预计现金流入

1）减少 2 名工作人员，每年减少工资福利支出约 1.4 万元。

2）网上销售业务开展，商家会员入驻，每年可增加利润 9.6 万元。

现金流入合计 11 万元/年。

（3）编制现金流量表

根据以上财务预测，以 3 个月为 1 个计算期，项目运行寿命为 5 年，即 20 个计算期。再考虑建设期为 3 个月，共有 21 个计算期间。我们据此编制本项目现金流量表，如表 10-3 所示。

表 10-3　扬爱婚庆网站建设项目现金流量表（单位：元）

期　别	现金流出	现金流入	净流入	累计净流入
1	54 300	0	−54 300	−54 300
2	24 000	−1 493	−25 493	−79 793
3	25 780	−853	−26 633	−106 426
4	22 300	8 940	−13 360	−119 786
5	23 140	10 240	−12 900	−132 686
6	26 230	12 237	−13 993	−146 679
7	23 910	16 380	−7 530	−154 209
8	24 750	18 090	−6 660	−160 869
9	24 700	20 520	−4 180	−165 049
10	25 120	21 000	−4 120	−169 169
11	23 790	23 250	−540	−169 709
12	24 050	24 129	79	−169 630
13	25 100	26 070	970	−168 660
14	24 000	27 960	3 960	−164 700
15	23 900	44 100	20 200	−144 500
16	25 120	62 670	37 550	−106 950
17	23 410	82 260	58 850	−48 100
18	25 010	108 720	83 710	35 610
19	24 270	140 490	116 220	151 830
20	24 180	168 904	144 724	296 554
21	23 930	183 060	159 130	455 684
合计	540 990	996 674	455 684	
IRR=9%				
NPV=275 540（i=2%）				

现金流量表最后两行给出了本项目经济效益评价指标 IRR 和 NPV 的具体数值。表中每期 3 个月时间，4 期合 1 年。因此，项目的内部报酬率（IRR）如果按年论，则应该是27%；在每期贴现率 $i=2\%$ 的情况下（年贴现率为 8%），本项目的净现值（NPV）为 275 540元。表中最后一栏的累计净流入，在 18 期由负变正，说明本项目在第 5 年第 2 个季度可收回全部投资。这都表明本项目从财务上看效益较好，是可行的。

10.7　网站推广

网站对于企业已经是一个能够更大范围地宣传自我、展示自我的窗口，已经是和日常经营、管理及对外交流合作与互动密不可分的工具和平台。因此，"得让更多的人知道"便成为网站建成后最迫切、最重要的事情。目前常用的网站推广方式有如下几个。

1．云推广

我们通过先进的网络技术，运用以电脑为终端的互联网和以手机为终端的移动互联网相结合的推广方式宣传扬爱婚庆网站，实现网络宣传与婚庆信息全面覆盖式的推广，提升扬爱婚庆在网络上的曝光度、品牌、形象和诚信度。

2．软文推广

为了吸引和让更多用户详细了解本网站，软文推广是必不可少的推广方式。虽然软文推广只能起到让人了解的作用，但是在宣传上却可以利用热门事件和流行词与广告内容自然融合的优势，起到春风化雨、绵里藏针的传播效果。例如，可以在"金九银十"结婚黄金期推出"有奖征文活动"，提高网站活跃度，挖掘潜在客户。

3．微博推广

以微博作为推广平台，每一个听众（粉丝）都是潜在的营销对象，我们可以购买新浪"扬爱婚庆"的企业微博，向网友传播网站资讯、产品信息、最新活动信息，树立良好的网站形象和产品形象。

4．问答推广

利用问答网站（如百度知道），回答用户在婚庆方面遇到的问题或者模拟用户问答对网站进行推广，从而提升网站品牌知名度。

5．搜索引擎推广

通过关键词设置策略、内部链接和外部链接的链接策略、网页结构类型和常用页面技术选择等搜索引擎推广的手段，可以让网站在搜索引擎的结果页面取得较高的排名。

上面都是我们设计的网站推广方式。如果有更好的方式，我们会将其及时地增加进来。

10.8　网站维护与测试

1．数据分析

判断网站的建立是否获得了成功或还有哪些不足之处，则要根据客户的访问量、网站的打开速度、网站的链接是否完整、网站是否安全运行等问题，对收集的数据进行分析，并建立数据分析模型。我们构建的数据分析模型如图 10-7 所示。

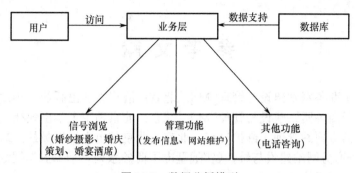

图 10-7　数据分析模型

利用软件对扬爱婚庆客户进行信息收集与分析，并根据数据的分析，对目标客户定位、产品改进、网站维护、网站技术更新等一系列问题进行改进与整合。

2．网站维护

1）服务器及相关软硬件的维护。对可能出现的问题进行评估，并制定扬爱婚庆网站的解决策略。

2）数据库维护。有效地利用数据是扬爱婚庆网站需要维护的重要内容，因此数据库的维护要给予重视。

3）扬爱婚庆网站的内容需要更新，时间间隔需要做出调整等。

需要说明的是，动态信息的维护通常由企业安排相应人员进行在线的更新管理；静态信息（即没用动态程序数据库支持）可由专业公司进行维护。

3．网站测试

1）系统测试。即用已知的输入在已知的环境中动态地执行程序，测试系统的正确性，确定问题所在，产生测试过程的基本文档。

2）测试计划（包括单元测试和集成测试）。测试计划包括确定测试范围、测试方法及测试所需要的资源。

3）测试过程。即详细描述与测试方案有关的测试步骤和数据（包括测试数据和预期结果）。

4）测试结果。将每次测试运行的结果归入文档；若运行出错，则产生问题报告，可通过调试发现问题所在。系统测试结果如表 10-4 所示。

表 10-4　系统测试结果

序号	测试内容及方法	测试结论
1	测试扬爱婚庆主页是否能够正常显示，以及主页上的各个链接是否正常。	经测试，主页显示正常，链接也正常。
2	测试管理员的后台管理主页面显示是否正常，以及各项功能按钮是否可以正常使用。	经测试，主页显示正常、按钮使用正常。
3	测试搜索功能是否正常。	经测试，搜索使用正常。

针对测试结果，我们会对本网站进行相应的改善与调整，达到网站建设的目标。

参 考 文 献

[1] 李建忠. 电子商务网站建设与管理[M]. 北京：清华大学出版社，2012.

[2] 陈联刚. 电子商务网站建设与管理[M]. 北京：北京理工大学出版社，2010.

[3] 孙博. 电子商务网站管理与维护[M]. 北京：北京邮电大学出版社，2008.

[4] 李建忠. 电子商务网站建设与维护（实战型电子商务系列"十二五"规划教材）[M]. 北京：清华大学出版社，2014.

[5] 李怀恩. 电子商务网站建设与完整实例[M]. 北京：化学工业出版社，2009.

[6] 陈红红，史红军. 网站管理与维护[M]. 北京：北京航空航天大学出版社，2010.

[7] 龙马工作室. 网站管理与维护实例精讲 [M]. 北京：人民邮电出版社，2006

[8] 李洪心，王东生. 电子商务网站建设[M]. 北京：电子工业出版社，2010.

[9] 张自然. 电子商务网站建设[M]. 北京：首都经济贸易大学出版社，2009.

[10] 胡勇. 电子商务网站建设[M]. 上海：上海财经大学出版社，2007.

[11] 王玉贤. Photoshop CS3 案例教程[M]. 北京：机械工业出版社，2012.

[12] 九洲书源. Photoshop CS3 图像处理 200 例[M]. 北京：清华大学出版社，2009.

[13] 黄继新. Photoshop CS3 基础案例教程[M]. 北京：北京航空航天大学出版社，2008.

[14] 新视角文化行. Photoshop CS3 图像处理实战从入门到精通[M]. 北京：人民邮电出版社，2008.

[15] 于莹，刘丽喆，于天博. Photoshop CS3 中文版入门与提高[M]. 北京：清华大学出版社，2008.

[16] 李睦芳，肖新容. Dreamweaver CS5+ASP 动态网站开发与典型实例[M]. 北京：清华大学出版社，2012.

[17] 李敏虹. Dreamweaver CS5 入门与提高[M]. 北京：清华大学出版社，2012.

[18] 邓文渊. Dreamweaver CS5 网站设计与开发实战[M]. 北京：清华大学出版社，2012.

[19] 杨聪. Dreamweaver CS5 网页设计案例实训教程[M]. 北京：科学出版社，2012.

[20] 龙马工作室. Dreamweaver CS5 从新手到高手[M]. 北京：人民邮电出版社，2011.

[21] 秦婧. SQL sever 入门很简单[M]. 北京：清华大学出版社，2013.

[22] 周峰，张振东，张术强. SQL 结构化查询语言速学宝典[M]. 北京：中国铁道出版社，2012.

[23] 刘勇军，蒋文君. SQL sever 2005 数据库应用教程[M]. 北京：电子工业出版社，2009.

[24] 蒋瀚洋，李月军，庞娅娟. SQL sever 2005 数据库管理与开发教程[M]. 北京：人民邮电出版社，2009.

[25] 钱冬云，周雅静. SQL sever 2005 数据库应用技术[M]. 北京：清华大学出版社，2010.

[26] 陈君，桑光淇. 电子商务项目化教程[M]. 西安：西安交通大学出版社，2013.